吴良镛院士主编：人居环境科学丛书

黄河晋陕沿岸历史城市

人居环境营造研究

Study on Human Settlements Construction of the Historic Cities in Shanxi and Shaanxi along the Yellow River

王树声　著

中国建筑工业出版社

图书在版编目（CIP）数据

黄河晋陕沿岸历史城市人居环境营造研究/王树声著．—北京：中国建筑工业出版社，2009

（吴良镛院士主编：人居环境科学丛书）

ISBN 978－7－112－11461－0

Ⅰ．黄…　Ⅱ．王…　Ⅲ．①黄河流域－城市环境：居住环境－研究－山西省－古代②黄河流域－城市环境：居住环境－研究－陕西省－古代　Ⅳ．X21

中国版本图书馆CIP数据核字（2009）第183530号

责任编辑：石枫华　姚荣华
责任设计：赵　力
责任校对：陈　波　刘　钰

吴良镛院士主编：人居环境科学丛书

黄河晋陕沿岸历史城市人居环境营造研究

Study on Human Settlements Construction of the Historic Cities in Shanxi and Shaanxi along the Yellow River

王树声　著

*

中国建筑工业出版社出版、发行（北京西郊百万庄）
各地新华书店、建筑书店经销
北京嘉泰利德公司制版
北京建筑工业印刷厂印刷

*

开本：787×1092毫米　1/16　印张：14¼　字数：300千字
2009年9月第一版　2009年9月第一次印刷
定价：**45.00**元
ISBN 978－7－112－11461－0
（18735）

内容提要

本书从人居环境科学和新史学方法的理论出发，以黄河在山西省和陕西省沿岸的11个历史城市为研究对象，旨在探寻原真的中国古代城市人居环境的含义，并在此基础上研究古代城市的城市设计方法和支撑系统。与此同时，通过对历史城市发展、变迁的历史研究，总结历史城市形态演进、变迁的规律，从而为本地区历史城市的保护与发展提出建议。

本书在对黄河晋陕地区的自然环境、人文环境特点进行研究的基础上，理清黄河晋陕沿岸历史城市发展的脉络，分析城市产生的影响因素及其形态演进规律。通过实地调研和对历史文献的考证，将历史城市功能结构概括为“治、祀、市、居、教、通、防、储、旌”等九大功能，并以定量化的方法，研究了中国古代城市的用地平衡表，在此基础上对历史城市人居环境的深层含义和城市性质有了新的认识，提出了“人格空间”、“礼格空间”、“神格空间”三位一体的城市结构和“文荫武备”的人居环境营造思想。从“文荫思想”出发，对古代的城市设计进行了重点研究，提出了城市设计物质空间层面的“自然、轴线、骨架、标志、群域、边界、基底、景致”等八个要素，城市设计精神层面的“天人合一、典章制度、宗教理想、地方传统”等四个因素和城市设计意境层面的“道、舞、空白”等三个元素。从“武备思想”出发，对历史城市的防御、道路、给水、排水和防洪进行了研究。本书还对黄河晋陕沿岸历史城市的遗存状态、演进方式及演进规律进行分类研究，提出适宜各典型类型历史城市的保护和发展模式，并对区域的整体发展提出构想。

本书主要在古代城市功能结构、土地利用结构定量化研究、历史城市人居环境含义、古代城市设计方法、城市支撑网络、古代城市演进规律及其保护发展规律等方面取得了一定的创新成果，为中国古代人居环境建设史、人居环境建设理论、东方城市设计方法等课题的研究增添了新的内容，在有些方面填补了研究的空白，具有重要的学术价值和应用价值。本书还对历史文献、历史图典、测绘成果等方面进行了较系统的整理与总结，为本课题以及相关课题的研究奠定了基础，具有重要的史学价值。

ABSTRACT

Based on the human settlements science and new historical science, the book studies on the 11 historic cities of Shanxi and Shannxi along the Yellow River for the purpose of finding the original real meaning of the residential environment of Chinese ancient cities, and then carefully studies the urban design method of ancient cities and their supporting system. In the meantime the book summarizes the law of evolution and changes of historic city form through historical study upon the historic cities' development and changes to make suggestions of how to develop and protect the region.

On the basis of study on the characteristics of the natural and humane environments, this book tidies up the thread of thought in the development of historic cities of Shanxi and Shannxi along the Yellow River and analyzes factors affecting the emergence of cities and the law of city form evolution. Through field study and textual research into the historical documents the thesis generalizes the functions of historic city as the 9 functions of "administration, heaven worship, trade, residence, education, roads, defense, stock, praise", and summarizes the land proportion of the various functions of ancient city by means of rationalism, and furthermore reaches a new level of understanding of the deep meaning of the residential environment of the historic city and its nature, and then proposes the urban trinity structure of "human space", "ceremony space" and "divinity space" and the residential environment building thought of "civil bless and military defense". Starting form the thought of "civil bless", the book puts emphasis on the study on the ancient urban design, presents the eight elements of "nature, axis, framework, mark, region, edge, bottom, landscape" in the material layer of urban design, the four elements of "the unity of spirit and man, decrees and regulations, religious order, local traditions" in the spiritual layer of urban design and the three elements of "tao, curve, nil" in the artistic layer of urban design. Starting from "the thought of military defense", the book studies on the defense, roads, water supply, drainage and flood control of the ancient cities. The book also studies respectively on the existent state, evolutional pattern and evolutional law of the historic cities of Shanxi and Shannxi along the Yellow River, proposes various preservation and development modes suitable to the many types of ancient cities and presents the overall regional development conception.

Through research, this book brings forth new ideas on the functional structure of ancient cities, the rationalism in the land use scale, the meaning of historic city residential environment, the design method of ancient city design and its supporting net, the evolution law of ancient cities and their preservation and development laws and so on, adds new substance to the forward tasks of the history of Chinese ancient human settlements construction, the thought of human settlements construction and the design method of oriental cities, gives some initial study to some areas, and therefore has important academic and practical values. Besides, this book systematically sorts out and summarizes the historical documents, historical charts and mapping achievements, lays a foundation for this task and related tasks, and therefore has important historical value.

“人居环境科学丛书”缘起

18世纪中叶以来，随着工业革命的推进，世界城市化发展逐步加快，同时城市问题也日益加剧。人们在积极寻求对策不断探索的过程中，在不同学科的基础上，逐渐形成和发展了一些近现代的城市规划理论。其中，以建筑学、经济学、社会学、地理学等为基础的有关理论发展最快，就其学术本身来说，它们都言之成理，持之有故，然而，实际效果证明，仍存在着一定的专业的局限，难以全然适应发展需要，切实地解决问题。

在此情况下，近半个世纪以来，由于系统论、控制论、协同论的建立，交叉学科、边缘学科的发展，不少学者对扩大城市研究作了种种探索。其中希腊建筑师道萨迪亚斯（C. A. Doxiadis）所提出的“人类聚居学”（EKISTICS：The Science of Human Settlements）就是一个突出的例子。道氏强调把包括乡村、城镇、城市等在内的所有人类住区作为一个整体，从人类住区的“元素”（自然、人、社会、房屋、网络）进行广义的系统的研究，展扩了研究的领域，他本人的学术活动在20世纪60～70年代期间曾一度颇为活跃。系统研究区域和城市发展的学术思想，在道氏和其他众多先驱的倡导下，在国际社会取得了越来越大的影响，深入到了人类聚居环境的方方面面。

近年来，中国城市化也进入了加速阶段，取得了极大的成就，同时在城市发展过程中也出现了种种错综复杂的问题。作为科学工作者，我们迫切地感到城乡建筑工作者在这方面的学术储备还不够，现有的建筑和城市规划科学对实践中的许多问题缺乏确切、完整的对策。目前，尽管投入轰轰烈烈的城镇建设的专业众多，但是它们缺乏共同认可的专业指导思想和协同努力的目标，因而迫切需要发展新的学术概念，对一系列聚居、社会和环境问题作进一步的综合论证和整体思考，以适应时代发展的需要。

为此，十多年前我在“人类居住”概念的启发下，写成了“广义建筑学”，嗣后仍在继续进行探索。1993年8月利用中科院技术科学部学部大会要我作学术报告的机会，我特邀约周干峙、林志群同志一起分析了当前建筑业的形势和问题，第一次正式提出要建立“人居环境科学”（见吴良镛、周干峙、林志群著

《中国建设事业的今天和明天》，城市出版社，1994）。人居环境科学针对城乡建设中的实际问题，尝试建立一种以人与自然的协调为中心、以居住环境为研究对象的新的学科群。

建立人居环境科学还有重要的社会意义。过去，城乡之间在经济上相互依赖，现在更主要的则是在生态上互相保护，城市的“肺”已不再是公园，而是城乡之间广阔的生态绿地，在巨型城市形态中，要保护好生态绿地空间。有位外国学者从事长江三角洲规划，把上海到苏锡常之间全都规划成城市，不留生态绿地空间，显然行不通。在过去渐进发展的情况下，许多问题慢慢暴露，尚可逐步调整，现在发展速度太快，在全球化、跨国资本的影响下，政府的行政职能可以驾驭的范围与程度相对减弱，稍稍不慎，都有可能带来大的“规划灾难”（planning disasters）。因此，我觉得要把城市规划提到环境保护的高度，这与自然科学和环境工程上的环境保护是一致的，但城市规划以人为中心，或称之为人居环境，这比环保工程复杂多了。现在隐藏的问题很多，不保护好生存环境，就可能导致生存危机，甚至社会危机，国外有很多这样的例子。从这个角度看，城市规划是具体地也是整体地落实可持续发展国策、环保国策的重要途径。可持续发展作为世界发展的主题，也是我们最大的问题，似乎显得很抽象，但如果从城市规划的角度深入地认识，就很具体，我们的工作也就有生命力。“凡事预则立，不预则废”，这个问题如果被真正认识了，规划的发展将是很快的。在我国意识到环境问题，发展环保事业并不是很久的事，城市规划亦当如此，如果被普遍认识了，找到合适的途径，问题的解决就快了。

对此，社会与学术界作出了积极的反应，如在国家自然科学基金资助与支持下，推动某些高等建筑规划院校召开了四次全国性的学术会议，讨论人居环境科学问题；清华大学于1995年11月正式成立“人居环境研究中心”，1999年开设“人居环境科学概论”课程，有些高校也开设此类课程等等，人居环境科学的建设工作正在陆续推进之中。

当然，“人居环境科学”尚处于始创阶段，我们仍在吸取有关学科的思想，努力尝试总结国内外经验教训，结合实际走自己的路。通过几年在实践中的探索，可以说以下几点逐步明确：

（1）人居环境科学是一个开放的学科体系，是围绕城乡发展诸多问题进行研究的学科群，因此我们称之为“人居环境科学”（The Sciences of Human Settlements，英文的科学用多数而不用单数，这是指在一定时期内尚难形成为单一学科），而不是“人居环境学”（我早期发表的文章中曾用此名称）。

（2）在研究方法上进行融贯的综合研究，即先从中国建设的实际出发，以问题为中心，主动地从所涉及的主要的相关学科中吸取智慧，有意识地寻找城乡人居环境发展的新范式（paradigm），不断地推进学科的发展。

（3）正因为人居环境科学是一开放的体系，对这样一个浩大的工程，我们工作重点放在运用人居环境科学的基本观念，根据实际情况和要解决的实际问题，做一些专题性的探讨，同时兼顾对基本理论、基础性工作与学术框架的探索，两者同时并举，相互促进。丛书的编著，也是成熟一本出版一本，目前尚不成系列，但希望能及早做到这一点。

希望并欢迎有更多的从事人居环境科学的开拓工作，有更多的著作列入该丛书的出版。

吴良镛

1998 年 4 月 28 日

序

多年来，我倡导地区建筑学，其理论与实践不能没有地区人居文化研究的根基。这就需要对地区人居环境历史进行深入的整理和系统研究。以特定地区人居环境为对象，深入挖掘特定环境下人居环境的发生、发展、演进的历程，总结其中的科学规律，剖析其人居环境设计思想和方法，并进行客观的理论总结，是一件极具意义且十分紧迫的事情。

黄河与黄土高原这个地区是一个非常重要的地区，也是文化积淀很深的地区。这一地区的人居环境是中国人居环境史不可缺少的一部分，因为中国的文化还都是地区的，这个毋庸多论！就我个人来讲，感觉到对这一地区是一个欠账！由于在这个方面的经验太少，所以平常研究举例也很少涉及这一地区。总希望能抽出时间去补这一课。当然，也不是没去过，但了解太肤浅。当看到王树声同志《黄河晋陕沿岸历史城市人居环境营造研究》这本书，我感到非常高兴！

这本书以黄河晋陕沿岸历史城市为基础，对该地区的城市发展历史进行了深入研究。特别是从人居环境角度来分析区域人居环境演进的规律、古代城市人居环境的含义及其深层结构，总结出历史城市人居环境规划设计的理论与方法，并提出可以借鉴的地方，更难能可贵！这对于深入认知古代黄河与黄土高原地区人居环境的规划设计的智慧具有重要价值，对于在当代城市设计中发扬本土的城市蕴藏，进行新的创造，具有重要的现实意义。

这本书研究的内容尽管是黄土高原地区，但从中可以领略到中国人居环境规划设计所固有的内涵。如书中提出的“文荫武备”思想就是一个十分重要的中国人居环境设计理念。中国人居环境的规划设计总是强调文化意义与空间布局的统一，强调城市设计的“立意”。这犹如中国书画所强调的“意在笔先”。中国人居环境的规划设计的灵魂是强调城市整体文化意义的塑造与地方精神的传承，强调物质空间的布局与人的生命意义紧密联系在一起。突出人居环境的文化意义和人文精神，从而促进人的化育，这是中国的特点。

这本书是由王树声同志博士论文改编而成的。王树声同志博士阶段在西安建筑科技大学学习，这篇论文也是由刘临安教授指导的。

我非常乐意将之纳入我主编的人居环境科学丛书，推荐给广大读者，这对地区城市历史的研究、对人居环境理论的发展都有裨益。是为序！

吴良镛

2009 年 9 月

目　录

图表目录及出处

第1章 引言

1.1 问题的提出

“抢救东方城市设计的杰作是一项迫不及待的工作。亚洲经济正在起飞之中，如中国的城市化已从起始阶段进入加速阶段，拥有大量外资投入的 mega-structure 侵入许多历史文化名城，它们给城市带来了严重的破坏。……对它们的抢救保护已迫在眉睫，特别是在经济发达的地区。在原址未彻底变化之前，尚可辨认。然而即使如此，对于原有城市设计艺术的研究，从资料收集到具体工作，已需要一定的时间。特此呼吁！”① 从吴良镛先生这段文字中，我们可以看出：对中国传统城市的抢救及其设计方法的研究已成为一项十分重要而紧迫的任务。

中华民族有着悠久的城市营造传统，在漫长的发展过程中，我们的祖先建设了无数辉煌的城市杰作，成为世界东方城市的典型代表。随着时代的发展，古代的城市空间渐渐适应不了人们生产生活的需要和新的城市功能的要求。于是，大量的古代遗存下来的城市遭到了严重的破坏，甚至是毁灭。同时，近代以来，从东、西方文化碰撞的现象中看，东方文化一直处于劣势地位，再加上，1949 年以后社会思潮发生的变化，导致了我们在对待民族文化的态度上，“批判”、“怀疑”乃至“否定”的观念一直占有主流位置。

20 世纪 80 年代以来，随着中国经济的蓬勃发展，民族复兴已成为这个时代中国人的共同意愿。人们开始重新认识、解读、研究民族文化，中华文化的价值逐渐被人们重视起来。这种现象反映在各个专业领域，建筑领域当然也不例外。广大专家、学者试图通过对民族建筑的研究，以期有助于民族现代建筑的创作。历史建筑、历史文化名城、名镇、名村的保护受到空前的重视。但长期以来，人们在民族建筑遗产研究与保护的过程中，对历史建筑研究的多，对历史城市研究的少；重视历史名城的保护，忽视了对优秀城市设计方法的继承和发扬。对此，吴良镛先生指出：“我们提倡乡土建筑的现代化，不仅要从建筑中寻找（对此已经有不少人做过很大的努力，并在继续努力之中），而且还要在城市、村镇、民居群等优秀的城市设计中寻找，相形之下，这方面显得远远不够。……寻找失去的东方城市美学，不仅在于对一些历史名城的维护，更重要的是发扬东方城市的蕴藏。东西文化的交融，不仅有先进的西方文化的东渐（当然包括西方城市设计的艺术），还包括将东方固有的蕴藏加以发掘，加以研究，刮垢磨光，进行新的创造。因此，乡土建筑现代化的内容是广阔的，不只是从建筑中发挥，创造新的符号等等，还要从区域文化视野，着眼于地方的城市设计与场地规划，发扬光大。”①

在中国，不同的地区有着不同的自然环境和文化传统，也就有着丰富的建筑与城市传统。中国传统城市与建筑内容丰富，自成一格，其中城市建设与建

① 吴良镛．建筑·城市·人居环境．河北教育出版社．石家庄．2003

筑的地区性是一条十分重要的规律，我们必须加以重视。[①]

在对黄土高原历史城市调研过程中，发现在黄河晋陕沿岸地区，由于经济发展缓慢，城市化水平较低，沿岸历史城市保存较为丰富，有国家历史文化名城韩城、陕西省历史文化名城佳县和府谷、历史名城河曲和保德，著名的历史城市遗存还有潼关、蒲州、朝邑、荣河、吴堡等。它们较多地保存了历史的原真性，对于研究历史城市的城市设计具有较好的条件。同时，黄河是中华民族的母亲河，黄河中下游地区是中华民族的重要发祥地之一，孕育了灿烂的黄河文化，成为中华多元文化的文化轴心[②]。黄河晋陕沿岸的历史城市正是这种文化环境与特定的自然环境交织的产物，具有十分重要的历史文化地位。近几年来，随着黄河两岸生态环境的变迁，区域社会文化的演进，沿岸城市发生了深刻的变化。有的历史城市已经废弃，另辟新城；有的历史城市环境容量饱和，城市发展空间不足；有的历史城市衰落凋零，沦为村镇；有的历史城市保护完好，成为珍贵的文化遗产；有的历史城市仅存断壁残垣，成为供人凭吊的遗址。同时，随着沿岸城市经济的发展，城市建设速度加快，历史城市正面临严重破坏的危险。

面对黄河晋陕沿岸历史城市的价值及其所面临危机的认知，本人希望对黄河晋陕沿岸历史城市进行深入调查和研究，能为中国传统城市人居环境营造理论与方法研究以及本地区人居环境的发展尽绵薄之力。

1.2　研究的意义

1.2.1　对历史城市人居环境的研究可为当代城市建设提供历史的经验

中国是一个文明古国，其城市文化源远流长。在特殊的自然、文化、社会制度等历史条件下，形成了中华民族独特的人居环境理念，体现了东方特有的智慧和价值观念。从今天遗存的历史城市可以看出，我们祖先所营造的城市所蕴藏的深厚的东方文化传统。这些都十分值得我们今天的城市建设借鉴和学习。事物的发展总是在继承前人的基础上前进的。城市的发展也是同样的道理，脱离了原有的文化传统的发展是不符合城市发展规律的。吴先生在《关于中国古建筑理论研究》一文中指出：“建筑师有多种任务，可以说其最终目的就是要创造出具有良好的空间组织形式和完美的艺术形象的人居环境。优秀的建筑物和它构成的艺术环境，拥有长远的甚至是永恒的感染力，无疑这是一种别具一格

① 吴良镛．建筑·城市·人居环境．河北教育出版社．石家庄．2003

② 季羡林．黄河文化丛书·序．2001

的艺术创造，在这种创造中，传统建筑文化显然具有重要的地位。"① 吴先生接着指出，在中国某些建筑师中还存在忽视中国传统的三个障碍。这尽管是反映在建筑领域，其实，城市研究也是如此。由于现代城市规划的理论是我们直接移植自西方的，对此并没有进行深入的"民族化"，再加上对中国城市传统经验的忽视，导致我们今天的城市建设缺少了"东方智慧"。改革开放以来，极大地提高了对西方建筑文化的理解，相应地对本国传统的学习也有所削弱。这就导致我们缺乏对中国传统城市"卓越的艺术成就"的了解，很难在现实中发扬本土的文化蕴藏。

对历史城市人居环境建设经验的挖掘、整理和研究，有助于我们认识和理解古代人居环境的理念和智慧，帮助我们反思当今的城市建设，极大地促进城市人居环境的和谐发展。黄河晋陕沿岸历史城市的建设同样面临这样的问题，对于这些城市历史的研究将会对它们的建设和发展提供历史经验和理论支持。

1.2.2 深入挖掘中国传统人居环境建设理念，是构建中国人居环境科学的重要理论来源

每个国家和民族都在适应自己所生活的自然环境的同时，创造了各自的人居环境，蕴含了人们处理自然系统、社会系统、人类系统、建筑系统、支持网络五大系统之间关系的智慧，这些经验是现代人居环境建设的宝贵财富，具有十分重要的研究价值。现代人居环境科学理论的构建需要根植于我国丰厚的历史人居建设理论。中国是一个具有悠久历史和灿烂文明的国家，"神州大地是中华民族世世代代衍生栖息的地方，五千多年来，尽管自然灾害、战乱频频，但仍经过世代经营，我们的祖先建设了无数的城市、村镇和建筑，也留下了中国非凡的环境理念。这是中国传统文化的重要组成部分……"② 吴良镛先生从区域观念规划发展、土地利用、城市规划、城市设计、园林与风景区的经营、崇尚节俭朴素的可持续发展理念等六个方面对中国古代人居环境建设的经验予以了总结。林文棋博士在其博士论文《人居环境可持续发展的生态学途径》的第一章，对中国古代人居环境的探索从六个方面进行了总结，并指出古代人居环境建设将山林、草灌、农垦地、城邑、低地、水域作为一个整体进行综合规划实践；在土地的利用及粮食的生产上，贯彻因地制宜的原则；古代人居环境建设中，对城市聚落的建设，多遵从资源承载有限的观点；在聚居的形态上，从城中由内向外遵循一定的环形规则，形成纵横交错的道路体系；在聚落选址上，遵循趋利避害的原则；城市与自然的关系不仅表现在城市位置的选择上，而且

① 吴良镛．关于中国古建筑理论研究．建筑学报．No. 4. 1999
② 吴良镛．人居环境科学导论．中国建筑工业出版社．北京．2001

表现在城市的形态、道路走向等方面。这些理论总结代表了当前我国人居环境研究的新成果。同时，中国传统人居环境的多样性，要求我们必须结合某一地区来研究，以地区人居环境的多样性研究，扩大研究基础，丰富人居环境理论宝库，进而抽象发展为系统的中国传统人居环境理论，促进现代中国人居环境科学理论的完善。

1.2.3 以人居环境的理念来研究历史城市与历史建筑，使城市与建筑史的研究进入了全新的境界

人居环境科学是在道萨迪亚斯（D. S. Doxiadis）人类聚居学的基础上提出的。人类聚居学的思想和理论创立于20世纪50年代。但人类聚居的想法，可以追溯到20世纪30年代。“在攻读博士学位期间，他系统地研究了古代希腊的城市，从而对古希腊城市中宜人的生活环境有了深入的了解，同时更清楚地感觉到现代城市中人们生活质量正在日益恶化。其实，他想通过自己所从事的建筑学的工作，去改善人类的生活环境。”① 人类聚居学从它的产生就与历史研究紧密联系在一起。人居环境科学作为人类聚居学在中国的发展，自然具有历史学的属性。

以人居环境科学的思想研究城市、建筑的历史不同于传统意义上的城市史、建筑史。它不是就事论事，而是将整个环境的要素紧密地同“人”这个核心联系起来，探讨人的生存和发展。以人居环境科学思想研究城市与建筑，不仅能看到建筑和城市，还能看到“人”，看到人与物的关系、人与人的关系。同时，由于人居环境科学的系统性，使得历史城市人居环境的研究也具有一种系统的方法，将不同的聚落之间、同一聚落不同要素之间都能有机地联系起来，用系统的观念去审视它们与人类的关系。这样，我们得出的结论就是全面的、真实的。例如，过去对城市历史的研究，从不同的学科（诸如政治学、军事学、文化学、社会学、建筑学等等）的观点，对城市都有着不同的认识和解读，研究就会“只见树木，不见森林”。但从人居环境科学的思想出发，以人为核心，在人的需求上，在人与环境的关系上，使得古人与今人紧密联系在一起。于是，更能真实地、整体地反映出历史城市的本来面目与本质，也自然地会产生对历史城市和历史建筑新的认识。

1.2.4 以流域为单位研究历史城市人居环境，充分尊重人类与环境的依赖关系，符合学科发展方向的要求

2004年12月在国家自然科学基金委员会组织的“建筑、环境与土木工程学

① 吴良镛．人居环境科学导论．中国建筑工业出版社．北京．2001

科发展战略研讨会”上，来自全国各地著名专家、学者对未来建筑、环境与土木工程学科的发展进行研讨。建筑学科的专家、学者提出对城市发展史的研究是未来学科发展的方向之一。吴庆洲教授在《建筑史学近20年的发展及今后展望》中对未来建筑史学发展趋势提出5点内容，第二项内容就是“城市史研究应有更多发展”，并指出“加强城市史学的研究，总结中国古代城市选址、规划、建设、管理的历史经验，上升为理论，以供我们创造具有中国文化特色的现代都市借鉴”①。赵万民教授在《我国流域聚落与城镇化发展研究》中提出“以流域为单位，从城市规划、建筑学的专业角度，对区域整体的城镇形态和城镇空间进行研究，也反映了我国流域人居环境建设研究的新进展”。他还提出了流域人居环境建设研究的五方面内容：流域人居环境建设历史，流域综合发展对策研究，流域城镇化与城镇体系建构研究，流域城镇空间形态发展与调控研究。其中，“流域人居环境建设史”专题就是把握研究对象的过去—现在—未来的环环相扣之序列关系，理清流域人居环境建设的地域性特征，总结并归纳传统聚居建设的有益经验，以帮助保护和弘扬聚居历史文化遗产①。黄河晋陕沿岸历史城市人居环境研究就是以流域为单位而进行的。

1.2.5 对于历史城市文化遗产的保护有着直接的促进作用

历史城市人居环境的研究，是从人居环境的角度总体认识和把握历史城市的原有的含义与价值。这对于认知历史城市文化遗产的真实性和完整性有着直接的意义。传统的文化遗产保护是基于城市或建筑自身的价值，例如历史价值、文化价值、科学价值和艺术价值等。事实上，历史城市的所有价值都是基于人居环境的价值而存在的。这些历史要素，是人们适应自然、适应社会、适应文化的产物，脱离了它所依托的人居环境，它的价值就会逊色，甚至会消失。

从人居环境的视角对历史城市文化遗产的价值进行认识，必然有助于这些城市文化遗产的保护。黄河晋陕沿岸的历史城市具有丰富的文化遗存，对这些城市遗存要从人居环境科学的角度去认识它们的价值，才可能更为准确和科学。

1.3 研究对象的界定

对研究范围的界定主要是从空间和时间两个方面的界定。从空间上看，研究对象集中在陕西、山西两省黄河沿岸的历史城市，有河曲、保德、府谷、佳县、吴堡、韩城、河津、荣河、朝邑、蒲州、潼关等11座城市以及碛口、芝川

---

① 国家自然科学基金委员会编．建筑、环境与土木工程学科发展战略研讨会论文摘要汇编．北京．2004

两镇。从时间上来看，主要集中于研究对象在1949年以前相对稳定的发展状态。希腊学者道萨迪亚斯在《人类聚居学》中，把城市分为两类，即静态城市和动态城市。“由于数百年中，生产力水平的低下，经济发展非常缓慢，城市的发展也非常缓慢，其人口规模和用地规模变化都很小。因此，对城市内部的居民来说，城市几乎是静止的，不发展的。静态城市是一个相对概念，很难作出确切的定义。一般以城市的发展速度快慢来判断。一般来说，18世纪工业革命以前的城市都属于静态城市”。“工业革命以后，由于生产力的迅速发展，农村的剩余劳动力不断增加，向城市集聚。同时，现代技术和现代化交通的发展为城市的扩展提供了可能，这样，原来城市中的静态平衡被打破了，城市迅速突破了以前的边界，向乡村扩展。尤其是20世纪以来，城市更是以前所未有的速度增长。这样，第四维因素——时间因素的重要性就超过了其他三维因素，越来越多的静态城市参与了剧烈的动态发展。从这个意义上来说，人类聚居便进入了一个新的时期——动态发展时期”①。本课题的研究对象，主要集中于城市在1949年以前的状态，属于道萨迪亚斯提出的静态城市范畴。但随着城市经济的不断发展，黄河晋陕段沿岸城市进入了动态城市或混合型城市范畴，本书也将涉及历史城市的动态发展问题。

1.4 国内外研究的动态

多年来，国内外学者从不同的专业、不同的层面、不同的方法等对古代城市进行了深入研究，成果丰富。中国历史城市以及相关课题的研究已成为学术界研究的热点之一。从中国古代城市空间角度研究的成果有清华大学吴良镛先生撰写的英文版《中国古代城市史纲》（A Brief History of Ancinet Chinese City Planning，1986）、同济大学董鉴泓先生主编的《中国城市建设史》（1989）；从城市规划体系与制度角度研究的有贺业鉅先生主编的《考工记营国制度研究》、《中国古代城市规划史论丛》以及在这两本书基础上深化而成的《中国古代城市规划史》（1996），杨宽先生主编的《中国古代都城制度史》（1993）；从城市营造工程角度研究的有吴庆洲先生的《中国古代城市防洪研究》（1996）、张驭寰先生的《中国城池史》（2003）；从城市文化角度研究的有汪德华先生的《中国山水文化与城市规划》（2002）；从城市艺术美学角度研究的有汤道烈先生主编的《中国建筑艺术全集——古代城镇卷》（2003）；从社会经济角度研究的有何一民先生的《中国城市史纲》（1994）、宁越敏先生的《中国城市发展史》（1994）；从历史地理角度研究的有马正林先生的《中国古代城市历史地理》（1999）；从考古角度研究的有徐苹芳先生的《中国古代城市考古与古史研究》（1997）。除了这些总体研究的以外，还有专项研究。建筑学领域主要表现在对

① 吴良镛著．人居环境科学导论．中国建筑工业出版社．北京．2001

不同文化区域的历史城市研究，研究的角度和方法也不尽相同，这些成果有从人居环境角度研究的赵万民先生的《三峡工程与人居环境建设》（1999）、从空间形态角度研究的有段进先生的《太湖流域城镇空间解析》（2002）、从文化生态角度研究的有毛刚先生的《生态视野——西南高海拔山区聚落与建筑》（2003）。在建筑学领域之外的其他学科的相关研究成果也十分丰富：张国硕先生的《夏商时代都城制度研究》（2001）、周长山先生的《汉代城市研究》（2001）、刘凤兰先生的《明清城市文化研究》、史念海先生的《中国古都和文化》（1998）。国外学者的研究成果有美国学者施坚雅主编的《中华帝国晚期的城市》（2000）、日本学者原广司的《世界聚落的教示100》（2003）以及日本学者藤井明的《聚落探访》（2003）等等。

除了这些学术成果之外，对于与本书研究的对象"黄河沿岸晋陕段历史城市"相关的研究还有史念海先生主编的《黄土高原历史地理研究》（2001）、《黄河文化丛书》（共九卷，2001）、《黄河近期重点治理开发规划》（2002）等。

1.5 研究的基础理论

1.5.1 人居环境科学思想

人居环境科学是吴良镛先生在希腊学者道萨迪亚斯的人类聚居学的基础上，结合中国的社会实际和多年来的理论思考与建设实践而创建的一门以人类聚居为研究对象，着重探讨人与环境之间的相互关系的科学。"它强调把人类聚居作为一个整体，而不像城市规划学、地理学、社会学那样，只涉及人类聚居的某一部分或某个侧面。学科的目的是了解、掌握人类聚居发生、发展的客观规律，以更好的建设符合人类理想的聚居环境"①。

1.5.1.1 人居环境科学的提出

在《人居环境科学导论》一书开篇指出："18世纪中叶以来，随着工业革命的推进，世界城市化发展逐步加快，同时城市问题也日益加剧。人们在积极寻求对策不断探索的过程中，在不同学科的基础上，逐渐形成和发展了一些近现代的城市规划理论。其中，建筑学、经济学、社会学、地理学等为基础的有关理论发展最快，就其学术本身来说，它们都言之有理，持之有故，然而，实际效果证明，仍存在着一定的专业局限性，难以全然适应发展需要，切实地解决问题"。运用整体的观念和方法进行学术研究是学科发展的要求。

1.5.1.2 人居环境的定义

吴良镛先生指出："人居环境，顾名思义，是人类聚居生活的地方，是与人

① 吴良镛著．人居环境科学导论．中国建筑工业出版社．北京．2001

类生存活动密切相关的地表空间，它是人类在大自然中赖以生存的基地，是人类利用自然、改造自然的主要场所。”同时，分析了人居环境科学研究的五个最基本的前提：“人居环境的核心是人，人居环境研究以满足‘人类居住’需要为目的；大自然是人居环境的基础，人的生产生活以及具体的人居环境建设活动都离不开更为广阔的自然背景；人居环境是人类与自然之间发生联系和作用的中介，人居环境建设本身就是人与自然相联系和作用的一种形式，理性的人居环境是人与自然的和谐统一，或如古语所云‘天人合一’；人居环境建设内容复杂。人在人居环境中结成社会，进行各种各样的社会活动，努力创造宜人的居住地（建筑），并进一步形成更大规模、更为复杂的支持网络；人创造人居环境，人居环境又对人的行为产生影响。”

1.5.1.3 人居环境的构成

道萨迪亚斯在论及人类聚居时指出人类聚居由两部分组成：一是单个的人以及由人所组成的社会；二是容器，即自然的或人工的元素所组成的有形聚落及其周围环境。从中可以看出，人类聚居环境由内容（人及社会）和容器（有形的聚落及周围环境）两部分组成。道氏把它们继续分为五种元素，即所谓的人类聚居的五种基本要素：

（1）自然：指整体自然环境，是聚居产生并发挥其功能的基础；

（2）人类：指作为个体的聚居者；

（3）社会：指人类相互交往的体系；

（4）建筑：指为人类及其功能和活动提供庇护的所有构筑物；

（5）支撑网络：指所有人工或自然的联系系统，其服务于聚落并将聚落连为整体，如道路、供水和排水系统、发电和输电设施、通信设备，以及经济、法律、教育和行政体系等。

道萨迪亚斯指出：“物质要素之间的相互关系便形成了人类聚居，这是人类聚居学的全部内容。”吴良镛先生借鉴道萨迪亚斯“人类聚居学”，用系统的观念，将人居环境从内容上划分为五大系统。

（1）自然系统：指气候、水、土地、植物、动物、地理、地形、环境分析、资源土地利用等。整体自然环境和生态环境，是聚居产生并发挥其功能的基础，人类安身立命之所。

（2）人类系统：主要指作为个体的聚居者，侧重于对物质的需求与个人生理、心理、行为等有关的机制及原理、理论的分析。

（3）社会系统：指公共管理和法律、社会关系、人口趋势、文化特征、社会分化、经济发展、健康和福利等。

（4）居住系统：指住宅、社区设施、城市中心等，人类系统、社会系统等需要利用的居住物质环境及艺术特征。

（5）支撑系统：指人类住区的基础设施，包括公共服务设施系统——自来水、能源和污水处理；交通系统——公路、航空和铁路；通信系统、计算机信息系统和物质环境规划等。

在五大系统中，人类系统与自然系统是两个基本系统，居住系统与支撑系统则是人工创造与建设的结果。吴良镛先生还特别指出："根据人类聚居的类型和规模，将其划分为不同的层次，这对澄清人居环境的概念以形成统一认识，对开展人居环境的研究是十分有利和必要的。为简便起见，我们在借鉴道氏理论的基础上，根据中国存在的实际问题和人居环境研究的实际情况，初步将人居环境科学范围简化为全球、区域、城市、社区（村镇）、建筑等五大层次。同样值得指出的是，这五大层次的划分在很大程度上也是为了研究的方便，在进行具体研究时，则可根据实际情况有所变动。"①

1.5.1.4 人居环境科学的观念与方法

道萨迪亚斯提出了人类聚居学的研究方法，就是经验实证和抽象推理相结合。人们历来都是凭经验对聚落进行分析研究和建设的，总是根据现有聚落中的经验和教训来推测未来，因此，经验实证的方法是人类聚居的基本研究方法。但经验实证的方法有一个重大缺陷，即当人类聚居中出现了前所未有的新问题或者发生了较大的变化时，如果人们仍然按照经验方法来处理，就会出现失误或偏差。所以，聚居学研究还必须采用抽象的理论思维。道萨迪亚斯提出了一个完整系统的研究方法应进行的步骤：（1）根据经验研究人类聚居；（2）用经验实证的方法进行人类聚居与其他事物的比较研究；（3）抽象理论研究以得出理论假设；（4）把理论假设进行实际验证；（5）反馈并进行理论修正。

1.5.2 新史学方法

历史城市人居环境的研究必然涉及历史学的问题。对于历史的研究，最为根本的观点就是辩证唯物主义和历史唯物主义。这是我们研究城市历史、建筑历史坚持的最重要的史观。但历史研究的方法和思想可以是多种多样的。不同的研究目的、研究任务，就会有不同的研究方法。如果这些方法在指导史学研究时取得了进展，就会影响史学的发展。第二次世界大战之后西方历史学研究出现的新动向就说明了这一点。这个动向就是"新史学"。朱孝远先生所著的《史学的意蕴》一书中对"新史学"的特征、研究方法等予以介绍。这对于黄河晋陕沿岸历史城市人居环境的研究是有积极意义的。

新史学与传统史学的不同，主要表现在"历史是什么"和"历史学是什么"这两个基本概念上。传统史学认为历史研究重点在于"搞清政治事件、政治法律制度的背景和后果"，研究时，"主要对文字记载的材料进行归纳整理，着重叙述重要历史事件，再现过去的社会生活，并根据现代的知识进行解释，以便使过去的事件更加清楚。"新史学在回答历史是什么时，"有更加广泛的理解，

① 吴良镛著．人居环境科学导论：中国建筑工业出版社．北京．2001

认为历史就是以往人类的全部活动。历史包括人与自然、人与社会、人的心理、人的情感方面的关系。历史研究不能只研究政治事件和上层文化，还应研究在特定时期普通人所想的和所做的。”在回答历史学是什么时，两者的差异更大。“传统史学主要是一种记叙与归纳性的描述史学，而新史学则是一种分析性史学。”在新史学看来，历史研究的目的是为了回答问题，而不是描述问题。历史研究“应有理论思维和方法验证，具体说来，应有理论指导，分析模式，研究设想，实验设计，实验过程，实验过程和假设、证实和证伪，以及定性定量分析。”①

新史学与传统史学在运用史料上也有差别。传统史学往往占有史料优势，但新史学认为，单纯用零碎材料拼凑而成的事实并不足以提供历史的真实，历史学家不应把全部精力放在现有的史料上，而应放在正确的历史形象上，即如何塑造正确的历史整体图像。新史学还认为，应把历史学家从单线平面的拼凑中解放出来，以一种多学科共同研究的立体历史学来代替。

本书的研究要在坚持传统史学重视史料研究方法的基础上，借鉴新史学的思想，拓宽史料来源，以新的技术、方法获取新的材料，对历史的整体性和真实性予以塑造。通过对历史的整体塑造和研究，揭示其发展的规律和有价值的信息，更有效地发挥历史学对现实的指导意义。从这一点上来看，这正是中国古代史学的特点。中国历代对历史的研究最为重要的目的就是作用于当世。正如司马光在完成《资治通鉴》后提出写史的目的就是“鉴前世之兴衰，考当今之得失。”从根本上讲，历史研究还是要为今天的发展提供历史的经验。

1.6 研究结构框架、方法及期望作出的有价值的工作

本书主体结构分为三部分：

第一部分主要是在对黄河晋陕地区的自然环境、人文环境特点研究的基础上，理清黄河晋陕沿岸历史城市发展的脉络，分析城市产生的影响因素及其形态演进规律。这一部分是本书研究的基础。

第二部分主要是对黄河晋陕沿岸典型历史城市人居环境物质空间建设进行研究，包括城市性质、历史城市人居环境特征、城市设计、支撑网络等四部分内容。通过对历史城市功能结构及其规模的研究，明确历史城市的性质，从而，进一步探讨历史城市人居环境的含义及其深层结构。在历史城市人居环境思想的指导下，重点对历史城市的城市设计方法和支撑网络进行研究。这一部分是本书研究的核心内容。

第三部分主要是在历史研究的基础上，对黄河陕西、山西两省沿岸的历史城市的遗存状态、演进方式及演进规律进行分类研究，总结出经验与教训。从

① 朱孝远．史学的意蕴．中国人民大学出版社．北京．2002

而，提出对几类典型类型历史城市的适宜保护和发展模式，同时，对区域的整体发展提出构想。

结论部分是对以上三部分的研究成果进行归纳和总结，提出研究地区历史城市人居环境营建理论。（见图1－1）

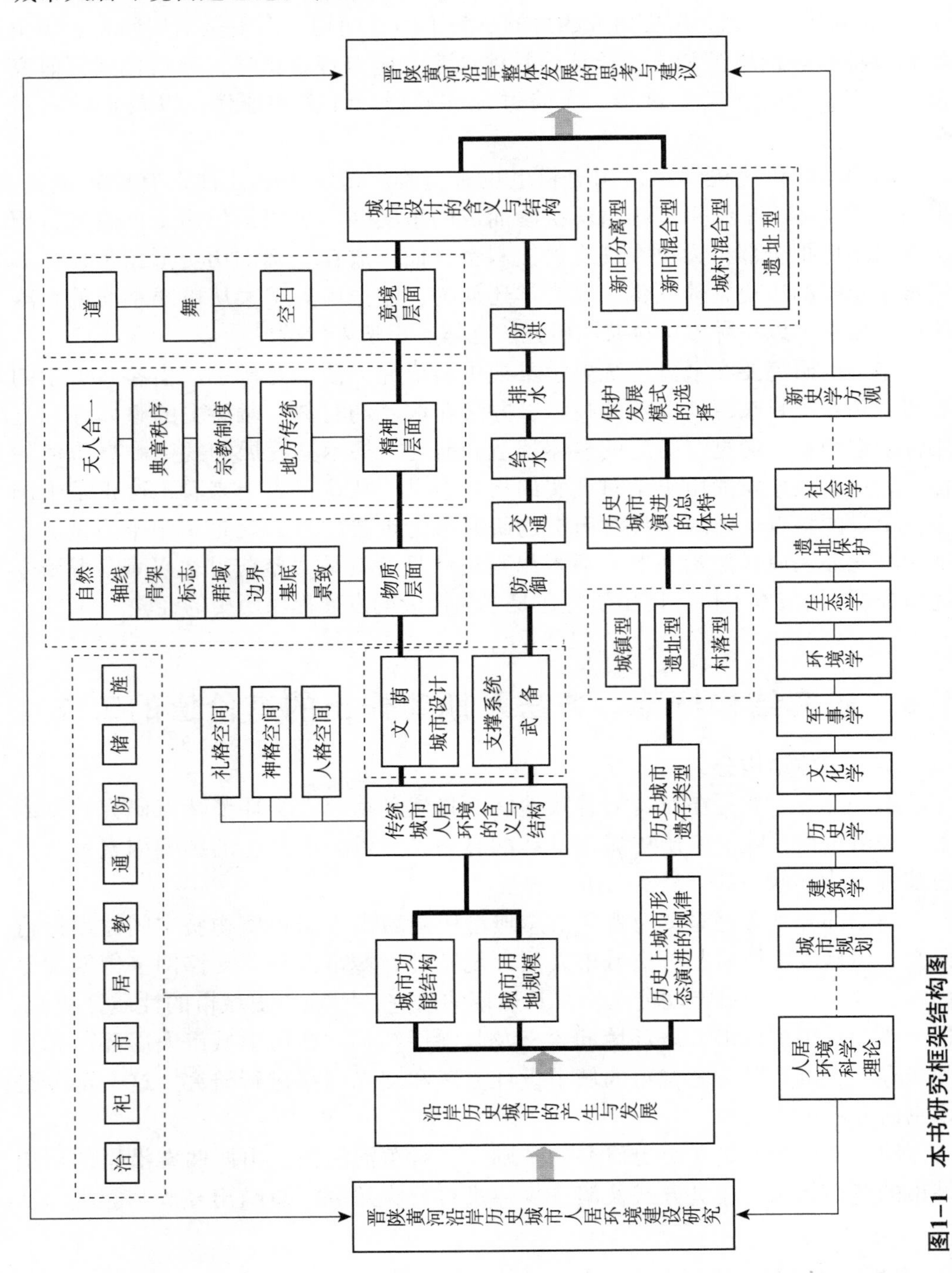

图1－1　本书研究框架结构图

在研究方法上，由于本书研究涉及时间、空间的跨度较大，因此，必须重视历史文献资料的收集、现存历史城市建筑的测绘、实地调查和人员走访，这是研究的基础。通过对收集到的资料的选择、分析和提炼，并与历史城市实地踏勘相互印证、渗透，以达成研究结论。

本书期望做出有价值与创新的工作有：

（1）各类相关资料的系统整理与研究。黄河晋陕沿岸历史城市人居环境建设研究作为地域城市人居环境史的研究的组成部分，力求做到全面系统地发掘、整理、呈现与总结历史文献、历史图典、测绘成果以及各类相关规划与设计文件。这是本书研究的前提和基础，也为今后他人的研究奠定基础。

（2）历史城市的性质与传统人居环境含义的研究。通过对黄河晋陕沿岸典型历史城市功能结构及其规模的定量化研究，明确历史城市的性质。在此基础上，研究历史城市人居环境的含义及其深层结构。这是本书研究历史城市人居环境的突破口，是打开传统城市人居环境建设研究的钥匙。

（3）传统人居环境思想下的城市设计方法的总结。在传统人居环境理念的指导下，对历史城市人居环境的物质空间建设进行研究，总结历史城市城市设计方法，并对历史城市的支撑系统进行研究。

（4）流域人居环境的发展规律总结。黄河晋陕沿岸城市形成、发展、兴盛、变迁、衰落、复兴过程中城市形态的演进规律及其影响因素；探索特殊自然环境下人居环境建设与自然环境的关系。

（5）典型历史城市保护与发展模式研究。总结区域近代以来历史城市发展特征和区内历史文化名城的保护经验，在此基础上，提出典型历史城市的保护与发展模式构想。

1.7 本书研究中涉及的几个基本概念

1.7.1 晋陕

“晋陕”即山西、陕西两省的简称。从流域的角度看，本书的研究对象均在一个整体的环境中。但黄河作为山西、陕西两省的分界线，使得研究对象处在不同的行政区域。为了增强研究对象的整体性，简明扼要地突出研究对象的具体区段，本书将山西、陕西两省合称。两省合称一般有三种称谓，一为“秦晋”；二为“山陕”；三为“晋陕”。“秦晋”具有历史性和文化性的特点，但容易引起歧义，理解成为战国时期的秦晋或秦代到晋代（公元前221年~公元420年）；“山陕”多用在明清时期各地会馆的称谓上，多称为“山陕会馆”或“山陕甘会馆”；“晋陕”具有地理性，例如多数著作、论文等研究成果中均用黄河晋陕峡谷的称谓。综合考虑，本书采用“晋陕”一词，说明研究对象的具体区位。

1.7.2　黄河沿岸

由于黄河两岸地形复杂，两岸的城市与黄河的关系也多种多样。有的县在黄河沿岸，但其县城并不直接受黄河影响，例如合阳、临县、芮城等。黄河沿岸指城市在黄河边上，靠近黄河，城市的选址、建设或景观受黄河的直接影响，城市与黄河有视线上的连贯性，黄河已成为城市建设不可缺少或不可忽视的要素。

1.7.3　历史城市

指历史上曾作为某一地区的政治、经济、文化或军事中心，曾在这一地区的历史进程中发挥过重要作用，而且具有一定实物遗存，能基本反映出原有城市的格局，或与历史图文资料能相互印证，可较完整反映历史信息的城市或城镇。本书涉及潼关、朝邑、蒲州、荣河、河津、韩城、吴堡、佳县、保德、府谷、河曲等11座历史城市。此外，陕西的芝川、山西的碛口两座古镇，尽管没有作为县城或府城，但在这一地区历史上影响较大，而且，碛口格局完整、风貌犹存；芝川城尽管被黄河洪水摧毁，但其格局可辨，历史文献资料较为丰富。研究过程中也涉及这两座城镇。

1.7.4　人居环境建设

人居环境具有十分丰富的内容，涉及自然、人、社会、建筑、支撑网络等多个系统。对于人居环境的研究可以从不同学科的角度来研究，内容就会有所侧重。本书从建筑学和城市规划的视角来研究，重点研究人居环境的物质空间，也就是人居环境的建设。显然，人居环境不只是建设问题，但建设问题最为关键，因为一切关于人居环境的研究最终要落实到物质空间的建设上，靠物质空间来实现。当然，对人居环境建设的研究不简单的是对物质空间的研究，必然涉及文化、哲学等层面的问题。

第2章

区域环境与城镇形态的演进

2.1 黄河概况

黄河是我国第二大河，发源于青藏高原巴颜喀拉山北麓海拔4500米的约古宗列盆地，流经青海、四川、甘肃、宁夏、内蒙古、陕西、山西、河南、山东等九省（区），在山东省垦利县注入渤海。《辞源》解释“黄河”为：“我国第二大河。古称‘河’。后世以河水多泥沙而色黄，故称黄河。源出青海。黄河中下游为我国古代文化的重要发源地。”黄河大约形成于距今15万年以前。中国科学院任美锷院士在《黄河》一书中论述了黄河的形成：黄河原来是独立的三大水系，即形成于距今170万年以前的青海高原古黄河、形成于1.3亿年以前的河套古黄河和形成于距今1500万年前的晋陕峡谷古黄河。最初，河套盆地和晋陕峡谷古黄河均流入三门湖，为内陆水系，距今15万年左右，三门湖被切穿，古黄河开始流入海洋。历史上的“三门湖”范围包括汾渭下游平原及三门峡地区，距今2000~110万年前是一个巨大的湖泊。到距今15万年共和运动，青海高原的黄河上源水系也与河套盆地水系相沟通，成为一条统一的大河，奔流入海。

黄河，因水黄而得名。据考证，西汉以前的文献并无黄河之称，“黄河”均以“河”称。《史记·河渠书》：“〈夏书〉曰：禹抑洪水十三年，过家不入。……。故道河自积石历龙门，南到华阴，东下砥柱，及孟津、雒汭，至于大邳。”① 《汉书·沟洫志》记载：“中国川源以百数，莫著于四渎，而河为宗”。郦道元在《水经注》中仍把黄河称为“河水”。黄河称为“河”或“大河”一直延续到唐代。“黄河并不是一出世就叫黄河，在公元900年（唐朝）以前，人们一般把这条母亲河叫做‘大河’，表示它是华北的最大河流。”②

黄河全长5464公里，流域面积79.5万平方公里（包括内流区4.2万平方公里）。黄河与其他江河不同，黄河流域上中游地区面积占流域总面积的97%。③ 黄河流域地势西高东低，北高南低。东西方向高差悬殊，呈阶梯状逐级降低，在地形上形成三级阶梯。三级阶梯分属三个大地质构造单元。“按地学界的意见，以此构造单元边界为界可将黄河分为上、中、下三段。”④

自青藏高原至内蒙古托克托县河口镇为上游，干流河道长3472公里，流域面积42.8万平方公里，汇入支流有30条。这里是黄河水量的主要源区。黄河上游又可分为河源区与上游区两部分。“古代文献中曾说，黄河源出新疆的罗布泊，在地下伏行千里，到青海西部星宿海又出露，成为黄河的上源，这种说法当然不符合科学规律，因为罗布泊海拔不到1000米，而星宿海则海拔约4500米，而且两者间还有许多高峻的大山。”⑤ 黄河源头实际上有两条，一条为约古

---

① ［汉］司马迁．史记．卷二十九．贵州人民出版社．贵阳．1994

② 任美锷．黄河．清华大学出版社、暨南大学出版社．北京．广州．2002

③ 水利部黄河水利委员会 编著．黄河近期重点治理开发规划．黄河水利出版社．郑州．2002

④ 任美锷．黄河．清华大学出版社、暨南大学出版社．北京、广州．2002

⑤ 王殿明．黄河河源的新考证．地球信息科学．1998（2）：40~41

宗列曲（曲即河），新中国成立后，经黄河水利委员会考察勘测，确定黄河发源于雅拉达泽山，约古宗列曲是黄河的正源，据此，黄河的长度为 5464 公里；另一条为卡日曲。1978 年青海省人民政府的黄河河源考察组，认定卡日曲为黄河正源，卡日曲比约古宗列曲长 25 公里。实际上，卡日曲的支流拉浪情曲比卡日曲更长 18 公里。如按长度确定黄河正源，黄河正源应为拉浪情曲，黄河的正确长度应为 5507 公里，比原来长度要长 43 公里。但目前仍通用 5464 公里。

河口镇至河南省郑州桃花峪为黄河中游①，干流河道长 1206 公里，流域面积 34.4 万平方公里，汇入支流有 30 条。中游主要处于黄土高原地区，水土流失十分严重，是黄河洪水和泥沙的主要来源区。河口镇至龙门（或称禹门口）区间是黄河干流上最长的一段连续峡谷，地理学上称“晋陕峡谷”，峡谷长 702 公里，落差 654 米，两岸主要为陡崖，陡崖高出河面一般在 100 米以上。这一段流域面积 13.2 万平方公里，径流仅 73 亿立方米，但输沙量达 8.5 亿吨，占全河总输沙量的 53%，是黄河的主要泥沙来源区②。峡谷有著名的壶口瀑布，河槽宽仅 30～50 米，枯水水面落差约 18 米。龙门至潼关（俗称小北干流），河道展宽，长约 130 公里，河道宽浅散乱，冲淤变化剧烈，内有汾、渭两大支流汇入，这些支流均源于黄土高原，含沙量很高，到三门峡，河水含沙浓度平均达 36.9 千克/立方米，比中游入口河口镇约高 8 倍，年输沙量达 16 亿吨。黄河泥沙大约 90% 来自中游的黄土高原。潼关至小浪底区间，长 240 公里，是黄河最后一段峡谷。小浪底以下河谷渐宽，是黄河由山区进入平原的过渡河段。

桃花峪以下为黄河下游，干流河道长 786 公里，流域面积 2.2 万平方公里，汇入较大支流有 3 条。河床高出背河地面 4～6 米，比两岸平原高出更多，成为举世闻名的“地上悬河”。从桃花峪到入海口，除南岸东平湖至济南区间为低山丘陵外，其余全靠河堤挡水。历史上，堤防决口频繁，目前依然威胁严重，成为中华民族的心腹之患。

黄河虽然是一种亘古的自然存在，但百万年来，在黄河流域孕育了一个民族，铸就了一种文化。当黄河刚刚由内陆封闭的湖盆开始沟通连贯为一条大河的时候，人类的祖先几乎同时告别攀援和爬行，开始直立行走。西侯度人、蓝田人、丁村人、大荔人、河套人、山顶洞人、仰韶人开始在这一地区的生活，一步步进入了文明社会。黄帝、尧帝、舜帝、禹帝在黄河流域开启了华夏文明的曙光。历史记载“尧都平阳，舜都蒲坂，禹都安邑”，即在今天的山西省临汾、永济、夏县。此后的夏、商、周、秦、汉、隋、唐、宋，或在河南，或在陕西，都处于黄河流域。中华民族的孔孟儒学、老庄道学、禅宗佛学等哲学思想

---

① 另一说为河口镇到花园口，本文以黄河水利委员会编制的《黄河近期重点治理开发规划》认定的“桃花峪”为准。

② 晋陕峡谷的相关数据来自任美锷著的《黄河》，清华大学出版社、暨南大学出版社. 北京、广州. 2002

都孕育在黄河之畔。这些文化成为中华文化的轴心和基础。季羡林先生认为，中华文化是多元产生的，但黄河文化是轴心，是基础。“中华民族的文化和文学既然是多元产生的，那么有没有一个轴心或一个基础呢？我认为是有的。这个轴心或基础不能不说是黄河文化。”① 季羡林先生指出，在中国尽管有长江与黄河相对。但从文化上来讲，长江只能起补充陪衬的作用，中国人心目中的圣水仍然是黄河。由此看来，黄河不只是一条普通的自然河流，更是一条文化的、精神的、社会的、心灵的、情感的河流，具有深厚的文化积淀。

2.2 黄河晋陕段的自然与文化环境特点

黄河晋陕段处于黄土高原东部南北一线，自然环境分为晋陕峡谷和龙门－潼关小北干流两部分。

晋陕峡谷从北往南把黄土高原东部劈成两半。从喇嘛庙至楼子营间河段最窄，河床宽仅为100米、河谷深切300～500米左右，使多数河段两岸形成悬崖峭壁。峡谷南半部吴堡至壶口段为深切曲流峡谷，河路弯曲，河床纵比降大，平均比降3.8%，河床发育有漫滩和河心滩，阶地发育在凸岸，凹岸由于黄河的强烈侧蚀，多为悬崖峭壁的陡岸。壶口至龙门段为深切顺直峡谷，谷坡上残留有多级侵蚀阶地，河床纵比降约为5.4%。

在黄河未贯通前，河套盆地和汾渭盆地都是两个相互独立的内陆盆地，晋陕峡谷内现在的黄河河道过去曾是分别流入河套盆地和汾渭盆地的两条小水系，以喇嘛庙至河曲一带为分水岭，北侧水系往北流入河套湖盆，南侧水系注入汾渭湖盆。随着鄂尔多斯高原的逐渐隆升，分水岭两侧的水系加大深切和溯源侵蚀的力度，最后切穿喇嘛庙至楼子营一带的古分水岭，形成万家寨峡谷，并使河套湖盆和汾渭湖盆连在了一起，将河套湖盆的湖水往南外泄。

黄河小北干流是指龙门到潼关的干流河段，是相对黄河大北干流而言的。因其长度、特性有别于黄河的晋陕峡谷河道（大北干流），而称之为小北干流。其东岸为山西省的运城市，从北至南依次为河津、万荣、临猗、永济、芮城5县市；其西岸为陕西省渭南市，从北至南依次为韩城、合阳、大荔、潼关4县市。沿岸的历史城市有韩城、河津、荣河、朝邑、蒲州、潼关。黄河小北干流是由湖盆演变而形成的河道。黄河出龙门，河道突然变宽，流速减缓，至潼关，因秦岭阻隔而东折。黄河小北干流起（龙门口）止（潼关）高差52米，河道比降为万分之三点九。在龙门以北的河流束缚于两岸的山崖之中，河宽只有0.15公里。出龙门，河道骤宽。万荣汾河口附近，黄河河面宽14.5公里。河谷更宽，临猗吴王渡的河谷宽达20公里。小北干流泥沙淤积十分惊人，“有资料显示，自东汉元和二年（公元85年）以来的1917年间，全段河道平均淤厚38.5米，

① 鲁枢元 陈先德主编．黄河文化丛书·黄河史．青海人民出版社等八省人民出版社．2001

其中上段（禹门口至庙前）、中段（庙前至夹马口）、下段（夹马口至风陵渡）三段沉积物平均厚度分别为 35.2 米、35.8 米和 44.5 米。从淤积的过程来看，唐宋以前轻微、元明以后剧烈。明万历八年（公元 1580 年）以前，年平均淤积厚度为 0.007 米；万历九年（公元 1581 年）至新中国成立的 368 年间，年平均淤积厚度 0.055 米；1950～1959 年，年平均淤积厚度为 0.088 米。1960 年以后，在本河段区间共设测淤断面 28 个，截至 2000 年，实测泥沙淤积约 40 吨，平均年淤积 0.61 亿立方米，河床每年平均增高 0.1 米。"①

黄河晋陕区段沿岸文化积淀深厚，是中华文化的重要发祥地。在中国，人文地理学者对中国的人文区划并没有一个十分明确的定论。有一种"两区三级"区划，还有一种为"三区两级"区划②。"两区三级区划"把中国分为"东部农业文化区"和"西部游牧文化区"。东部农业文化区又分为"中国传统农业文化亚区"和"西南少数民族农业文化亚区"，其中"中国传统农业文化亚区"又分为 12 个文化副区。西部游牧文化区分为"蒙新草原—沙漠游牧文化亚区"和"青藏高原游牧文化亚区"，其中"蒙新草原—沙漠游牧文化亚区"又分为三个文化副区。"三区两级区划"把全国分为西部区、北方区、南方区三个基本区和 11 个亚区（图 2－1）。

从这两个区划理论还清楚地看出，黄河沿岸的文化区域呈现"串珠式"特点，黄河均从每一个文化副区或文化亚区中心穿越，黄河两岸的文化呈现出共同性的特征，黄河晋陕地区也表现出这一特征。"两区三级"区划中把山西、陕西、甘肃、宁夏、青海划分在一起，称为"东部农业文化区"的"黄土高原文化副区"；在"三区两级区划"中把陕西、山西、河南划分为一起，称为"晋豫陕亚区"。这两种划分中，无论何种划分，山西、陕西两省均在同一文化区。这就说明，从文化地理学的角度来看，晋、陕文化有着十分密切联系。

黄河晋陕地区的文化环境是一种山西、陕西文化相互影响，交织而形成的文化。山西、陕西都是中华文化的重要发源地，有着悠久的文化传统。这一区域横跨两个文化区域，即中原文化区域和游牧文化区域。黄河晋陕段的南部，即龙门以南，呈现中原文化的特点。龙门以北，即陕北和晋西北地区，作为中原文化和游牧文化区域的过渡地带，表现出两种文化冲突、交融的特点。

中华民族的人文始祖——黄帝，以及后来的尧、舜、禹三帝都以这一地区为华夏族的政治文化中心。山西的南部和陕西的中部，长期处于黄河流域中原文化的中心地带，对周边的地区有一种文化的辐射力、吸引力和凝聚力。从周开始，历秦、汉、隋、唐等，关中一直是全国的中心，甚至是世界的中心。传说黄帝斩蚩尤于解（运城盐池），舜帝建都于蒲坂（蒲州古城），大禹凿龙门，导河入海。河东临近关中，作为屏藩京畿的要地，与关中在政治、军事、文化、

---

① 黄河小北干流河务局编．山西黄河小北干流志．黄河水利出版社．郑州．2002

② 引自田银生．中国传统城市的"人居环境"思想与建设实践．清华大学博士后研究报告．2000

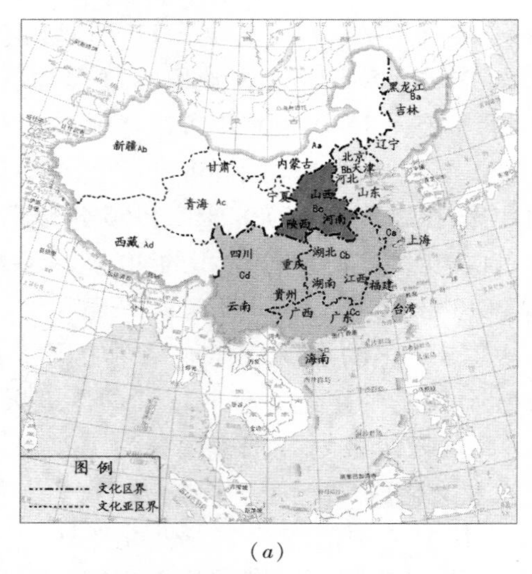

(*a*)

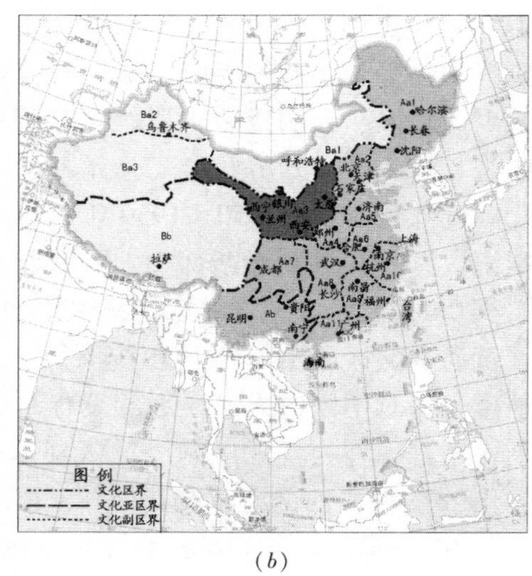

(*b*)

图 2－1　中国人文区划图

（1）“三区两级”人文区域划分

A：西部区［Aa：内蒙古区；Ab：新疆区；Ac：甘青宁区；Ad：西藏区］

B：北方区［Ba：东北区（辽宁、吉林、黑龙江）；Bb：华北沿海区（北京、天津、河北、山东）；Bc：晋、豫、陕区］

C：南方区［Ca：江浙区（江苏、浙江、上海）；Cb：皖、鄂、湘、赣区；Cc：华南区（台湾、福建、广东、广西）；Cd：西南区（四川、云南、贵州）］

（2）“两区三级”人文区域划分

A：东部农业文化区［Aa：中国传统农业文化亚区（Aa1：关东文化副区、Aa2：燕赵文化副区、Aa3：黄土高原文化副区、Aa4：中原文化副区、Aa5：齐鲁文化副区、Aa6：淮河流域文化副区、Aa7：巴蜀文化副区、Aa8：荆湘文化副区、Aa9：鄱阳文化副区、Aa10：吴越文化副区、Aa11：岭南文化副区、Aa12：台湾海峡两岸文化副区）；Ab：西南少数民族农业文化亚区］

B：西部游牧文化区［Ba：蒙新草原－沙漠游牧文化亚区（Ba1：内蒙古文化副区、Ba2：北疆文化副区、Ba3：南疆文化副区）；Bb：青藏高原游牧文化亚区］

经济等方面均紧密相连。早在春秋战国时期，秦以漕船运粮至晋都，以解民饥。从雍（陕西凤翔）出发顺渭河，至潼关逆河北上，东折逆汾河至绛（山西翼城），史称“泛舟之役”。汉代汉武帝乘船至汾阴祭祀后土，此后的黄河航运还延续了近1800余年。航运的发展，在黄河两岸形成了不少城市，蒲州还占据区位优势，发展成为大都会。

由于中原文化的影响，以及生产方式的特点，强悍的北方的少数民族，在历史上多次“光顾”中原地区。因此，黄河晋陕段的北部成为汉民族抵御北方少数民族的边防前哨，凭借长城和黄河两大人工与自然屏障，修筑了相当数量的城、镇、堡等军事据点，成为陕北、晋西北地区的一大景观。张岂之先生在《陕北文化》一书的序言中指出：“据史学家们的研究，陕北黄土高原是中华民族的发祥地之一。秦汉时，北魏时，隋唐时，宋、辽、金、元、明、清时期，陕北地区是边陲重地，对中华民族的发展作出了重要贡献。……，1990年夏我用一个月的时间在陕北考察文物，到各地看了人文地貌、文化文物，深感这里的文化需要进行深入的研究。比如在榆林所见，给人的实感是：这里在历史上是多民族聚居的边防重地，文物古迹反映出的文化现象多与历代边防战争和北方要塞相关。”① 这种现象在晋北、晋西北同样存在。

从总体上看，晋陕黄河两岸具有共同的自然环境背景，黄土高原与黄河这两大自然条件为两岸城市的产生、发展和变迁提供了共同的基础。黄河尽管作为陕西、山西两省的分界线，但自古以来，两岸居民的交流十分频繁，文化东西相通，具有共同的社会文化背景。两岸城市建设面对共同的、自然的、社会的、文化的基础。

2.3 城市历史发展简论

黄河作为中华民族的母亲河，孕育了华夏文明。城市作为人类文明的重要标志，也最早在黄河流域产生。沿黄河人类聚居的产生、城的出现、城市的布局以及类型特征总是与黄河在中国古代的作用和地位分不开的。每当黄河的作用得以加强，黄河城市的地位就会突出，城市的建设、发展就越快。城市的发展与黄河紧密相连。古代黄河比较明显的作用利弊表现在四个方面：一是作为重要水源，用于饮水灌溉，以利民生；二是凭借自然天险，作为军事防线，保障城市的安全；三是黄河水运，便于舟楫，以通交流；四是黄河以及黄土高原的自然侵蚀对人居环境的威胁。这些功能在不同的历史阶段发挥的作用是不一样的，与当时的生产力水平、军事形势、政治中心、民族关系等有着直接的联系。于是，在不同的历史时期，黄河晋陕沿岸的城市发展呈现出不同的特征。

2.3.1 早期人类聚居点

水是生命之大源。至于远古时代的居民，水源对他们更为重要。他们聚居地距离水源都较近，便于取水，“水边还是狩猎的有利场所之一，趁动物来饮水之时，可以比较容易地获取猎物；也能够从水中捕获鱼类。尤其是采集业、原始的农业日益成为主要的谋生方式时，近水地带的优势就更为显著：淤积地区土地肥沃，便于灌溉，可以获取更好的收成。因此，原始人群遵循一条重要原则——择水而居。”② 这种分布特点是原始社会人类遗址的分布特点。

距今300万年至20万年的旧石器时代早期，是人类的童年时代。旧石器早期，西侯度人、匼河人等率先在关中西部和晋西南的黄河沿岸地区发展起来。“这是迄今为止所发现的这一地区最为古老的原始文化”。西侯度位于山西省芮

① 袁占钊．陕北文化概览．陕西人民出版社．西安．1994

② 冯宝志．三晋文化．辽宁教育出版社．沈阳．1998年

城县黄河左侧高出河面约170米的古老阶地上，黄河在这里拐了一个大弯，从其西侧和南侧流过。1960年，考古工作者在这里的早更新世时期的地层里，发现了几块经过人工打击的石块和一些鹿角，其中一件鹿角不仅用火烧过，还带有被砍削的痕迹，经过古地磁检测，证实西侯度文化距今已有180万年。1957年11月，在三门峡水库建设过程中，中国科学院古脊椎动物与古人类研究所在山西南部黄河沿岸的匼河村发现了匼河遗址和独头遗址。匼河遗址位于芮城县匼河村一带黄河水流方向的左岸，匼河遗址的文化遗物以石器为代表，同时还发现了披毛犀、马、野猪等多种哺乳动物化石。独头遗址位于永济市独头村的咸水沟，距匼河遗址3公里，其在地质时代上属于更新世中期的早期，距今150万年到10万年前。1972年，在陕西韩城龙门禹门口的西龙门山腰发现了“禹门洞穴遗址”，距今约5～8万年。洞穴东临黄河，高出地面约30米。其地层属陶纪石灰岩，洞中堆积可分为3层，中层为夹石灰岩崩塌块的黄土装粉砂层，出土有小砾石凸镜体、兽骨化石和人工打制的石核、石片共1202件。韩城禹门洞遗址，是解放以来，在黄河中游首次发现的一处滨河最近的旧石器时代晚期洞穴遗址。[①] 在黄河沿岸的吴堡、保德、河曲也都发现了旧石器中、晚期的文化遗址。

进入新石器时代，黄河流域文化进一步发展，范围进一步扩大，在晋陕沿岸的潼关、永济、芮城、韩城、合阳、吴堡、佳县、府谷、河曲等地均发现了仰韶文化和龙山文化的遗址，例如永济的石庄遗址、新昌遗址、蔡坡遗址，潼关的张家湾遗址、南寨村遗址等。

2.3.2 夏商周及春秋战国时期的城市（镇）

这一时期，黄河晋陕沿岸的城市主要集中在龙门以南地区，这里由于原始文化起源较早，并成为华夏文化的重要发祥地之一。城市聚居作为文化交汇、繁荣、集合之所，在黄河晋陕段出现也较早。夏、商、周三代都城都处于这一地区或邻近地区。作为尧舜定都之地的古河东也是夏的都城所在地，史书称“禹都安邑”，故址在今山西省夏县禹王乡。夏、商、周三代之后，出现了分裂割据的局面，这就是春秋战国时代。这个时期，由于战争频繁，黄河的军事防御功能显著。龙门以南的晋陕沿岸又成为秦国和东方各国冲突的主要地区之一。“秦和东方各国的冲突主要发生在3个地区：一为洛水下游的黄河两岸；一为函谷关以东；一为武关内外。”[②] 为了抵御秦国的入侵，魏国还修筑了长城，南起今天华阴的华山，经今天的大荔县城，北到韩城以南的古夏阳渡口。这就是古代著名的魏长城。

战国时期，黄河沿岸的城市有蒲坂（后来的蒲州城）、大荔王城（临晋城）、汾阴城、皮氏城、少梁城。秦国为了进攻韩、赵、魏诸国，在黄河蒲津处修筑

① 程宝山，任喜来编．中国历史文化名城韩城．陕西旅游出版社．西安．1999

② 史念海．河山集．陕西师范大学出版社．西安．1991

了蒲津桥。《春秋后传》："秦昭王二十年（公元前287年）始作浮桥于河。"此后，于公元前257年，再造浮桥。《史记·正义》："秦昭王五十年（公元前257年）初作河桥，在同州东渡河，即蒲津桥也。"自此以后，蒲津桥不断重修，成为黄河沿岸重要的一个历史现象。

2.3.3　秦汉至隋唐时期的城市

秦汉至隋唐是黄河晋陕段在历史上有着重要地位的时期。这一历史时期，先后有秦、西汉、隋和唐等统一政权在关中定都。关中作为全国的政治、经济、文化中心，对晋陕沿黄河城市布局起到了关键性的作用。黄河的防御功能增强，这些沿黄河城市的布局都关系到都城的安危，于是以关中长安为中心的拱卫格局形成。

秦汉王朝的强敌是北方的匈奴。"自商、周以来，匈奴即称雄于北陲，只是名称有所改变，以前记载中的鬼方、昆夷、大戎等都是匈奴的异名，战国时期，才普遍称为匈奴，也有称为胡的"[①]。战国后期，秦与匈奴的边界较长时期维持在朝那（今宁夏固原县东南）、肤施一线。秦始皇统一六国之后，向匈奴发起进攻，这条边界向北移到黄河北岸。但由于秦的迅速崩溃，匈奴又向南进发，边界推至朝那、肤施一带。这一边界一直延续到西汉中叶，汉武帝重新把边界扩至阴山山脉[②]。秦汉时期的威胁主要是北方匈奴，战争争夺主要是黄河以西的南北方向，于是在关中北部边塞修筑长城和关隘、整修道路、设置城市。

在对抗匈奴的过程中，晋陕黄河两岸并没有战争，两岸没有增设城市。到西汉武帝元鼎四年（公元前179年）在汾阴脽置汾阴庙。"于是，天子遂东，始立后土祠汾阴脽上，如宽舒等议"。[③] 汉武帝时期，武帝多次亲自祭祀后土，对汾阴城进行了建设。此时，汾阴城已不只是一座防御性城堡，更重要的是成为一座专门接待帝王祭祀的城市，"成为支应封建王朝统治者及其随从的千乘万骑顶礼膜拜时停顿的处所"。[④] 唐代李峤在《汾阴行》中写道："昔日西京全盛时，汾阴后土亲祭祀。斋宫宿寝设储供，撞钟鸣鼓树羽旗。"西汉时期，对国家的威胁还是来自北方的匈奴，黄河沿岸的城市集中分布在河套地区的黄河与长城沿线。晋陕黄河沿岸的城市还是集中在龙门以南地区。

东汉时期，黄河晋陕沿岸仍然分布的是蒲坂、合阳、汾阴、夏阳、皮氏。东汉末年，在黄河、渭河与洛河交汇处修筑潼关。《三国志·魏书·武帝纪》："建安十六年，马超等屯潼关"。史念海先生注解"此为潼关见于记载之始"。[⑤]

---

① 王国维．观堂集体．鬼方昆夷严运考

② ［汉］司马迁．史记．匈奴传．贵州人民出版社．贵阳．1994

③ 戴逸：史记全译．贵州人民出版社．贵阳．1994

④ 史念海．黄土高原历史地理研究．黄河水利出版社．郑州．2002

⑤ 史念海．河山集．陕西师范大学出版社．西安．1991

"潼关在东汉以前还没设关城，到东汉时，曹操为预防关西兵乱，才于建安元年（公元 196 年）始设潼关，并同时废弃函谷关。"① 从中可知，潼关的设置是与都城在洛阳有关，是为了保护洛阳，进而控制关中。曹操为控制潼关以西地区，与马超进行了潼关之战，进攻潼关时却迂回绕道蒲津关。潼关与蒲津关处在长安、洛阳两都之间，作为黄河沿岸的两大关城在战略上是紧密联系在一起的。《水经·河水注》："河水自潼关东北流，水侧有长坂，谓之黄巷坂。坂旁绝涧，涉此坂以升潼关。"可见潼关古城此时并不在今天潼关老城的位置，而在今潼关老城东南的原上。

三国之后，经过西晋的短暂统一，进入了东晋十六国的分裂割据时期。在这一时期中，"到南北朝后期，东魏和西魏以及后来北齐和北周的争夺都十分激烈。在黄河流域形成了东西对峙的局面。"② 黄河晋陕沿岸战事较为频繁。主要集中在蒲坂周围。北魏建雍州城于古蒲坂城北二里，后易名泰州，北周改为蒲州。西魏大统九年（公元 534 年）花费巨资修筑了蒲州城。"为将蒲州城作为'关中之巨防'，以通过'河东保障关陕'，抵御北方外敌入侵，便耗费了巨资大力修筑蒲州古城，城墙已全部用厚砖砌垒，城郭周长达九里三之多。这个时候的蒲州城，已有相当规模。城内的砖石建筑，木架结构，建筑装饰，设计以及布局方面，都较前有了明显进步。也说明了施工技术较前有了较大的发展。整个蒲州城，已异常雄伟壮丽。"③ 隋唐两代都在长安建都，以长安为中心的防御形势得到加强。隋唐时主要还是防御北方的游牧民族。隋代仅 37 年，但隋初在北边修筑了长城，在朔方以东险要地方修建了几十座城池。隋代时，黄河晋陕沿岸原有的夏阳、合阳废弃，新筑韩城、朝邑、定胡等城市。

唐代中期三受降城的修筑，控制了黄河和阴山山脉，加强了防御作用。从此，游牧民族不能过山放牧，北方战争也少了许多。隋唐时期，晋陕段黄河沿岸并没有新设城市，但也十分重视设关置守。"凡关二十有六，而为上中下之差。京城四面有驿道者为上关。上关六，京兆府蓝田关、华州潼关、同州蒲津关、岐州散关、陇州大震关、原州陇山关。"④ 另外，中关为"余关有驿道及四面关无驿道者"，中关十三处；"他皆为下关"，下关七处。在这二十六处关中，蒲津关、潼关、龙门关三座上关在黄河沿岸，作为军事防御的需要，各关都进行了新的建设。东汉潼关城本在原上，到唐朝建立 73 年之后，即武则天天授二年（公元 691 年）潼关古城向北迁移。"这是由于黄河不断下切，水势跟着下落，原麓河畔可以行人，东西大路也就随着逐渐由原上移下。潼关城的建置本是为了控制这条大路。大路既然改变，潼关城还设在原上就没什么意义了。"⑤

---

① 潼关县志编纂委员会 编．潼关县志．陕西人民出版社．西安．1994

② 史念海．河山集．陕西师范大学出版社．西安．1991

③ 赵正民主编．舜都永济名胜．山西文史资料 123 辑．1999

④ 唐《大唐六典》

⑤ 史念海．黄土高原历史地理研究．黄河水利出版社．郑州．2002

蒲津关隔河即为蒲州城，由于地理位置的重要性，隋文帝谓河东守季布曰："河东，吾骨肱郡"。唐大历中，朝廷曾商议过将蒲州城（河中府城）立为中都。当时宰相元载，多次上建中都议。中都议中讲道："河中之地，左右王都，黄河北来，太华南依，纵水陆之形胜，壮关河之气色。"① 建立中都的作用，元载论道："建中都，将欲固长安非欲外之也；将欲安成周非欲捨之也；将欲制蛮夷非欲惧之也；将欲定天下非欲弱之也。"蒲州在唐时，正处于兴盛时期。开元八年（公元720 年），蒲州与陕、郑、汴、绛、怀并称六大雄城。开元九年（公元 721 年）改蒲州为河中府，同年修筑蒲津桥。开元十二年（公元 724 年），全国州府定近畿之州为四辅，升蒲州为上辅。同年，对蒲津桥进行了大规模的改建。张说在《蒲津桥赞》一文中作了记录："冶铁伐竹，取坚易脆，……百工献艺，赋晋国之一鼓，法周官之六齐，……是炼是烹，亦错亦锻，结而为连锁，熔而为伏牛。偶立于两岸，襟束于中𫢸。"②这样，以中𫢸城为中心，东西两座浮桥把蒲州、朝邑两座城市联系在一起。由于与都城的关系，蒲州成为这一地区的中心城市。

秦汉至隋唐时期，从区域大的环境来说，全国统一朝代的都城都在晋陕黄河两岸，或长安、或洛阳。既使在分裂割据时期，长安、洛阳也是独立政权的所在地。当国家面临的威胁来自北方时，战争冲突往往是南北方向展开的，北边的长城沿线成为防御的重点。但当战争冲突为东西方向时，晋陕黄河的战略地位就上升。黄河晋陕沿岸的城市防守成功与否，总是与这个政权的命运联系在一起。所以，秦汉至隋唐的历代政权对于黄河晋陕沿岸的城市都十分关注。这些城市控制通往都城的重要通道，它们围绕都城布局，与都城形一个大的城市系统。

2.3.4　宋金元时期的城市

从北宋开始，全国政治中心均在晋陕黄河以东地区建立。北宋都开封，南宋居杭州，元都北京，明初都南京，后迁北京。这一历史时期尽管晋陕黄河不像汉唐时代邻近都城，但由于这个时期特殊的政治、军事形势，使得晋陕黄河的地位得到了加强。最为突出的是宋代。这一时期，是黄河晋陕沿岸新建城市最快、数量增加最多的时期。

北宋时期，北方游牧民族进攻中原，中国历史上出现了又一次的游牧文化与农耕文化的碰撞。北方西夏和契丹成为北宋的大敌。西夏位居贺兰山下，从西北方面进攻开封；契丹起于横水（今内蒙古西拉木伦河）上源，后居燕京，拥有河北平原北部及雁门关以北各地。因此，河东、河北就成为北宋必守的战略要地。北宋为了巩固都城开封的防务，把河东看作北方的屏障，太原城的战略位置尤为重要。从《宋史·夏国传（上、下）》可知道，西夏进攻北宋的主要

①② 清乾隆《蒲州府志》

方向有六个：一是由灵州经萧关道南行，进攻镇戎军（宁夏固原）和渭州（甘肃平凉）；二是由灵州东南循马莲河河谷南行，进攻环州和庆阳府（甘肃环县和庆阳）；三是由宥州（内蒙古伊克召盟乌审旗西南）南行；四是由夏州南行；五是由夏州顺无定河而下，进攻绥州、米脂和清涧；六是由夏州东行，进攻麟州。这六路中，一、二路主要是进攻甘肃；三、四路主要是进攻关中；五、六路主要是进攻太原。针对西夏的进攻路线，北宋采用三面防守的战略：麟延路居中，环庆路与河东路分护左右。晋陕黄河对于河东防线有着重要意义。河东路有三条防线，即前方的麟、府两州，中间的黄河天险，其次为黄河与太原之间的诸州城（见图2－2）。为了增强黄河两岸的统一防守，麟、府两州在宋代隶属河东路，这样的划分在战略上有着明显的优势。为了控制窟野河，修筑了葭芦寨（今佳县城）。葭芦寨位于葭芦川入黄河处。葭芦川虽不如无定河和窟野河的地位险要，但仍可以行军进兵。宋朝为了提防西夏乘虚直入，在葭芦寨的黄河东岸修筑了克胡寨（今名克虎寨）。史念海先生指出："宋朝在这里不仅设防守，还打算西夏进攻麟州时，由此北上，截断其后路。这样，葭芦寨的修筑就有更重要的意义。"① 元丰五年（公元1082年），因沈括之请，重筑葭芦寨，并向西沿途筑造，直至米脂寨。淳化四年（公元989年）在府州城对岸设置定羌军，后改保德军（即今保德县城）。

金与南宋对峙时期，黄河晋陕沿岸地区均属于金的版图，沿岸的蒲州、河津郡发生了很大的变化（见图2－3）。金哀宗正大八年（公元1231年）农历九

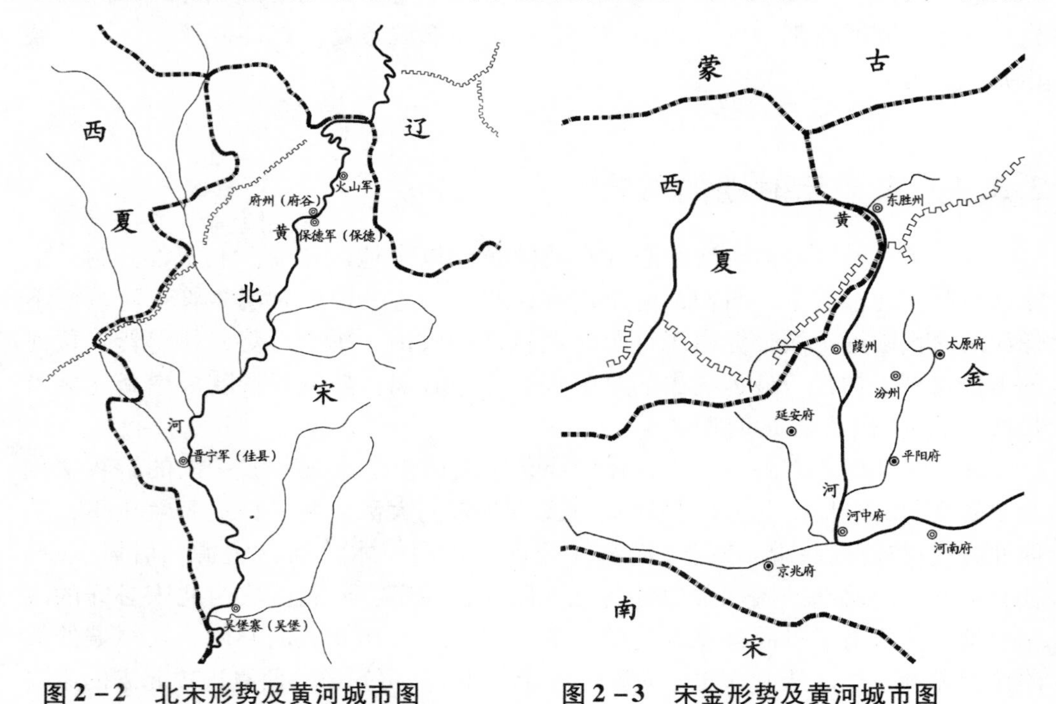

图2－2　北宋形势及黄河城市图　　　图2－3　宋金形势及黄河城市图

① 史念海．河山集．陕西师范大学出版社．西安．1991

月，位居河东的蒙古军队攻打金河中府，威逼蒲州城。金命草火讹可、板子讹可将兵 2 万守城。但因兵力不足以守次大城，乃截其半为周长 8 里余的内城守之。至阴历 12 月，城被攻破，蒲州城被元军所占。元至正十年（公元 1350 年）宣慰使赛因赤答忽怀远，与守城宣慰同知范国英，因蒲州城垣残破，乃调集人员重修。此次修筑的蒲州城即后世蒲州城的雏形。元至正十四年主簿邢天杰修荣河城，周九里八步，池深一丈五尺，东、南、北三门。元代，由于汾水的侵袭，于皇庆初年，迁建河津城。《古今图书集成》载“旧城在金县城东南，圮于汾水，元皇庆初，监县哈利哈孙毅筑今地。”

2.3.5　明清时期的城市

明代初年全国范围都进行了大规模的筑城运动，黄河晋陕沿岸历史城市也同样是一个重要的发展时期。从清代出版的《古今图书集成》记载来看，在明代，黄河晋陕沿岸的城市几乎都进行了扩建或重建，基本确定了城市的规制，延续至清代。沿河的潼关、蒲州等城市空前繁荣。明洪武四年（公元 1371 年），重筑蒲州城，用砖包堞，“城高三丈八尺，堞高七尺，门四，各建楼一座；角楼四座，敌台七座，土库五座，窝铺五十七座；四门外各建月城，北门月城二重；西临黄河，东、南、北三面池深一丈五尺，阔十丈；环六里四十五步。嘉靖三十四年，地震倾圮，巡道赵祖元、制周边像重建……”明代河中府《蒲州府志》：“河中古为大藩重镇，其城郭素号壮峻而守固。唐宋之盛，不得见矣。即明中世，州萃而居者，巷陌常满，既多仁宦，甲宅连云，楼台崖巍，高楼睥睨。南廓以处，别野幽营，高墙深池，一带霞映，关城所聚，货别队分，百贾骈臻。河东诸郡，此为其最。”① 《古今图书集成》中对潼关古城记载道：“始建未详，明洪武五年千户刘通修筑旧城，九年马增修城障，依山势曲折，周一十一里七十二步，高一丈八尺，濠池深一丈五尺，门六……”② 洪武九年（公元 1376 年），潼关城开始向南、西方向大规模扩建。这就把麒麟山、凤凰山、象山、印台山、笔架山笼纳于城中。洪武年间，葭州城也发生了变化。洪武初年，千户王纲改筑在宋康定年间所筑的葭芦砦，建成了“周二里一百二十步，高三丈，池深一丈”。②正德十五年府谷知县张汝涉拓展旧城，达到“周五里八分，高二丈五尺，因河为池。”②潼关城的基本形制就是在明代定型的。保德、佳县均是宋代所建，由堡寨演进而成，但在明代均有大的发展，定型成熟。保德城系由宋淳化年间的林涛寨发展而成的，在宋代尽管有所拓展，但并没有完善。明代永乐十一年州同尹堆志重修，宣德八年知州任泰重修，保德城的基本形制稳定下来。史载：“周围七里二百五十步，高一丈八尺，南大北小，形如葫芦，西、南

① 清乾隆《蒲州府志》

② 《古今图书集成》

各一门，东北、西北各一角门，各建楼于其上，窝铺六十四座。”①明景泰二年，朝邑知县申润在黄河左岸营建朝邑城，后于成化三年、嘉靖二十一年重修，形制固定下来。“周四里，高一丈五尺，池深一丈。”同年，韩城知县金文筑韩城四门月城。明代，也是荣河和河津二城修葺十分频繁的时期。由于黄河的侵袭，黄沙逼城，也多次修筑。“明景泰初知县于缙重修，成化间知县马懋复修，正德二年，河水至城下，圮西北隅，知县宋纬筑补，”①后于嘉靖二十七年、万历七年、崇祯十二年等分别修筑。河津城元代迁建以后，在明代于景泰元年、天顺三年、正德六年、嘉靖二十四年和三十四年、隆庆初年和四年、崇祯三年分别修城。

图2-4　清·康熙　黄河图

进入清代以来，基本都在原有城市基础上发展，城市逐步完善、发展和繁荣。在毕沅绘制的《关中胜迹图志》一书中，详细绘制了陕西黄河沿岸的城市和寨堡，并以写意的手法描绘出每座城市与黄河、山塬，甚至和标志建筑的关系。陕西黄河图从黄河入陕的城头村开始，第一座城市是府谷，其下依次是葭州、吴堡、韩城、朝邑和潼关。其中，将府谷城与黄河、水哉寺、悬空洞的关系描绘得十分清楚；葭州城、潼关城与山川的关系描绘得栩栩如生；将韩城与龙门、太史公祠、芝川城、纠纠寨塔的关系，朝邑城与麟经阁、文昌阁的关系一一标清。《山西通志》也有一幅山西黄河图，标明了黄河沿岸城市与黄河的关系。在清康熙年间，还绘制了一幅黄河图，其中就有从龙门到潼关区段的城市与风景建筑。包括龙门、韩城、河津、朝邑、荣河、蒲州、潼关。整个图反映了这些城市的形态与格局，城市与黄河的关系等（见图2-4）。

2.4　城市的形成原因分类与选址

纵观黄河晋陕沿岸城市的产生、发展过程，其历史背景、形成的历史阶段和功能都不尽相同。而且城市一旦产生，就会在相当长的历史时期内不会改变城市

① 《古今图书集成》

的位置。在此期间，有可能城市的功能随着社会发展而产生变化，有可能城市原本的选址会制约城市的发展。但本章所讨论的城市的选址是指城市在最初形成时的选址动因。这个动因直接促进了城市的形成、发展，决定了城市空间的布局和功能。自然环境是城市形成、存在的基础，任何城市都离不开对自然环境的依赖，但不同的功能类型的城市对自然的因借态度是完全不同的。例如，由于航运而兴起的城市就会处于近水之处，便于舟楫；由于军事防御而设置的城市，就会处于山水形胜与交通要塞之地等等。当然，任何城市的形成，其作用力都不是单一的，而是多元的，但多元之中必有最主要的、直接的作用力。

从黄河晋陕沿岸城市形成的方式来看，总体可分为 3 大类：第一类就是基于原始聚落发展而形成的城市，这一类城市往往历史悠久，集中在黄河龙门以南地区；第二类就是产生时间较晚，主要在宋代以后，由军事堡寨发展而成的，主要集中在黄河龙门以北；第三类主要是基于黄河的水运功能，在黄河的主要渡口逐步发展成为商品集散地。

2.4.1　由原始聚落逐步发展成的城市聚落

黄河流域是中华民族的文化发祥地。尤其是晋陕龙门以南的关中、河东地区，早在旧石器时代，这里就是原始人类聚居的集中地区。“大量的历史文献记载和越来越多的考古资料都充分说明，河东地区是中华民族的摇篮，华夏文明起源的中心，上下五千年古老的中华文明的‘直根’即在这里”[①]“以彩陶为特征的中原地区的仰韵文化与以黑陶为特征的黄河下游地区的龙山文化，‘在豫西、关中和晋南地区混合在一起，混合以后的文化，彼此吸收了优点，更加发扬光大起来，得到迅速发展，’在此基础上，又‘吸收了其他地区的有地方性的文化’。而‘使我国各地区具有地方性的文化，第一次得到统一的影响’，为华夏文化的形成奠定了初步的基础”。[②] 优越的自然条件和发达的原始文化，使得伟大的华夏文明从这里起源。从尧帝到夏禹，三代中原地区部落联盟的首领都以晋南为其统治中心，故孔颖达曰“尧治平阳，舜治蒲坂，禹治安邑，三都相去各二百余里，俱在冀州，统天下四方”。[③] 华夏先民最早在这里进入农业社会，传说中的后稷教民稼穑的地方就在这一地区。著名的旧石器时代文化遗址——西侯度遗址、匼河文化遗址就在蒲州地区。传说舜曾建都在蒲坂，就是今天的蒲州一带。这说明，蒲州早在原始社会就成为河东一带的中心聚落，接着发展成为城市。当然，后来的蒲州城经过几次建设，面目早已非当年蒲坂，但从城市中的虞帝庙、北城墙上的薰风台等旧迹依然可以看出当年文化对城市的影响。

---

① 李元庆．发祥于河东地区的华夏文化．文史知识．1989 年 12 期

② 冯宝志著．三晋文化．沈阳．辽宁教育出版社．1991

③ 《左传·哀公六年》孔颖达疏

像蒲州这一类城市在最初形成时，最重要的因素就是自然环境。原始先民要定居下来就要有水源和田地这两类最为基本的条件。与许多原始聚落的选址一样，蒲州地区滨临黄河，解决了水源问题，而且周边地区均为良田，适宜原始先民的生产、生活；韩城虽不在黄河之滨，但在浞水河两岸均是良田；朝邑最早在原上，并不在黄河之滨，主要是黄河水逼近西原，为避水患而择高地。由此看出，由原始聚落发展而成的城市所在环境具有三个显著特点：一是离黄河距离近，便于饮水和灌溉；二是周围有良田耕作，便于农业生产；三是有高地，可避河水侵袭。

2.4.2 由军事堡寨、关隘发展而成的城市

龙门以北为晋陕峡谷地区，由于自然环境不利于农业的生产，在晋陕峡谷黄河两岸，由原始聚落发展而成的城市几乎没有。另外由于地理区位的原因，这一地区一直处于游牧区与农耕区的交汇处。据《佳县县志》记载，佳县在秦汉时期是一片辽阔的草原和茂密的森林。史念海先生在《黄土高原历史地理》中指出：直到春秋时期，这里还是白翟部落之地。受游牧文化的影响，并没有向农耕地区的城市聚落稳定延续。

作为农牧文化的交汇之处，一旦农牧民族之间发生冲突，这一地区就成为战争的前沿。汉民族为了抵御游牧民族的入侵，黄河天险成为防守的凭借，控制黄河具有战略意义。由于晋陕峡谷两岸山势险要，为了控制黄河，两岸重要的通道往往成为双方争夺的焦点。于是，在这些交通要塞建寨、构堡、修关、筑城以抗拒敌人就是十分必要和自然的。寨、堡、关、城就成为这些地区城市最早的雏形。这些城市经过历代的苦心经营，逐步发展成完备的城市。从保存至今的城市来看，大多形成于汉、唐、宋、金、明时期。

潼关就是在东汉末年出现的。建安时改山路于河滨，当路设关，始有潼关。潼关以水得名。《水经注》载："河在关内南流潼激关山，因谓之潼关。"潼浪汹汹，故取潼关关名，又称冲关。这里南有秦岭屏障，北有黄河天堑，东有年头原踞高临下，中有禁沟、原望沟等横断东西的天然防线，势成"关门扼九州，飞鸟不能逾"。汉潼关城在今城北村南，见图 2－5。到隋大业七年（公元 611 年），移关城于南北连城间的坑兽槛谷，即禁沟口。唐朝天授二年（公元 691 年），又迁隋潼关城于黄、渭河南岸。宋熙宁元年至十年（公元 1068 年～1077 年），遣侍御史陈洎扩建。明洪武五年（公元 1372 年）千户刘通筑城，明洪武九年增修，"依山势而曲折"筑城墙，后称明城。清朝增修扩建，北临黄河，南跨凤凰、麒麟二山，东断东西大路临黄河南延上麒麟山；西断东西大道靠河南沿上象山。潼关城的不断变迁的根本原因是黄河的不断变化。黄河下切，水位下降，就会在原有旧城与黄河之间形成间隙，为了阻止敌人利用间隙乘虚而入，关城逐渐靠近黄河就是非常自然的事了。

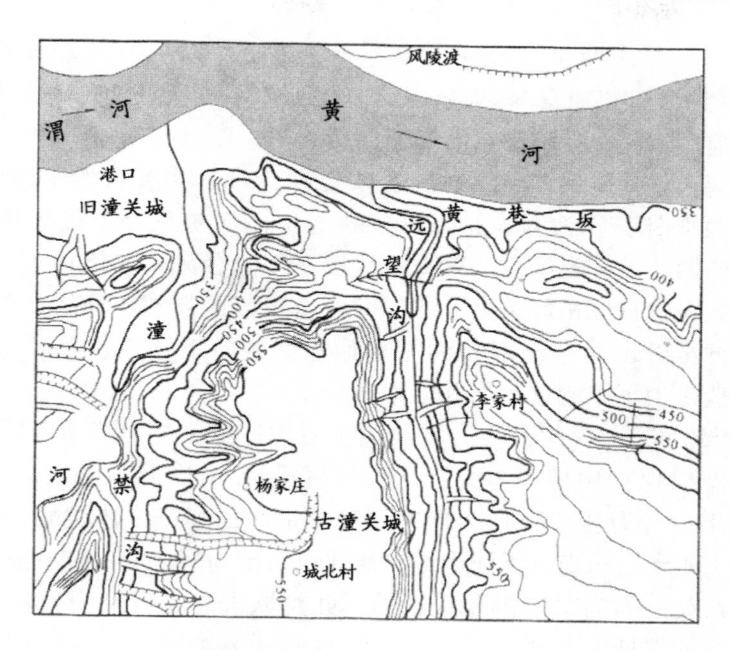

图2－5　潼关古城演进图

在五代十国时期，佳县因紧邻西夏，常有被西夏侵吞或割据之虞。宋太祖至太宗淳化年间，归河东路石州管辖。至道三年（公元997年）以后，被西夏国占据。元丰五年（公元1082年）设置葭芦寨，由河东转运使孙览领导筑造，此为今佳县城之始。元符元年（公元1098年）修筑神泉寨、三角堡。元符二年（公元1099年）修筑了乌龙寨、通秦寨、宁河寨、弥川寨、通秦堡、宁河堡、弥川堡。大观三年（公元1109年），又修筑了五寨五堡，五寨为神泉、乌龙、通秦、宁河、弥川；五堡为通秦、宁河、弥川、靖川、三交。金兴定二年（公元1218年）五月，修筑有八寨九堡，八寨为神泉、乌龙、通秦、宁河、弥川、太和、神木、吴堡；九堡为通秦、宁河、永祚、晋安、康定、通津、护川、强川、靖川。作为中心聚落的葭芦城，从宋筑造，后经元、明、清扩建，逐渐形成古城完整格局。葭芦城海拔882米，地拔180米，制高点908.9米，处于黄河与葭芦河交汇处，三面环水，东临黄河，南、西方向被葭芦河环绕。黄河东西600米，两岸峭壁，垂直高差100米，河两岸没有漫滩阶地。在这种环境中，葭芦城依山就势，居高临下，雄视黄河两岸。《佳县志》赞曰："山城左带黄河天险，右襟芦水环绕，山腰罗城回抱于前，北廓炮台梁枕藉于后，整个城池，坚如磐石，固若金汤，素有'铁葭州'之称"。古城分为内城、北廓、南廓、罗城四部分。明洪武初年（公元1368年），千户守御王纲因兵少难以防守，自北而南截三分之一筑城，分开内城和北廓。隆庆年间（公元1567～公元1572年）知州章许因内城狭小又增筑南廓，修筑了南北门。南门称"德安门"，上建德凤楼；北门称"扬武门"，上建文昌楼；北廓城门称"镇远门"；内城东隅建一门，门外巧依地势，建香炉寺，伸向黄河，成为探视黄河的据点，这一门就俗称

“去香炉寺门”。万历四年（公元 1576 年），知州尹际，在南廓修建东西二门，东曰“天险”，西曰“通秦”；天启中（公元 1621 ~ 公元 1628 年），知州庐惟扬在南部修建前后水门，在南廓东隅修建前后炭门。

佳县以南，就是吴堡。吴堡地处晋陕要冲，对面为著名的军渡渡口。军渡渡口位于山西柳林县军渡村，是晋、陕峡谷中段历史悠久、较为重要的渡口，历来是华北与西北的交通咽喉。宋太平兴国三年（公元 978 年），太宗赵光义远征太原时，大军曾自此东渡黄河。北宋时，由于与西夏常年作战，为保证粮运，修建了由绥德至汾州（今汾阳）的军事通道，吴堡正处于这条要道上。显然，吴堡城的筑造是为了控制这个形胜之地。

“吴堡寨最早于北汉间设立在寨西山，后周广顺元年（公元 1137 年）在黄河岸边设水寨以保护山城。金天会十五年（公元 1137 年）重修，金正大三年（公元 1226 年）升为县城”。[①] 吴堡古城位于铜城山巅，山势峻峭，城距黄河垂直高度约为 154 米。东南以黄河为池，西北以石壑为堑。唯有南面是通道，堡寨类城市聚落最初是因为军事需要筑造的，此类城市总是以利用自然地形达到防御的目的，它的选址、营建、变迁均是与自然环境紧密联系在一起。城市总是处于战略要地，交通要塞和山水形胜之地。例如康熙《潼关卫志》描述了潼关城的形势，“关之南秦岭雄峙，东南有禁谷之险，禁谷南设十二连城，以防秦岭诸谷，北有洛渭二川汇黄河，抱关面下，西则华岳三峰叠环，诸山高出云霄，春秋传云：秦有潼关，蜀有剑阁，皆国之门户；元史云：南据连山，北限大河；山海关志云：畿内之险，唯有潼关与山海关为首称。”[②] 由关、堡、寨等发展而成的城市，都是由于军事防御的原因。这些城市的选址影响因素主要有四个方面：一是当时的全国政治中心，也就是说要守卫的对象；二是来犯敌人的方向；三是自然形胜；四是交通枢纽之地。全国的政治中心也就是都城是军事防御体系的核心。都城一旦变迁，相应的军事防御体系就会改变。与此同时，来犯的敌人的方向也十分重要。这两条决定了大区域城市的布局，这是选址的大前提。唐宋时期黄河沿岸城市的变化就说明了这一点。宋代时，都城在汴京，为了抵御西夏的入侵，黄河晋陕峡谷一线的军事防御地位比唐代时大大提高，促进了沿线城市的产生。军事防御战略一经确定，具体城市的选址就会在交通枢纽之地，利用自然山水之势选择。

2.4.3 由黄河渡口商埠发展而成的聚落

在黄河沿岸，由于支流在黄土高原上行进的过程中带有大量的泥沙，支流与黄河的交汇处便形成了许多大小不等的“碛”，与两岸的汾州（即今汾阳）、

① 《吴堡文史资料》第三辑

② 康熙《潼关卫志》

太原、绥德、延安、西安等重要城市有便捷的交通联系的“碛”处形成渡口，这些渡口最早并没有人居住，由于转运物资，逐步发展为繁荣的市镇。碛口位于山西省临县西南湫水注入黄河处，西临黄河，南滨湫水。湫水贯穿临县全境，落差大、切割深，将大量泥沙带入黄河，形成一个约 1000 米的砾石滩，即当地的“大同碛”，碛口因此得名。军渡渡口位于山西柳林县军渡村，对岸是陕西吴堡县城所在地宋家川。民国时期合称宋军渡口。是晋、陕峡谷中段历史悠久、较为重要的渡口。宋太平兴国三年（公元 978 年），太宗赵光义远征太原时，大军曾自此东渡黄河。明正德十三年（1518 年）武宗巡幸延、绥后，从这里东渡返归。军渡历来是华北与西北交通咽喉，抗日战争时期有陕甘宁边区东大门“巨锁”之称。这类城市的选址总是直接濒临黄河，与两岸主要城市有着较为便捷的交通联系。城市的平面布局往往较为自由。

2.5　城市形态的发展

2.5.1　沿河城市整体形态的发展

在黄河沿岸城市产生、发展的历史过程中，受黄河影响较大。初始阶段，聚落的整体形态表现出对水的依赖，同时又对黄河的畏惧。聚落处在黄河与支流的交汇处的高地上。蒲州、韩城龙门、佳县等史前遗址都反映出这一特征。到尧舜禹时代，中原的政治文化活动主要集中在这一地区。舜帝的都城相传就在今天的蒲州，可谓当时的中心聚落。在这一时期，黄河两岸的聚落形态呈现出一种自然的分布状态。

到东周时代，诸侯战争纷起，黄河是关乎到区域的安全的重要天险，依托黄河建城，巩固黄河防线成为重要的军事战略。这从东周一直延续到明代。其间尽管有变化，但黄河的军事功能始终是第一位的。这直接影响到黄河两岸城市的形态布局。春秋战国时的晋陕之争产生的汾阴、夏阳，东汉的潼关，宋代与西夏的战争产生了府谷、葭州、吴堡、韩城等城市。在战争时期，黄河两岸的城市处于一种动荡之中，为了更好地攻克敌人，城市的布局往往从整体考虑，呈现出“一城多寨（堡），以寨卫城”的布局特点（见图 2－6）；例如葭州城，宋元丰五年（公元 1082 年）设置葭芦寨，由河东转运使孙览领导筑造，此为今佳县城之始。元符元年（公元 1098 年）修筑神泉寨、三角堡。二年（公元 1099 年）修筑了乌龙寨、通秦寨、宁河寨、弥川寨、通秦堡、宁河堡、弥川堡。大观三年（公元 1109 年），又修筑了五寨五堡，五寨为神泉、乌龙、通秦、宁河、弥川；五堡为通秦、宁河、弥川、靖川、三交。金兴定二年（公元 1218 年）五月，修筑有八寨九堡，八寨为神泉、乌龙、通秦、宁河、弥川、太和、神木、吴堡；九堡为通秦、宁河、永祚、晋安、康定、通津、护川、强川、靖川。这

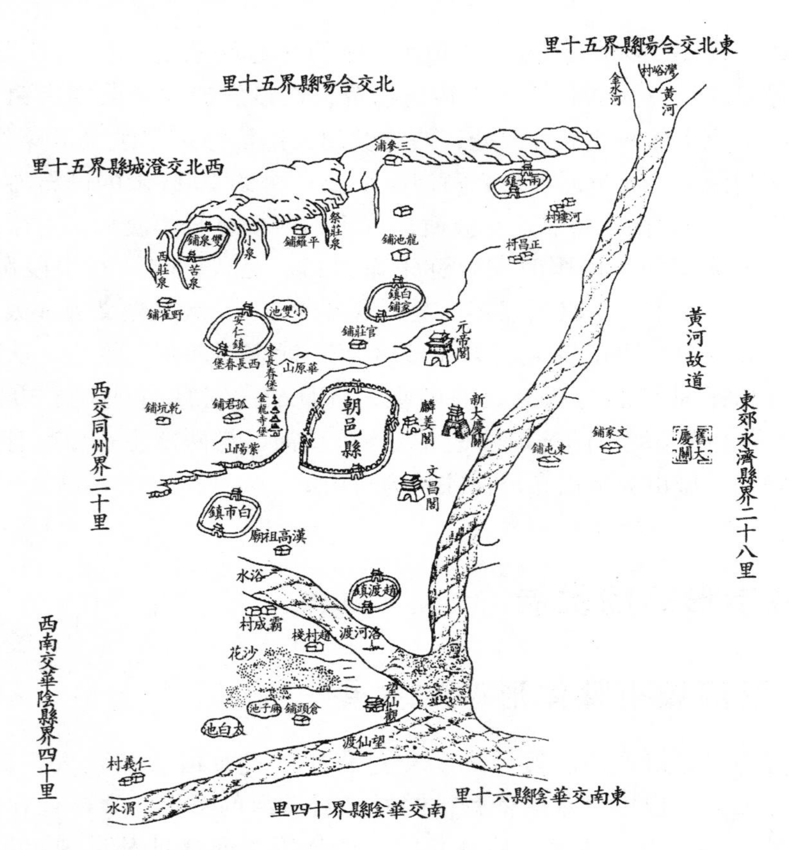

图 2－6　朝邑城市形态图

些寨、堡后来逐步发展完善成为不同规模的聚落，其中葭芦寨由于战略上的重要地位，发展成为这一地区的中心，其他聚落围绕在它周围，成为“众星拱月”的群体聚落形态。在这种群体聚落形态结构中，次级聚落或分布在以中心聚落为中心发散出的交通主轴上，或分布在与中心聚落有直接视觉联系的山水形胜之地，与中心聚落共同组成聚居系统。但在后世的发展过程中，处于交通干线的次级聚落，凭借与城市的便利联系首先发展成为城镇，其他次级聚落成为村落，或者完全废弃。

战争中为了控制和利用黄河天险，根据战争的形势，城市设在黄河的西岸或东岸。当黄河仍处于战争一方控制的时候，为了保证对岸城市的战争供给，便在此岸又营建新城；当黄河成为战争双方的分界线时，为了防卫对岸的侵袭，又在对岸建城。于是，黄河两岸的城市形成了“凭河而立，东西相对”的布局特点。当战争威胁到城市安全时，或为了更有效地组织人力、物力抗击敌人，城市原来的行政界域往往会打破，调整原有聚落结构，呈现出新的聚落分布形态，更有利于大聚落的安全。由于战争原因形成的城市，在战争结束后成为人们居住、生活的地方，逐步完善、成熟。这个时期，黄河往往成为行政区的分界线，两岸城市由战时的国家意志的协作和对峙关系发展成为两岸居民竞争与协调的关系。这从两岸的城市建设发展历程可以看出。

历史上，黄河的航运也深深影响了城市的布局。从大的方面来看，黄河航运直接影响到了都城的选址和变迁。从黄河晋陕沿岸的小环境看，黄河的航运影响了这一带城市的发展。历史上，由于黄河航运，荣河（原汾阴城）、碛口、潼关、蒲州、芝川都是由于黄河航运功能而产生和发展的。

2.5.2 城市不断适应环境的选择阶段的发展

在一个相对稳定的自然环境里，基于黄河大环境的影响及其安全形势的考虑，聚落在不断地适应环境。河津建城之始，可追溯到秦的皮氏县城。后迁城三次。最早的皮氏城位于今河津市太阳村。1949 年以前村东有道砖砌门洞，上有匾，书有“古皮氏城”。《河津市志》：“据《水经注》、《汉书·沟洫志》和杨宽所著的《战国史》载，当时皮氏在钱币铸造、水利灌溉方面相当发达。后被汾水所圮。”① 北魏太平真君七年（公元 446 年），皮氏县改称龙门县。《河津市志》：“据出土碑文和光绪版《河津县志》所载资料考证，龙门城的大致位置为：东城墙从今莲池路以南，东关村东侧向南穿过龙岗路，一直从小关村中间擦过；西城墙在今小沙渠到汾滨街一带；北城墙在今莲池路以南；南城墙在今小关村南附近。龙门城存在 860 年，圮于汾水。”

潼关城始建于东汉末年，故址在今潼关县港口镇杨家庄、城北村一带。从其遗迹看，东起远望沟西沿，向西经城北村至禁沟东岸。东西两面临沟，地势平坦而广阔。隋大业七年（公元 611 年），迁潼关城于南北连城关间的抗兽槛谷（今港口镇禁沟口附近），隋亡后，唐在此设防约 80 年。唐天授二年（公元 691 年），再次迁关，趋向黄河（今港口镇旧城址）。“唐王朝建立 73 年之后，即武则天天授二年（公元 691 年），潼关城才由原上移到河边。什么原因导致这次的迁徙是应该探究的问题。这是由于黄河的不断下切，水势跟着下落，塬麓河畔可以行人，东西大路也就随着逐渐由塬上移下。潼关城的建设本是为了控制这条大路。大路既然改变，潼关城还设在塬上，就没有什么意义了。”② 宋、金、元依旧使用唐代关城。至明代，因军事形势的需要，潼关的战略地位又一次显现，设潼关卫，城池规模扩大。洪武九年（公元 1376 年）将关城向南、西作了大规模的扩建，周长 11.2 公里。把麒麟山、凤凰山、象山、印台山、笔架山等笼括在城内。

在城市适应环境选择阶段，城市总是在外部作用力的影响下，选择城市的位置，直至这个作用力相对稳定。外部的作用力从根本上讲是由于自然环境的变化，使得城市不适宜在原址上存在。例如黄河的泥沙淤积导致水位升高，城市处于泥沙包围之中，出现了潮湿、排水、防洪等问题，直接影响到了居民的

① 河津市志·四卷·城建环保志

② 史念海著．黄土高原历史地理．黄河水利出版社．郑州．2002

生活，不得不迁城。例如韩城、河津、朝邑、荣河等。还有一种情况，原有的城市的旧址并没有大的变化，不影响居民的生活，但随着自然环境的变迁，大大削弱了城市的原有功能的发挥，导致不得不迁城。潼关、河曲的变迁就说明了这一点。

2.5.3 城市位置相对固定之后的发展

城市的位置一旦相对稳定下来，就开始一个不断完善、发展的过程。形态的发展按照两条线索发展，一是按照防御的要求进行修城，主要内容包括城池扩建、增建等，还包括对城市防洪、交通、给水、排水设施的修建，可以归纳到吴良镛先生概括的人居环境的“支撑系统”或道萨迪亚斯概括的“支撑网络”；另一条主线是按照人的精神需求进行建设，主要内容包括三部分：一是对寺观、祠庙为主要内容的宗教建筑的营建，二是对文庙、先农坛等为主要内容的坛庙类建筑的营造，三是对书院、文峰塔、魁星楼等为主要内容的文化类建筑的营造，这三部分几乎涵盖了所有的城市公共建筑，关系到城市的建筑形象，可以归纳到吴良镛先生概括的人居环境的“居住系统”或道萨迪亚斯概括的“建筑”。这两部分一个是以城市的安全、便利民生为主，可概括为“武系”；一个是以城市居民心理的、精神的、制度的满足为主，可概括为“文系”。

从吴堡古城的发展看，最早为一个堡寨，但后来逐渐增加文系建筑的内容，反映了城市居民的需求。《元和郡县图志》载：“赫连勃勃破刘裕子义贞于长安，遂虏其众，筑此城以居之，号‘吴儿城’。”建城之始，周二百二十步，门有三。宋金时设吴堡寨。后周广顺元年（公元951年）在城东设水寨以护石城，金天会十五年（1137年）重修。金正大三年（公元1226年）升为县城。文庙在县署西，元至正戊午年创建，兴文书院清嘉庆十九年重修；明万历四十三年知县卢鸿文迁建于县治东的城东北方向，与城东南初魁星楼对峙。明洪武初建城隍庙于县城东北方向。真武庙原在北城楼，明万历四十二年知县卢鸿文移建于北门外的演武厅后；还有七神庙等。保德城也是由原来的寨子向南拓展而成的，《保德州志》记载：“州城系宋淳化间因林涛寨旧垣拓而南者，随山削险，颇为坚固。”碛口镇形成于清乾隆年间，最初为商品集散地，但随着人口的增加，公共活动场所逐渐增多，人们对精神文化的需求也逐渐增强，修筑了著名的黑龙庙。光绪《永宁州志·孝义》载：“陈三锡，西湾村人，候选州判，勇于有为。康熙年间，岁大祲，三锡恻然隐忧，因念北口为产谷之区，且傍大河，转运非难，遂出已貲于碛口招商设肆。由是舟楫胥至，粮果云集。居民得就市，无殍饿之虞，三锡之力也。至今碛口遂为巨镇，晋陕之要津焉。”又据民国《临县·山川》载：“碛口古无镇市之名，自清乾隆年间河水泛滥，冲毁县川南区之候台镇，并黄河东岸之曲峪镇，两镇商民渐渐移积于碛口，至道光初元，商务发达，遂称水路小埠。”碛口的庙宇有黑龙庙、关帝庙和财神庙。碛口的繁华源于黄河的航运。为了保佑居民免受黄河和湫水的灾害，在卧虎山巅建了黑龙庙。黑龙庙现存的《乾隆二十一年碑》载："碛口镇相传明时因河水漂来木植，创庙三楹，正祀龙王，分祀风伯、河伯，左右配以风、雨、水三者。其机相因，其势相重，并奉为兹土保证焉。"雍正年间"增修乐楼"，乾隆时又建钟鼓楼和山门。由于卧虎山正对黄河的关系，为迎水之山，其上建黑龙庙，成为碛口城镇空间形态的延续和标志。这种建筑在城镇中起到"护土佑民"的精神作用，同时，也是城镇的公共文化娱乐场所。

城市形态是逐步形成的，在城市选址位置固定后，逐步修建完成。以府谷城为例，在乾隆四十八年版《府谷县志》中详细记载了县城的沿革："城池始建宜在唐宋间。乾隆四十六年知县麟书亲身督示修理东门外石蹬。凿平开宽至控远门外，砌石阶以便民人临河汲水。"城市形态出现变化。府谷城在形态上变化最大的不是在城市边界轮廓的变化，中国古代城市往往先将城墙筑好，其内部的建筑则是逐步丰富、完善的。府谷县城中庙宇的修建时间，可以反映出城市内部形态发展的轨迹。乾隆四十八年《府谷县志》对县城的庙宇记载分两大类：一是县城的寺观，包括城隍庙、光帝庙、白衣庙、财神庙、大觉寺、三清观、观音殿、二郎庙；二是祠祀，包括文庙、魁星楼、折公祠、社稷坛、风云雷雨山川坛、先农坛、关帝庙、厉坛、土地祠、狱神庙、龙王庙、风神祠、八蜡庙、马龙庙、河神庙。共计二十余座庙宇。从县志上明确记载修建时间的建筑最早为明洪武十四年建造的文庙，此后从正德年间的关帝庙、万历丁未年知县金鸣凤重修的观音殿、清顺治十二年重修的白衣庙、康熙六十一年重修的城隍庙、雍正五年重修的先农坛、雍正甲寅年重修的财神庙，直到乾隆四十六年知县麟书立的财神庙、乾隆四十七年知县麟书修建魁星楼等，反映了城市不断完善、发展的过程。又如潼关城，在康熙版《潼关卫志》中描述了潼关城的形态："依山势周一十一里七十二步，高五丈，南倍之；其北下临黄河，巨涛环带；东南则跨麒麟山，西南跨象、凤二山，嵯峨耸峻，天然形势之雄。门有六，东曰金陡，西曰怀远，南曰上南、下南，北曰大北、小北。三门各有楼，南以山势重叠不竖楼；南北水关二，南水关，洪武三十三年成山侯建；北水关宣德间守备魏赟建；正德七年兵宪张公伦重修；嘉靖十八年兵宪何公鳌重修，再建重门二；兵宪张公伦建楼于上；隆庆四年兵宪范公懋和增筑，修复铺七十二所，城叠砌以砖；万历二十九年，兵宪张公维新重修。"这些变迁都是从城市的防御角度进行的。蒲州城在元代东城墙向西变迁，缩小城市规模也是从城市防御出发的。

从这些记载来看，城市的发展不是一次完成的，城市的发展是逐步完善的，总是从满足人们最基本的需求开始，逐步完善、丰富、成熟。从一个简单的寨堡到城市，从满足基本的物质需求到对精神需求的提升，从简单的城市空间到丰富完备的结构，反映了城市适应自然环境，满足人的政治、经济和文化等需求的过程。这一过程中贯穿着"文"和"武"两条主线，"文武兼备"是城市选址相对稳定后，形态发展的重要规律。

当然，在城市的发展过程中，由于人口的增加，城市规模也不断扩大，随之也产生了新的城市形态。从黄河晋陕沿岸历史城市发展的过程来看，新的扩展的部分都是沿着城门出口的交通干道分布的。以河津老城为例，在老城外形成东、西、南三关。三关中，由于西向与陕西来往较多，为通向龙门的方向，因此较为繁华，规模也最大，主街长约200米。西关中还建有财神庙、老爷庙和火神庙。由于经济发展、人口增加而产生的新的聚居区，虽然有经济发展的动力，必须满足人口的需要，但是在这个新的聚居发展的过程中也是以满足安全防御、精神需求的“文武兼备”标准为基本追求。

2.6 城市形态发展规律的总结

聚落是以自然为基础，以建筑空间为舞台，人与自然、人与人、人与建筑、人与社会等各种关系冲突、平衡、完善和发展的结果决定了聚落的形态。通过对黄河晋陕沿岸历史城市发展历程及其形态演进过程可以看出，城市产生有其特殊的历史背景和环境要求。城市的发展总是在不断适应来自人类社会自身的或自然界的挑战的过程中逐步地稳定、发展、成熟的。当城市选址一旦确定之后，相当长的时期内，将在这个相对固定场所进行建设，满足当时人们的需求。黄河晋陕沿岸历史城市形态发展与黄河有着直接的关系。沿河城市的产生、整体形态的演变等在很大程度上取决于黄河在聚落发展过程中的作用。从历史上黄河所起的作用看，主要有自然、军事、交通、灌溉的作用，还有洪水的威胁，这对两岸人的生存、城市的产生与防御、航运、经济发展起到重大的作用，也深刻地影响着两岸城市的变迁。从黄河沿岸历史城市形态发展的历史过程看，城市形态发展的规律主要可概括为10条：

（1）安全是聚落存在的最基本条件，一直贯穿在城市发展的全过程。自从有了人类，生存的安全问题始终是第一位的，无论是原始聚落，还是后来形成的城市，不断适应各种环境，不断增强城市安全是城市形态演进的基本规律。

（2）自然环境是影响城市聚落安全的重要因素。自然环境是城市聚落存在的基础，黄河晋陕沿岸历史城市形态的变迁受到黄河的影响十分明显。两岸的城市，尤其是龙门以南的城市，因黄河在晋陕峡谷的下切冲刷出来的泥沙，形成严重的淤积或黄河的侧蚀直接威胁到城市的防洪安全，甚至淹没了城市。于是，部分城市由于黄河水患的影响逐渐远离黄河。

（3）由于黄河在中国历史上军事地位的重要性，黄河沿岸历史城市的布局形态具有特殊性。由于黄河在军事上特殊的战略作用，两侧的聚落以黄河为轴，形成“凭河而立，东西对峙”的形态。

（4）城市聚落的规模和类型取决于这个聚落在整个区域聚居系统中所起的作用。黄河晋陕沿岸城市聚落与次一级的聚落形成以本聚落为中心，其他聚落环卫，呈现“众星捧月”的主次型聚落形态。

（5）城市聚落的安全因素取决于社会因素。黄河晋陕沿岸历史城市的形成、发展直接受到当时社会的政治中心的位置和安全威胁力量的方向。社会环境的变化，直接影响到聚落的发展。

（6）在聚落发展过程中，为了促进区域的整体利益，会打破行政界域，实行合理的聚落组织。历史上，黄河晋陕沿岸历史城市在行政权属上的变更，打破了以黄河为界的传统，增强了军事指挥、协调能力，促进了区域的或国家的利益。

（7）当人们定居之后，单一的堡寨就会逐步发展，满足人们的需求是聚落发展的根本原因，人们依据自己的需求完善自己的聚居环境。聚落发展中有两条最为重要：一是按照防御要求进行修城；另一条主线是按照人的精神、心理需求进行建设。在已定的自然环境和社会环境下，“文武兼备”往往是城市建设的基本思想。

（8）水运是城市发展的重要动力，黄河水运带动了黄河沿岸城市的繁荣，而且直接作用于城市形态的演进。

（9）在中国传统社会里，城市的管理者是指挥、领导城市建设的重要力量，它的学识和修养对城市的形态的发展具有重要的影响。

（10）城市经济的发展和人口的增加是促进城市形态发展的直接动力。

本章在论述黄河的自然、文化特点的基础上，对黄河晋陕地区的城市发展过程进行了回顾。并按照形成的主要影响因素将其划分为三个类型，第一类就是基于原始聚落发展而形成的城市，这一类城市往往历史悠久，集中在黄河龙门以南地区；第二类就是产生时间较晚，主要在宋代以后，由军事堡寨发展而成的，主要集中在黄河龙门以北；第三类主要是基于黄河的水运功能，在黄河的主要渡口逐步发展成为商品集散地。并对三个类型的选址特点、与自然环境的关系等进行了分析。本章通过对沿河城市整体形态发展的研究，总结了 10 条城市形态发展的规律。

第3章 历史城市人居环境的含义

3.1　城市的功能构成

从城市形态的演进、发展可以看出城市功能逐渐完善的轨迹。古代城市功能与今天城市的功能有很大的不同，这是时代发展的必然。只有清楚古代城市的功能结构及其规模，我们才可以知道古代城市的居民是怎样生活的，他们物质的、精神的需求是什么？那么，如何研究古代城市功能呢？对中国古代城市功能的研究可以从3方面入手：一是文献资料；二是古代城图；三是实地调查。我国有优秀的修志传统。在历代的志书中，对城市的功能有着详细的记述。康熙四十二年（公元1703年）康行间纂修的《韩城县志续》列举了韩城城市的组成要素：城池、衙署、梅花坞、谯楼、学宫、萝石书院、义学、演武场、阴阳学、医学、僧会司、道会司、养济院、城内地、文庙、八蜡庙、九郎庙、禹王庙、韩侯庙、关帝庙、城隍庙、法王庙、三官殿、庆善寺、圆觉寺、太微观、清微观等。在嘉庆十四年（公元1809年）的《葭州志》里也记述了城市功能为城池、衙署、社稷坛、风云雷雨山川坛、先农坛、厉邑坛、三官庙、文昌阁、魁星阁、城隍庙、土地祠、龙王庙、八蜡庙、河伯庙、火神庙、药王庙、马神庙、关帝庙、速报庙、二忠祠、普照寺、街市、坊表等。

古代城图中，将城市重要的功能都予以标注。清代韩城的城郭图就明确地标注了城墙、道路、衙署、庙宇、祭坛、校场等类型，说明这些要素对城市是重要的，不可缺少的。图中将居住区全部留白，也没有把市场标注出来（见图3－1）。光绪河津城图中标示了衙、仓、书院、庙宇等。又如《保德州志》里保德城池图中标注的功能有城墙、州署、文庙、城隍庙、真武庙、关帝庙、药王庙、马王庙、三清观、娘娘庙、土地祠，城外还有天地社稷坛、校场、观音庙、郡厉坛、河神庙、龙王庙等（见图3－2）。从这些记述，再结合实地调查，可以

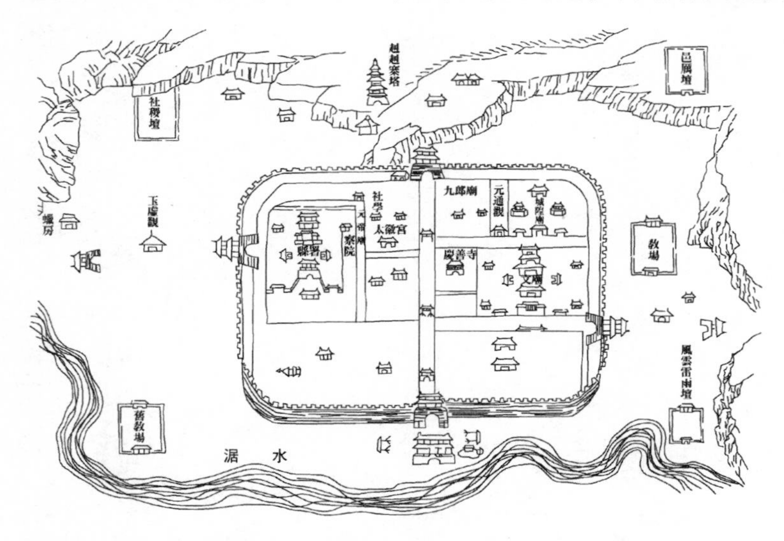

图3－1　清代　韩城城池图

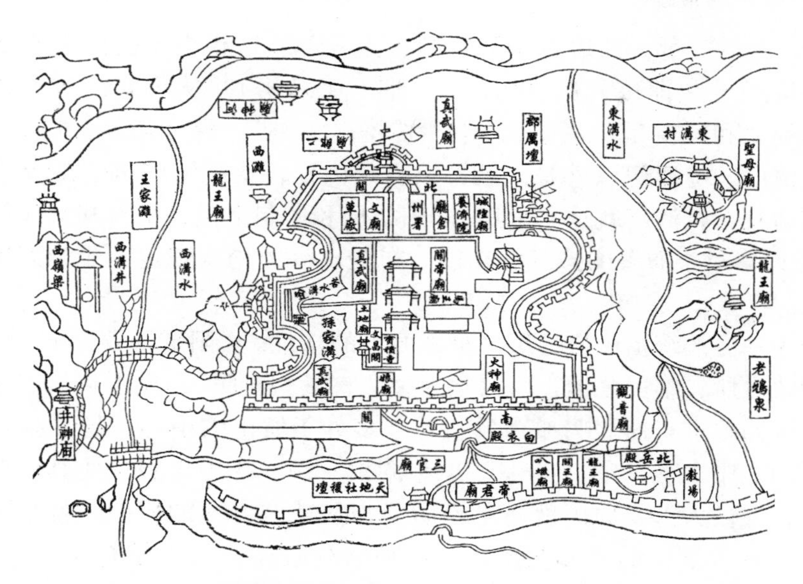

图3－2　清代　保德城池图

看出城市的功能组成主要有管理、祭祀、教育、商品交易、防御、交通、旌表教化等功能。

对城市的调查是本书研究的基本方法之一，也是理清古代城市功能的重要手段。通过走访当地老人、史志工作者、文化学者等，通过他们的回忆、指认，再结合图纸就可以做到对城市各部分功能较为清晰的认识。另外，作为城市基本功能的居住生活功能在志书和图中尽管没有记述，但是最为基本的。这样城市的功能就分别概括为治、祀、教、市、居、通、防、储、旌等9大功能。

3.1.1　治事宣教功能

衙即为衙署，最早称官府。《周礼注疏》有“以八法治官府”。郑玄注：“百官所居曰官府，弊断也。”① “凡治必有公署，以崇陛辨其分也；必有官廨，以退食节其劳也，举天下郡县皆然”。②

紫禁城作为国家的统治中心，衙署则为某一地区的统治中心。作为大一统国家，中国古代的衙署必然体现出一种秩序性和统一性。冯友兰先生评价，皇宫和衙门在格局、体制上讲是一致的。衙门是缩小的皇宫，皇宫是放大的衙门。“‘大明门’或‘大清门’这些称号的意义，就等于县衙门大门竖匾上写的某某县的意义。‘大明门’或‘大清门’表示这个衙门内的主人就是明朝或清朝的最高统治者。在天安门和大清门中间那段围墙的外边，东西各有3座大衙门，东边

① 转引自：刘鹏九．内乡县衙与衙门文化．中州古籍出版社．2000

② 转引自：完颜绍元．封建衙门探秘．天津教育出版社．1994

就是吏、户、礼三部，西边就是兵、刑、工三部。这相当于衙门大堂前的东西两侧那两排房子（即吏、户、礼、兵、刑、工六房）。从天安门进去，经过端门、午门到太和殿就是‘大堂’，中和殿是‘二堂’，保和殿是‘三堂’。保和殿后是乾清门。乾清门以外是外朝，以内是内廷，从乾清门进去就是皇帝的私宅——乾清宫，乾清宫就是‘上房’。旧格局和体制来说，皇宫和县衙门是一致的。”① 所以，对于衙署的选址、功能、布局、等级均有规定，成为衙署建筑的显著特色。

衙署为一方的统治中心，历来重视衙署的选址。《阳宅三要》曰：“夫衙署大堂为听政之所，临民之地，以大堂为主，宜正大光明”。风水将衙署定为城市的正穴。按照要求，衙署为城市的正位，多处于城市的中心，与“择天下之中立国，择国之中立宫”的“择中”思想同出一源。择中思想是尤其深厚的历史文化渊源，但最为重要原因就是基于防卫与显威两方面的原因。就是要考虑衙署的安全，显示皇权的显赫与威严。在衙署建设中，大多结合实际地形选址。尤其在黄河沿岸的城市，由于地形复杂，衙署的选址不尽相同。居中而立的有朝邑、河津、保德，见图3－3。居于城市中轴线一侧的有潼关、蒲州、韩城、荣河、吴堡。

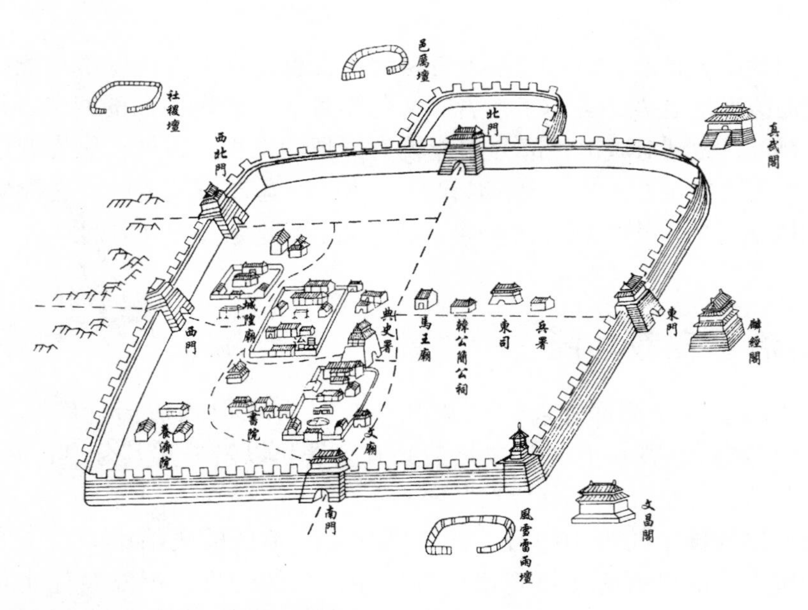

图3－3　清代·朝邑城市图

衙署作为地方的统治中心，国家对其功能有明确的要求。在《钦定大清会典·工部》：“……备其衙署。其制，治事之所为大堂、二堂，外为大门、仪门，

① 冯友兰．三松堂自序

大门外为辕门；宴息之所为内室、群室；吏攒办事之所为科房。”首先是治事，包括发布政令、重要礼仪、审理案件等，主要在大堂进行。同时配合治事功能的有监狱，一般处于衙署的西南方。其次是宴息之所，就是接见宾客，生活起居之处。一般包括县丞宅、典史宅和后花园等。吏攒办事之所为科房，即吏、户、礼、兵、刑、工等六房（见图3－4）。衙署还有一个重要的功能就是“仪礼文化宣教”，衙署入口设立申明亭、旌善亭，“洪武中，天下邑里皆置申明、旌善二亭，民间有善恶则书之，以示劝惩。”① 还有戒石坊、牌匾、对联等均表现出一种文化宣教气氛。衙署功能除此之外，还有一些辅助建筑，确保治事职能。例如监狱、寅宾馆、仓、狱神庙、马王庙、土地祠等。衙署建筑作为中国古代礼制的重要组成部分，表现出鲜明的制度特征。从整体布局来看，衙署制度特征可概括为“居中为尊”、“前堂后寝”、“左文右武”、“东宾西狱”。就建筑本身而言，建筑制度主要指大堂的建筑制度。

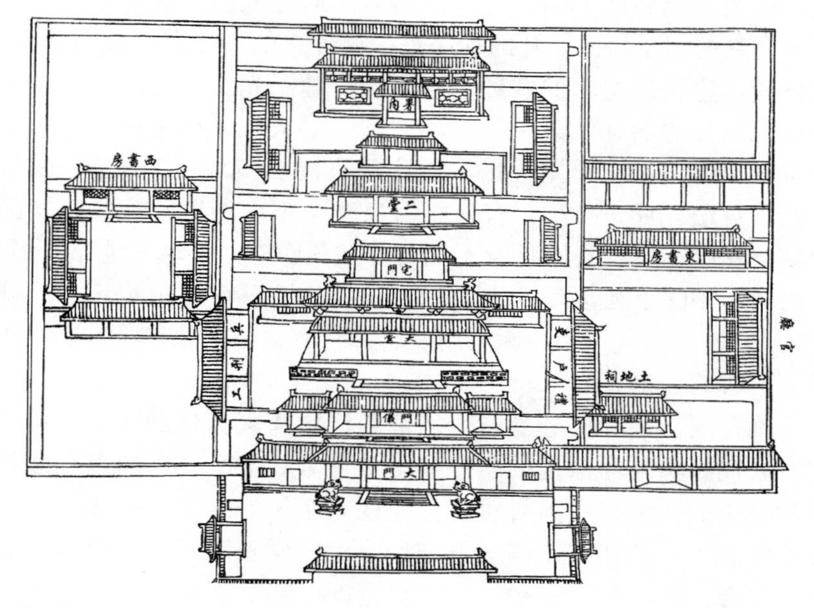

图3－4　蒲州府署图

3.1.2　祭祀神祇功能

祭祀是中国古代城市十分重要的功能之一。从古代城图上看，大量的庙宇建筑分布在城市之中，神祇空间是古代城市里占地规模较大一类。由于祭祀的对象不同，庙宇也就形成不同的类型。

中国古代城市里供奉的神灵是十分繁杂的。依据祭祀对象，可分为天界、

---

① ［清］薛元升编．唐明律合编．卷二十六．民国11年（1922年）刊本

地界、人界和神界。天界有风云雷雨；地界有社稷、先农、山川、土地等；人界有祖先、圣贤等；神界供奉道教、佛教诸神。这4类祭祀中，对天、地、人三界的祭祀，属于儒家所倡导的“礼”的范畴。神界的祭祀属于宗教范畴。

《史记·礼书第一》论“礼”曰：“治辩之极也，强固之本也，威行之道也，功名之总也。王公由之，所以一天下，臣诸侯也。弗由之，所以捐社稷也。故坚革利兵不足以为胜，高墙深池不足为固，严令繁刑不足为威。”① 在《礼书》中，司马迁论述了礼的作用，“天地以合，日月以明，四时以序，星辰以行，江河以流，万物以昌，好恶以节，喜怒以当。”司马迁在史记释礼曰：“上事天，下事地，尊先祖而隆君师，礼之三本也。”天界、地界、人界的祭祀正是一种儒家信仰的体现。中国古代城市有着完整的城市制度，其中最重要的一条制度就是“等级制度”。等级制度的核心就是“礼”。用礼的秩序来统领城市规划。这种秩序从纵向就是上至国家都城，下至州府县城的一套完整的等级制度；横向就是纵向的每个层面上的礼的构成内容。通过人们对这种秩序达到社会和谐、有序，是礼的根本目的。礼的秩序是一种外在的，带有“强制意义”，是国家制度的体现。建筑是文化的载体，对于天、地、先祖、君师的祭祀，自然就形成了承载礼制文化的礼制建筑。主要有祭天的天坛、祭地的地坛、祭社稷的社稷坛、祭农神的先农坛和先蚕坛、祭日月的日坛和月坛、太庙、文庙等。对天坛、地坛、日坛、月坛以及太庙只能由皇帝主祭。所以，这些祭祀的场所也都建在都城，在州、府、县城是看不到的。在州、府、县城只能祭社稷、先农、君师。历史城市中除了社稷坛、先农坛、祠庙、风云雷雨山川坛，此外还有特殊类型“厉坛”。在古代城市，无论南北，都具有这一类建筑，这是由于统一的国家制度而形成的。

文庙又称孔庙，是祭祀至圣先师孔子和传授儒家文化的建筑。孔子是中国古代一位对后代影响最为深远的思想家、教育家。他所创立的以仁政德治为核心的儒家学说长期以来在我国封建社会被视为正统。自汉武帝接受董仲舒“罢黜百家，独尊儒术”的建议，儒学就开始成为国学正宗。孔子成为最有影响力的先师。汉平帝，东汉明帝永平二年（公元59年），开始在学校祭祀孔子。北魏孝文帝率先在中央官学内设孔庙，亲至国学行释奠礼。文庙建筑的营造是随着尊孔活动不断发展而发展的。唐代以后，中央和地方官学内皆立孔子庙，分布遍及全国各地府、州、县。由于文庙的正统性和神圣性，文庙的典章性也就是最突出的一个特点。文庙的构成要素都是具有制度的。文庙制度主要体现在都城、府城、州城、县城文庙的型制和规模上。文庙制度成为中国古代重要的城市制度之一。文庙的基本组成为影壁、泮池、棂星门、戟门、大成门、大成殿、明伦堂、尊经阁等建筑。文庙附近常常建有奎星楼、文昌阁等建筑。文庙既是祭孔的建筑又是我国古代官学教育之所（见图3－5、图3－6、图3－7）。

---

① 转引自：李无未等编著．中国历代祭礼．北京图书馆出版社．1998

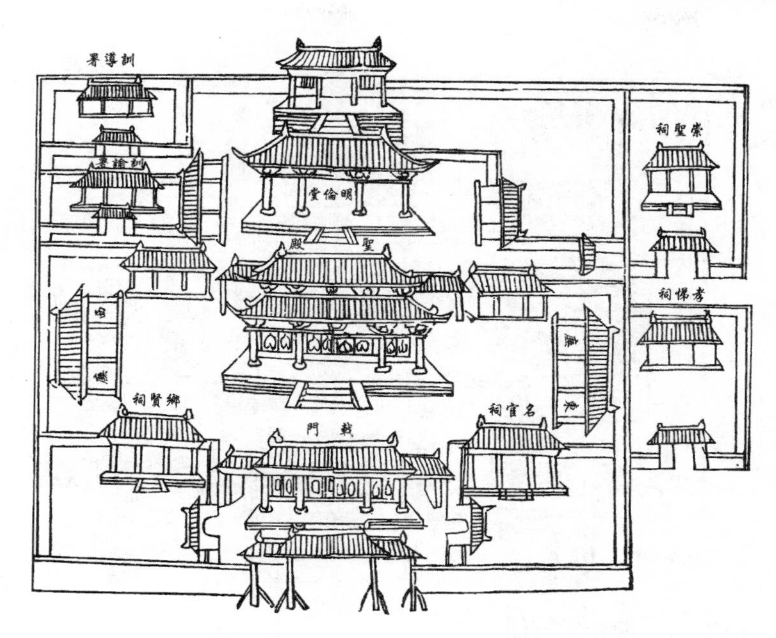

图3-5 荣河学宫图

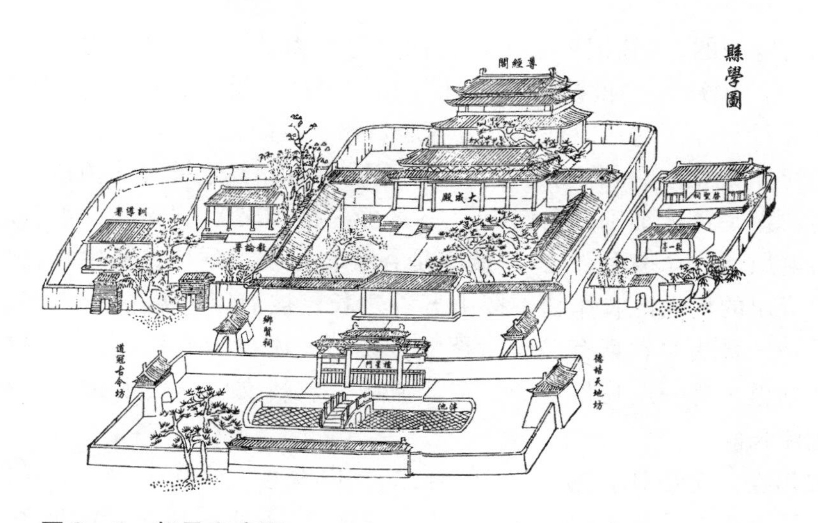

图3-6 朝邑文庙图

文庙往往根据地方特点布置有乡宦祠、乡贤祠，在遵照礼制的同时，表现出地方性的文化特点。同时，由于城市地形的变化，各地文庙的布局又有空间上的不同。

社稷是社和稷的合称。《说文》：“社，地主也。”《孝经·援神契》：“社者，五土之总神。土地广博不可遍敬，故封土为社以祀之，以报功也。”“社者，土地之神，能生五谷。”社也有社坛、社庙的含义，但就社的实质而言，社是土地之神。土地是滋生万物的母体，《释名·释地》：“土，吐也，土生万物也。”蔡邕《独断》：“凡土所在，人皆赖之，故祭之也。”晋陕黄河城市居民家祭土地的对联就是“土能生万物，地可发千祥”。

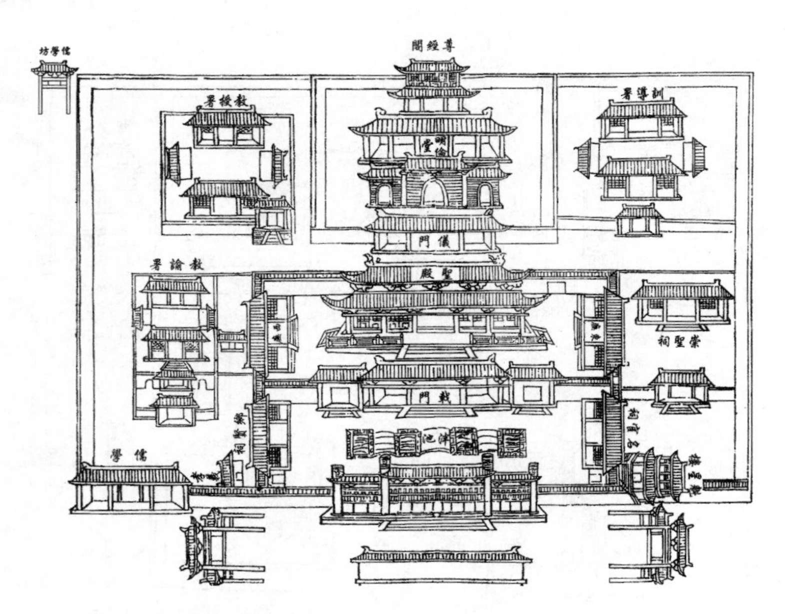

图 3－7　蒲州学宫图

社是有等级的，《礼记・祭法》将社分为“太社”（即全国总社）、“王社”（又称帝社）“国社”、“侯社”。“太社”和“国社”称为公社，“王社”和“侯社”称为私社。除了这些以外，就是各府、州、县的社。

稷是社分离出的。社作为土地之神，而稷作为五谷之神。孔颖达疏《礼记・郊特牲》：“稷是社之细别，名曰稷。”《孝经・援神契》：“稷者，五谷之长，谷众多不可遍敬，故立稷而祭之。”稷本是谷类农作物，耐旱，易生长，是黄河流域较早培育出的代表性农作物。稷由五谷之长，被冠以“后稷”之名，成为管理农业之神。晋陕两省都有关于后稷的传说，一说在山西稷山，一说在陕西的杨凌。在这里，有一点是肯定的，黄河流域是农耕文明的发源地，对社和稷的祭祀源远流长。

社稷相连，就是对土地、五谷的合称。《白虎通・社稷》：“王者所以有社稷何？为天下求福报功。人非土不立，非谷不食。”土地、五谷为农业之本，农业为国之本，所以社稷就成为封建社会最为重要的祭祀对象之一和礼制架构要素之一。社稷合祀，但分别筑坛。

祭社稷的位置，依据《周礼・春官》记载，是在中门之外，外门之内。祭祀场所为坛。社稷坛呈方形，以色土代表邦土，后世依东西南北中五个方位分别配设青、白、红、黑、黄五色土。社主多用石。社坛周围有矮墙，社内植树，称为“社树”，树以土地所宜之木，主要有松、柏、栗、栎、枫等。“夏后氏以松，殷人以柏，周人以栗，庄子见栎树社，汉高祖讲理枌榆社，唐有枫林社……”①

① ［明］王圻，王思义编纂．三才图会．上海古籍出版社．1988

《三才图会》记载了社稷坛的位置、规模、等级、型制、色彩等内容。都城社稷坛记载到："国朝二坛坐南向北，社坛在东，稷坛在西。各阔五丈高五尺，四出陛五级。坛用五色土筑，各依方位，上以黄土覆之。二坛同一壝，壝方广三十丈，高五尺，用砖砌，四方开四门，各阔一丈，东门饰以青，西门饰以白，南门饰以红，北门饰以黑。周围筑以墙，仍开四门，南为棂星门，北面戟门五间，东西戟门各三间，皆列戟二十四。"（图3－8）府、州、县社稷坛制度为："郡县祭社稷有司俱于本城北、西北设坛致祭。坛高三尺，四出陛三级，方二尺五寸，从东至西，二丈五寸，从南至北二丈五寸，右社左稷社以石为主，其形如钟，长二尺五寸，方一尺一寸。剡其上培其下半，在坛之南方，坛外筑墙，周围一百步，四面各二十五步祭用春秋仲月上戊日，祝以文牲用太牢。"① 蒲州社稷坛（见图3－9）：在城北门外平济厢，明洪武三年知州事徐政所建，坛东西南北各广二丈五尺，高三尺，四出陛，各三级，坛下前开九丈五尺，东西南各五丈，周垣缭之。

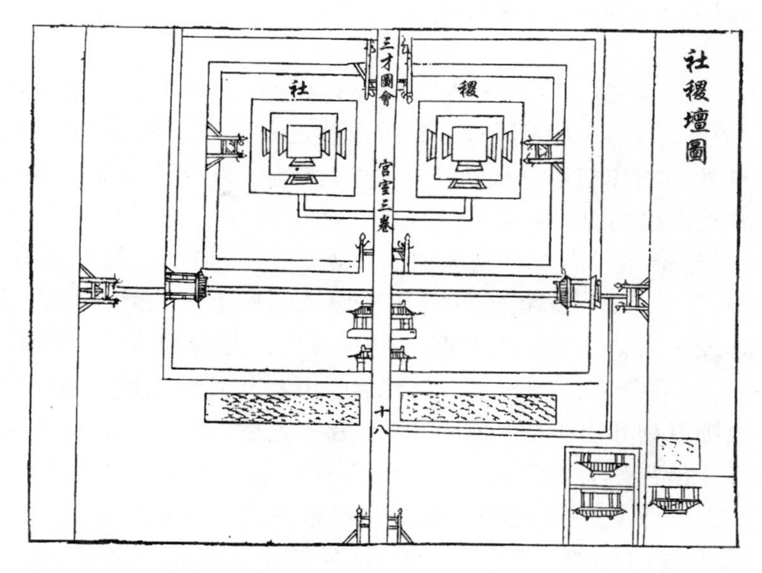

图3－8　社稷坛图

先农坛、风云雷雨山川坛等，中国是内陆的农业国家，对于与农业生产、生活相关的风、云、雷、雨等自然现象十分关注。再加上"万物有灵"的观念，风云雷雨都有主宰神灵，风云雷雨的崇拜就开始了。山川也是灌溉、采集、狩猎之处，民生均不可缺。于是，《山西通志之五·坛》"社稷、风云、雷雨、山川皆民扬所资以为生者"。古人想象风神是多种样子，有能鼓动气息的大鸟、疾行的动物、箕星等。"人形化的风神出现较晚，人们把它视为女神，称之为'风

① ［明］王圻，王思义编纂．三才图会．上海古籍出版社．1988

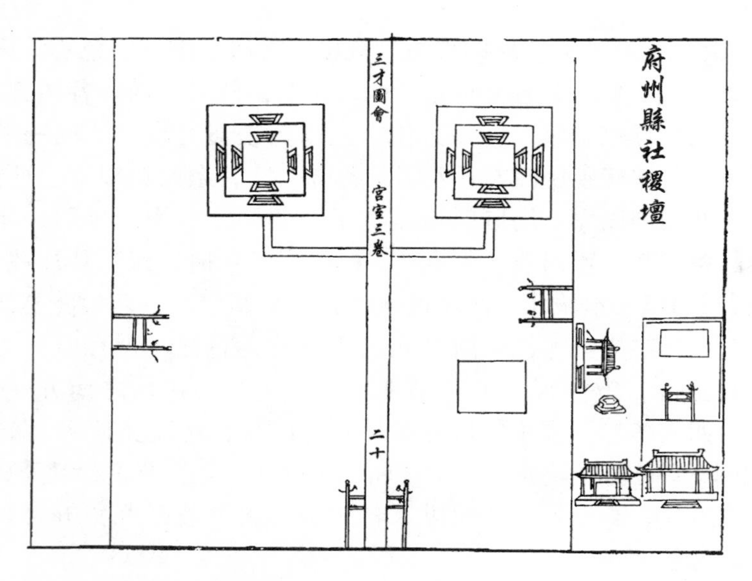

图3-9　府州县社稷坛图

姨'、'十八姨'、'孟婆'、'风婆婆'、'灵灯奶奶'、等等，不过也有'风师'、'风伯'的男性称谓。"① 对于风神的祭祀汉代已有了专门的典礼。《风俗通义·祀典》对风神的功德和祭祀记载到："鼓之于雷霆，润之于风雨，养成万物，有功于人，王者祀以报功也。戌之神为风伯，故以丙戌日祀于西北。"《后汉书·祭祀志下》：县邑常在"丙戌日祠风伯于戌地。"《新唐书·礼乐志五》："立者后丑日祀风师。"《元史·祭祀志五》记载设风师坛于东北郊，在立春后五日祭风师。《山海经·海内东经》："雷泽中有雷声，龙身而人头，鼓其腹则雷。"《尚书·洪范》："雷于天地为长子，以其首长万物与其出入也。雷出地百八十三日而复出，出则万物亦出，祠其常经也。"春雷之后就有春雨，雨水滋润，万物复苏，故有"雷能催生万物"之功。《蒲州志》载：国朝雍正三年初，敕天下郡县各建先农坛，颁坛制并祀先农及有司耕籍典式。雍正四年，知州龚廷飏奉礼部行文于东大城门外二里建设如制。乾隆四十八年的《府谷县志》中详细记载了先农坛的位置、型制、规模。"先农坛，在县城西南一里山坡下。雍正五年知县萧家齐重修，正殿三楹，东西庑各一楹，八蜡庙附祀焉。坛高二尺一寸，宽二丈五尺。门二，垣墙内藉田二亩，每岁仲春择日致祭，自雍正五年始。"（见图3-10）

《山西通志卷之五》："国家著为彝典，俾司牧者岁崇祀事，以祈以报，至于民死无归以为厉者，亦随地以祀焉。"每座城市均设厉坛，一般都在城市的北部。清代韩城图图中详细的标注了城市社稷坛、厉坛的位置。

除了从礼制的意义出发的祭祀之外，城市中还有一类就是宗教祭祀。这类

① 李无未等编著．中国历代祭礼．北京图书馆出版社．1998

祭祀主要是对佛教、道教诸神以及由地方民俗或环境而产生的神灵的祭祀。从佳县、府谷、河津、蒲州、韩城五城的庙宇来看，文庙、社稷坛、风云雷雨坛、先农坛、历坛、城隍庙等建筑是相同的，这些建筑占地面积一般较大。除此之外，佛教、道教建筑占一部分比例，其余均为民间信仰或由于地方特殊自然环境与人文传统而出现的庙宇。黄河晋陕沿岸的历史城市都是以农业为主，所以关系到农业的龙王庙、八蜡庙较多。龙王庙是祭祀龙王，求雨祈报五谷丰登之所；八蜡本为危害庄稼的害虫，民间却尊为农田保护神，抵御昆虫。八蜡庙上悬挂的对联“八蜡不生永保田畴歌大有，三时无害同佑家室乐咸宁”就说明了这个问题。这一地区的城市滨临黄河，古代帝王祭祀河渎的河渎庙就在蒲州。与此同时，黄河洪水也是沿黄河城市一直面对的问题。城市大多布置河神庙，通过祭祀河神，保佑城市安全。龙门以南的城市，还专门有大禹庙，把大禹作为镇河之神。仅蒲州城西，就布置了两座大禹庙，而且还有西海庙。黄河沿岸的历史城市中的庙宇还有一类就是“祠”。凡是有德于民者，有功于社稷者，在其死后一般都建祠纪念，这是古代中国社会的一个传统。例如蒲州的杨博祠、王崇古祠、吕公祠，韩城的张公祠、司马迁祠等等（见表 3－1）。

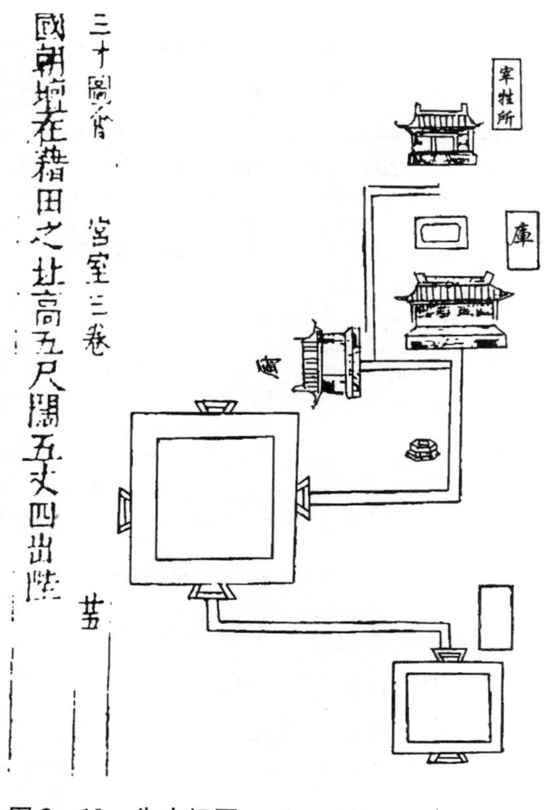

图 3－10　先农坛图

黄河城市庙宇表　　　　表 3－1

城市	庙　宇	共同的或在本地区分布较多的神庙
佳县	文庙、社稷坛、风云雷雨坛、先农坛、历坛、城隍庙、玉帝庙、三官庙、土地祠、龙王庙、八蜡庙、河神庙、火神庙、药王庙、马神庙、关帝庙、财神庙、速报庙、二忠祠、普照寺、香炉寺	文庙、社稷坛、风云雷雨坛、先农坛、历坛、城隍庙、八蜡庙、关帝庙、土地祠、娘娘庙、龙王庙、河神庙、大禹庙
府谷	文庙、社稷坛、风云雷雨坛、先农坛、历坛、城隍庙、光帝庙、财神庙、二郎庙、观音殿、土地祠、狱神庙、马龙庙、八蜡庙、河神庙、关帝庙、大觉寺、千佛洞	

续表

<table>
<tr><th>城市</th><th>庙　宇</th><th>共同的或在本地区分布较多的神庙</th></tr>
<tr><td>河津</td><td>文庙、社稷坛、风云雷雨坛、先农坛、历坛、城隍庙、关帝庙（5座）、瘟神庙、三贤祠、龙王庙、青龙庙、龙王庙、八蜡庙、天庆观、马神庙、老君殿、菩萨庙、铁佛寺、火神庙、娘娘庙（8座）、祖师庙、公输子庙、禹王庙、觉城寺、真武庙</td><td rowspan="3">文庙、社稷坛、风云雷雨坛、先农坛、历坛、城隍庙、八蜡庙、关帝庙、土地祠、娘娘庙、龙王庙、河神庙、大禹庙</td></tr>
<tr><td>蒲州</td><td>文庙（府县各一）、社稷坛、风云雷雨坛、先农坛、历坛、城隍庙、真武庙、关帝庙、火神庙、元定寺、普救寺、开元寺、清宁寺、玉皇阁、扁鹊庙、竹林寺、禹王庙（2座）、舜帝庙、娘娘庙、星星庙、杨博祠、王崇古祠、吕公祠、西海神祠、河渎神祠</td></tr>
<tr><td>韩城</td><td>文庙、社稷坛、风云雷雨坛、先农坛、历坛、城隍庙、东营庙、西营庙、南营庙、北营庙、中营庙、太微宫、庆善寺、圆觉寺、娘娘庙、菩萨庙、大禹庙、法王庙、观音庙、玉虚观、玄通观、九郎庙、张公祠</td></tr>
</table>

城市供奉如此众多的神灵，进行如此频繁的祭祀活动，它的意义在什么地方？祭祀是一种有信仰的表现，它从本质上讲是一种心灵的活动。通过对祭祀对象表达恭敬、崇敬之情，以达到护民致祥的目的。明代万历六年（公元1578年）《重修玄帝庙并增建洞阁记》在开篇写到："土人于山畔叢建神宇，岁时伏腊举祀报祈。期以护国庇民，居高镇远，以呵禁不祥。"① 从中可以看出庙宇在古代社会的意义。与此同时，人们在举行祭祀的活动中，逐渐接受和认同一种价值文化、一种生命精神，从而影响人的成长。从祭祀对象看，可分为天、地、人、神4大类。通过祭祀，人们与天、地、人、神建立起一种心灵的、精神的关系。城市通过对庙宇的选址、规划、建设，确定庙宇在城市中的位置、形制、规模。使城市与天、地、神三者建立了一个深层的文化关系，从而使城市成为天、地、人、神共同相处的圣地，成为"神灵在大地上的家园"②。城市的祭祀功能反映了一个重要的事实，那就是人需要有心灵寄托和精神的需求，这些文化的、精神的或心理的需求与人的居住、经济的需求一样是与生俱来的，一样值得重视。

3.1.3　文化教育功能

中国历来十分注重教育。要把人培养成为符合国家需要的人才，就必须通过教育。古代城市作为文化发达之区，文化教育功能自然十分重要。

① 冯俊杰．山西戏曲碑刻集．中华书局．北京．2002

② 刘易斯·芒福德．城市发展史．中国建筑工业出版社．1988

中国古代地方城市的文化教育功能主要集中在儒学、书院和私塾。其中，儒学多与文庙合并在一起。儒学与书院、私塾既有根本区别，又有密切联系。文庙为祭祀孔子而建，后为官学学习之所。私塾多属一般个人行为，多利用家宅或祠宇等收徒办学，常因人事变迁而兴废，难以稳定发展。书院可以说是传统私塾发展到高级阶段的结果。书院基本由社会力量集资办学，建有学舍、学田，创立了稳定的办学条件，形成了制度化、规模化的特点。但私塾和书院在封建社会以儒家思想为主的大环境下，又不可避免受到官府的利用及控制，使其发展受到官学的直接影响。吴宣德先生所著的《中国教育制度通史——明代书院》一书中转引了《中国书院辞典》中的明代书院建立人身份分类表①。由此可以看出，官员所建书院数量如此之高，表明书院所担负的教育责任，并不完全在于自由讲学，而更多的在于它适应了当时的教育需求，见表3－2。

明代书院建立人身份分类表　　表3－2

<table>
<tr><td>书院建立人身份分类</td><td>按察司官</td><td>兵备等官</td><td>编修等</td><td>布政司官</td><td>知府</td><td>大学士等</td><td>典史等</td><td>都御史等</td><td>督学等</td><td>知州</td><td>知县</td><td>藩王</td><td>教谕训导等</td><td>御史等</td><td>巡抚</td><td>盐运使等</td><td>贡生等</td><td>举人进士</td><td>士民</td><td>待考</td><td>不详</td></tr>
<tr><td></td><td>24</td><td>43</td><td>3</td><td>26</td><td>143</td><td>55</td><td>40</td><td>14</td><td>81</td><td>54</td><td>409</td><td>4</td><td>13</td><td>46</td><td>17</td><td>5</td><td>4</td><td>12</td><td>71</td><td>349</td><td>249</td></tr>
<tr><td colspan="17">977</td><td colspan="3">87</td><td colspan="2">598</td></tr>
<tr><td colspan="5">备注</td><td colspan="17">1. “待考”指有建立人姓名但不知是否为官、需要再行考定者。“不详”是指建立人身份未知者。
2. 各官名按原记载名称载录，未恢复为明代官制的标准称呼并归类。</td></tr>
</table>

私塾主要分布在私人家里。在建筑型制上基本不涉及供奉孔子之建筑，一般只是挂有孔子的画像，以最简易的形式，通过日常的崇拜和简单祭祀活动来教育学子。城市中的书院是除了儒学以外最为重要的教育场所。书院为祭祀孔子而设礼殿，部分书院还增建孔庙，建立文昌阁、魁星楼等，仿照官学的建制。此外，还有考院（见图3－11）。

3.1.4　货品交易功能

货品交易是人们生活的需要，由于交易人们互通有无，促进生产的积极性，

① 吴宣德．中国教育制度通史．山东教育出版社．2000

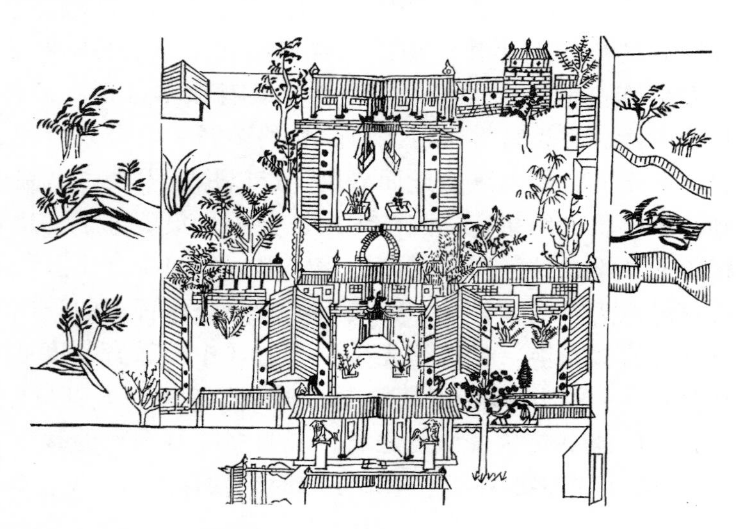

图 3－11　荣河考院图

让人们生活的更为殷实。“市”起源于原始社会氏族、部落之间。市的产生最初并不在城中，而在城与城之间，由居民自发形成。《易·系辞》云：“包牺氏没，神农氏作，日中而市，致天下之民，聚天下之货，交易而退，各得其所。”① 后来，市逐渐由乡野进入城镇，使原有的军事、政治、祭祀、居住等功能构成的堡垒空间结构和生活方式发生了积极变化，实现了“城”发展过程中的一次的飞跃。市进入城首先是作为“宫市”的形式出现的，其形式为封闭的集中市场。西周的王城规划中可以看出：市位于宫城以北的中轴线上。这时的市明显具有制度性、封闭性、等级性等时代局限性，但毕竟迈出了关键性的第一步，为以后商品交易空间的发展奠定了基础。

从宫市的出现，一直到隋唐，城市中的“市”基本延续了“封闭集中市制”。宋代以后，中小城镇兴起，社会经济进入了新的发展阶段，城市出现了开放的“商业街”。汉唐封闭的里坊演进为开放的街巷，坊成为行政地区的名称。黄河晋陕沿岸城市主要产生在这一时期，城市的商品交易空间主要在商业街。城市的主要干道往往就是商业贸易之处，两侧建筑开敞，便于商业活动。这些商品不仅满足城市人口的需要，还供应周围的农村。黄河沿岸的城市至今还保留有每月逢集的传统。在每月固定的日子，周边的居民就汇集到城市中，或购物，或出售自己剩余的物资。

整座城市的商业沿街呈线性分布，经营类别有中药、钱庄、当铺、饭馆、缝纫、理发、粮店、杂货、石印、皮坊、木匠铺等。以河津为例，民国 26 年（1937 年）前，全城店铺 170 余家，从业人员 730 人，资金合计 150000 元。当时，河津老城人口总计 7000 余人。商业人员占到总人数的十分之一强。在 170

① 《周易》

余家店铺中，京货铺9家，杂货铺23家，各类酒楼、饭店、小吃、烧饼铺34家，钱庄、当铺6家，粮食店8家，花店5家，医院、药店17家，理发、照相、裁缝等服务行业10家，其他店铺60余家。①

从整个城市来看，商业分区并不十分突出，没有某一类商品的专门商业街，而是多种商业交汇。但从某一类商铺集中程度来看，还是有些分工。从河津老城主街上铺分布看，钱庄、当铺、大型京货铺、杂货铺多在南街；饭店和各类服务业多在北街；东西街行业较杂，且多小商店。

3.1.5 舟车交通功能

道路交通是城市最为基本的功能之一。《辞源》注释为“供众人通行的土地。”《太平预览·居处部》援引《尔雅》对“道路”的注释为“庙中路为之唐。一达为之道路，二达为之旁枝，三达为之剧旁，四达为之衢，五达为之康，六达为之庄，七达为之剧骖，八达为之崇期，九达为之逵。”《说文》曰：“一达为之道路，又曰馗。九达道也似龟背，故为之馗。”《辞源》对旁枝、剧旁、康、庄、剧骖、崇期、逵的解释分别为：“旁枝”为一侧；“剧旁”即通三面的大路，“按剧者，甚也。言此道歧多，旁出转甚也”；康庄“四通八达的道路”；“剧骖”即七面相通的大路，注：“三道交，复有一歧出者”；“崇期”即四通八达的路，注：四道交出。崇：多也，多道会期在此；逵：“四通八达的道路。”总的说来，这些名词都有交通的含义，是几种不同的道路类型。交通是联系城市各个功能的纽带，是完成城市职能的基础。黄河晋陕沿岸历史城市的道路交通都是因地制宜，通过主干道、次干道、长巷、短巷等元素组织成城市道路交通系统。

3.1.6 安全防御功能

作为人口集聚之地，安全防卫是前提，是人们生存、生活的基础。防卫包括两方面的内容，一是来自于人类自身的威胁，例如敌人、土匪等；另一类则来于自然，自然中的洪水的侵袭也直接影响到城市的安全。

从历史上看，由于黄河晋陕沿岸历史城市特殊的地理优势，其防卫直接关系到都城安全，影响到全国的局势。于是，这些城市与其他地区的城市相比，城市的防御功能更为重要。防卫是全方位的，从大区域的视角出发的，来构建自己的防卫体系。安全防卫功能直接影响到城市的选址、布局、城墙的走向、防卫建筑的安排、道路结构的设计等，从而使得整个城市表现出强烈的防卫意象。黄河沿岸的历史城市，拼接黄河天险，据山设防，固若金汤。多数城池在

---

① 孙茂法编《河津老城》

历史上赋予美名。潼关与山海关并称“天下第一关”。葭州素有“铁葭州”之称，吴堡被誉为“铜吴堡”。

自然对城市的威胁主要来自风和洪水。黄河晋陕沿岸历史城市由于与黄河的特殊关系，来自黄河的洪水威胁是十分大的。尤其龙门以南的历史城市，由于处在黄土高原，黄河对城市的侧蚀，再加上从晋陕峡谷带来的大量泥沙，导致了城市的塌陷和淤泥的堆积，甚至带来城市的毁灭。于是，城市出于对洪水的防御而出现的堤坝、城门位置就成为这一地区城市的特点之一。韩城、河津等城市，由于地处龙门口，风对城市的影响是十分强烈的。这也影响到城市的选址。

3.1.7 居住生活功能

居住生活功能是城市最为主要的、规模最大的功能组成。居住功能主要由宅院、屋舍、花园以及少部分辅助用房组成。居住是古代城市中占地规模最大的一类。居住关系到所有人的生产生活，于是，古人对此十分重视。《释名》：“宅，择也，言吉处而营之也。”把居住空间的宅用“吉”、“凶”来评判，而且将人的祸福、家族的兴衰都与宅的吉凶紧密联系在一起。住宅吉凶评判就是风水理论所建立起来的一套标准，具有神秘色彩。从古到今，褒贬不一。它是科学，还是迷信，是一个难以彻底讲清的事情，但在古代中国，这套标准的确实实在在地影响着住宅的选址、建造。《黄帝宅经》曰：“夫宅，阴阳之枢纽，人伦之轨模。非博物明贤，未能悟斯道也。……凡人所居无不在宅，虽只大小不等，阴阳有殊，纵然客居一室之中，亦有善恶。大者大说，小者小论，犯者有灾，镇者祸止，尤药病之效也。故宅者，人之本，人以宅为家，居若安即家代吉昌，若不安，则门族衰微，坟墓川岗，并同兹说。上之军国，次即州郡县邑，下之村坊署栅，乃至山居，但人所处皆其例焉。”①

中国古代的居住是一种以血缘为纽带的家庭、家族、宗族聚居模式。这在乡土聚落中表现得十分清晰。例如唐明先生对山西丁村聚落的研究，就是从血缘、宗族、村落之间的关系入手，探讨丁村的聚居形态。在这样的聚落里，住宅就是围绕着自己的家族的祠堂而布局，形成一个“组团”，若干个“组团”围绕宗祠布局，空间关系反映出血缘关系。② 在城市中，公共事务的增强，血缘被地缘和业缘代替。城中尽管也有祠堂，但血缘已不再是组织聚居空间的重要因素，祠堂对城市形态的影响很小，只是分布在某些街道。以河津老城为例，老城中有姓氏祠堂20多座。祠堂建筑多数为四合院，一进或两进。祠堂中的主要功能就是祭祀，此外还有议事、家塾等。河津师家祠堂由于地处繁华街段，在历史上还作为外地客商的居所，甚至是物资交易之处。

---

① 《黄帝宅经》

② 唐明．血缘宗族村落——山西丁村民居研究：西安建筑科技大学硕士论文．2002

3.1.8　仓储赈济功能

仓储是城市重要功能。早在西汉宣帝时，在全国开设常平仓，“在谷贱时，官府增价而籴，谷贵时减价而粜”。到宋代，则在一州一县都设置常平仓调剂粮价，利于生产稳定和社会稳定。除常平仓外，还有社仓、义仓。在发生灾荒时，常平仓的作用特别重要。除了平价粜给居民外，还用于赈济灾民。例如《河津县赈务分会四柱清册》记录：在民国十八年的大旱灾中，河津县赈务会“收线常平仓谷八百零四十六斗，收县丰备仓谷三千二百三十石零六斗五升零五勺”用于救灾。在民国十九年（公元 1930 年）刊印的《河津县旱灾救济分会汇刊》中收录了民国十八年（公元 1929 年）12 月 5 日上报的《河津县平粜粮报表》，记载“县常平仓向灾民平粜小麦 704.25 石，玉米 276.4769 石，小米 52.2 石，黑豆 17.4 石，高粱 3.4 石，谷子 24 石，白豆 2.4 石”。①

黄河晋陕沿岸龙门以南地区，也就是渭、汾交汇处，在历史上是重要的水上交通转运站，从全国各地调运来的粮食，存储于这一地区，便于供给京师长安，或备战之用。历史上著名的龙门仓等就集中在黄河两岸的高崖上。现还有一处著名的粮仓，就是位于朝邑古城旁的丰图义仓。它尽管不在城市之中，但仍直观的反映了古代仓储建筑的空间形态。

3.1.9　旌表赞颂功能

城市是人文化育之所。城市的营造，无疑以教化人、塑造人作为空间建设的重要内容。城市最初为军事据点，但随着战争的平息，人口逐渐向城市汇集，这些人聚居在一起，形成新的人居环境。城市空间的营造必须考虑这个因素。在城市里，通过城市建筑空间环境的营造，让人们在建筑空间以及空间中的活动和对空间中文化小品的感知、理解来认同这种文化，从而使人、文化以及承载文化的空间紧紧联系在一起，形成一个秩序化、理想化的城市空间。

古代城市本身就是礼乐教化的场所，居住空间、祭祀空间、商业空间、教育空间无不渗透着礼乐教化的作用。但在城市中还有一类，它本身并没有具体的使用功能，而只是作为教化功能，这就是分布在城市各处的牌坊、碑楼（亭）和其它小品。通过这些牌坊、碑刻来宣扬一种忠孝、节烈、功名、清廉的价值观，进而影响生活在城市中的居民。例如节孝坊、贞节坊、“父子进士”坊、德政碑等。嘉庆庚午版的《乡土志》记载，境有孝坊六，城中有三；节孝坊一十二，城中有 10。城中 3 座孝坊分别是：“北城中街之生员李在淑；崇仁巷之贡生屈为廉；南城西门内之监生高必荼。”10 座节孝坊分别在南城中街东、南城中街

① 转引自《河津老城》

西、先农坛下、东街中、西街、北门外、通秦门外、崇仁巷、西南街等。① 不到 1 平方公里的山城就分布近 20 座牌坊，成为一道风景。又如河津老城的“父子进士”牌坊，位于城市中轴南大街的文清书院段，既分隔了街道空间，又成为城市的标志，增助了城市的文化氛围（图 3－12）。

图 3－12　河津“父子进士”牌坊

3.2　城市用地规模比较

在研究清楚古代城的功能结构的基础上，就需要明确各类功能在城市中的用地规模。这对研究古代城市人居环境的本质与含义具有重要意义。因此，对城市用地规模的确定是十分关键的。如果能够将古代城市各功能用地有一个量化的指标，这将清楚地说明古代城市生活的价值取向，对于深入研究中国历史城市人居环境的深层含义有重要价值。本文结合城市遗存现状、图文资料的收集状况，选择了河津、韩城两个城市进行研究。

3.2.1　河津老城

河津老城功能规模的确定是根据《河津老城》一书中的实测记录，通过实地调查和走访群众，进行研究的。

河津旧志记载河津老城的周长：“周三里二百七十四步”；河津新志对老城周长记载：“周长 1956.67 米，面积 33.4 万平方米”；庞瑞增先生也于 1956 年 10 月在《河津县城及北郊地形区域图》中标注的老城的周长为 2441 米；1999 年 4 月 6 日，高汝勤等人对老城旧城重新测量，测量老城的周长为 2465 米，比庞瑞增先生所测数据多 24 米。庞瑞增与高汝勤所测长度比较见表。

庞瑞增先生所测得河津老城的面积为 33.37 公顷，约合 500.6 亩。高汝勤先生所测老城面积为 36 公顷，折合 540 亩。

1999 年，孙茂法等对老城进行了重新丈量，丈量结果与庞增瑞先生的测量尺寸基本接近。于是在《河津老城》一书中采用了 500.6 亩的数据。本书也采用这个数据。

中国古代城市的功能有治、祀、教、市、防、通、居、储、表等八大功能。

① 嘉庆庚午版佳县《乡土志》

河津老城的衙署位于真武楼后，南北长230米，东西宽50~120米不等，占地面积12000平方米以上，折合20亩（见表3-3）。

河津老城周长测量数据比较表 **表3-3**

城墙分段名称	庞瑞增所测数据（米）	高汝勤所测数据（米）	相差（米）
北城墙至东门中	314	315	+1
东门中至小东门中	317	315	-2
小东门中至南城墙	183	185	+2
南城墙长度	317	316	-1
南城墙至西门中	464	478	+14
西门中至北城墙	336	335	-1
北城墙长度	510	521	+11
合计 周 长	2441	2465	+24

祭祀为中国古代城市重要的内容，于是庙宇成为城市重要的构成内容，如表3-4所示：仅就河津老城内就有城隍庙、文庙、关帝庙、三贤祠、火神庙、瘟神庙、山神庙、龙王庙、铁佛寺等26座，若计东、西、南三关庙宇共48座。老城30座庙宇中文庙占地面积20亩，为城中最大的庙宇，其次为城隍庙9亩，关帝庙8亩，瘟神庙6亩。大庙与中庙共计16座，占地66.5亩，小庙占地不到1亩，有的仅为一间神堂。老城小庙统计到的共10座，估算占地3.5亩。于是老城内庙宇占地面积共计70亩。

河津老城庙宇一览表 **表3-4**

名称	位置	面积	类别	名称	位置	面积	类别
文庙	文昌巷东	20亩	大庙	菩萨庙	老君殿北	1亩	中庙
城隍庙	杨家巷西	9亩	大庙	娘娘庙	文昌巷中		小庙
南庙关帝	沙渠巷西	8亩	大庙	祖师庙	文庙东		小庙
南庙火神	沙渠巷西	6亩	大庙	娘娘庙	东城墙		小庙
瘟神庙	中火巷东	6亩	大庙	娘娘庙	沙渠巷西		小庙
北关帝庙	杨家巷西	5亩	大庙	罗神庙	沙渠巷		小庙
铁佛寺	西街北口	2亩	中庙	奶奶庙	后沙渠		小庙
山神庙	东街东部	2亩	中庙	娘娘庙	南火神后		小庙
三贤祠	真武楼东	1.5亩	中庙	奶奶庙	庞家巷西		小庙
龙王庙	沙渠巷东	1亩	中庙	娘娘庙	瘟神庙后		小庙
火神巷	藏后头巷	1亩	中庙	娘娘庙	侯家胡同		小庙
光输子庙	小门巷东	1亩	中庙	此表仅仅计算老城城墙内的庙宇，城外东、西、南关的庙和城外的庙没有计入其中			
帝君庙	文昌巷	1亩	中庙				
马神庙	县衙西	1亩	中庙				
老君殿	城隍庙东	1亩	中庙				

市场为商品交易之所，市场多沿街布置。河津老城的市场主要分布在南北大街和东西大街。南街多为钱庄、当铺、大型京货铺和杂货铺；北街多为饭店和服务行业；东西街行业较杂，东街多花店和粮店，西街多皮坊和木匠铺。据民国二十六年（公元 1937 年）统计数据：东西南北四街中，共 170 余家店铺，其中，京货铺 9 家，杂货铺 23 家，各种酒楼、饭店、烧饼铺 34 家，钱庄、当铺 6 家，粮食店 8 家，花店 5 家，医院、药店 17 家，理发、裁缝、照相 10 家，其他店铺 60 家。从业人员 730 余人，资金约 150000 元。其中南街 31 家，从业人员约 190 人，资金约 85000 元；北街 27 家，从业人员约 85 人，资金 9000 元；东街 37 家，从业人员约 125 人，资金约 14000 元；西街 26 家，从业人员约 85 人，资金 15000 元；西关 23 家，从业人员约 85 人，资金 15000 元；东关 26 家，从业人员约 135 人，资金约 17000 元；南关 5 家，从业人员约 25 人，资金 1700 元。河津老城的商业店铺集中在东、西、南、北街，由于各店铺规模不等，商业占地面积只能估算。平均每个店铺占地面积为一个四合院的面积，四合院进深取 20 米。实测东街 280 米、西街 225 米、北街 100 米、南街 490 米，合计 1095 米。全城的商业面积各估算为：$1095 \times 20 = 21900$ 平方米，合计 32.8 亩。

防御是中国古代城市最为重要的功能之一，防御功能最为突出的形式就是城墙。河津城墙底宽 6～8 米，周长 2465 米。城墙占地面积约为：2465 米 ×7 米 = 17255 平方米，合计 25.9 亩。

通即为“路”，是古代城市的道路系统。河津老城的道路系统可概括为：“四街八巷十二胡同”。四街平均宽度约为 10 米，八巷宽度不等，十二胡同的平均宽度为 5 米。依据孙茂法等人的测绘数据（见表 3－5、表 3－6），可计算出老城道路的占地面积。

四街的长度和宽度分别为：东街长 280 米，平均宽度 8 米；西街长 225 米，平均宽度 10 米；北街 100 米，平均宽度 12 米；南街 490 米，平均宽度 11 米。四条大街的占地面积：$280 \times 8 + 225 \times 10 + 100 \times 12 + 490 \times 11 = 11080$ 平方米，合 16.6 亩。

八巷的长度和宽度分别为：文昌巷、杨家巷、小门巷的平均宽度 11 米，长度分别为 280 米、174 米、270 米；沙渠巷、小门南巷、庞家巷的平均宽度 10 米，长度分别为 174、225、140 米；台家巷、后沙渠巷长度 400 米，平均宽度 7 米；火巷长度 400 米，平均宽度 6 米。八巷的占地面积：$(280 + 174 + 270) \times 11 + (174 + 225 + 140) \times 10 + 400 \times 7 + 400 \times 6 = 18554$ 平方米，合 27.8 亩。

十二胡同的长度和宽度分别为：东马道长 230 米，宽 8 米；郝家胡同长 50 米，宽 4 米；贡院胡同长 50 米，宽 3 米；侯家胡同长 130 米，宽 4 米；桃园巷长 160 米，平均宽度为 4 米；山神庙巷长 90 米，宽 5 米；原家巷长 90 米，宽 5 米；赵家巷长 180 米，宽 6 米；李家巷长 60 米，宽 4 米；卫家巷长 100 米，宽 6 米；师家巷长 190 米，宽 6 米；高家胡同长 100 米，宽 4.5 米。十二胡同的占地面积为：$230 \times 8 + 50 \times 4 + 50 \times 3 + 130 \times 4 + 160 \times 4 + 90 \times 5 + 90 \times 5 + 180 \times 6 + 60 \times 4 + 100 \times 6 + 190 \times 6 + 100 \times 4.5 = 7760$ 平方米，合 11.6 亩。

综合“四街八巷十二巷”的占地面积，可计算出老城的道路占地面积：11080 + 18554 + 7760 = 37394 平方米，合56亩。

河津老城“四街八巷”一览表　　**表3－5**

街巷名称	城中位置	方向	起止	长度（米）	宽度（米）	路面
北街	北部	南北向	十字口至衙门口	100	11～13	砖铺
南街	南部	南北向	十字口至南门口	490	10～12	砖铺
东街	东部	东西向	十字口至东门口	280	6～10	砖铺
西街	西部	东西向	十字口至西门口	225	9～11	砖铺
文昌巷	东北	东西向	衙门口至东城墙	280	10～12	石铺
杨家巷	西北	东西向	衙门口至台家巷	174	10～12	土路
小门巷	东南	东西向	小十字至小东门	270	10～12	土路
沙渠巷	西南	东西向	小十字至西城墙	174	9～11	土路
小门南巷	东南	东西向	南十字至东城墙	225	9～11	土路
庞家巷	西南	东西向	南十字至西城墙	140	9～11	土路
台家巷、后沙渠巷	西部	南北向	杨家巷口至沙渠巷口	400	5～9	土路
火巷	中部	南北向	文昌巷至小门巷	400	4～8	土路

河津老城“十二小巷胡同”一览表　　**表3－6**

街巷名称	所辖街巷	方向	起止	长度（米）	宽度（米）
东马道	文昌巷	南北	由文昌巷至北城墙	230	8
郝家胡同	文昌巷	南北	由文昌巷向北50米	50	4
贡院胡同	文昌巷	南北	由文昌巷向北20米	50	3
侯家胡同	杨家巷	南北	由杨家巷至仓后头	130	4
桃园巷	杨家巷	东西	由城隍庙至马神庙	160	4
山神庙巷	文昌巷、东街	南北	由东街至文昌巷	90	5
原家巷	东街	南北	由东街至赵家巷	90	5
赵家巷	中火巷	东西	由中火巷至东城墙	180	6
李家巷	中火巷	东西	由中火巷至瘟神庙东	60	4
卫家巷	南街、中火巷	东西	由中火巷至南街	100	6
师家巷	南街	东西	由南街至西城墙	190	6
高家胡同	小门巷、小门南巷	南北	由小门巷至小门南巷	100	4.5

古代城市均设常平仓。河津老城的常平仓有2处。“清光绪五年（1879年）县有常平仓两处，均在县城内，贮粮14000石。”从现有的资料，只知在杨家巷路北的常平仓，西为关帝庙，北、东均为民宅。河津常平仓占地5亩。内有北仓7间，东仓5间，可存粮食8000～10000石（一石约合150市斤）。另一处尽管不知其位置与规模，但从光绪年贮粮的总数与杨家巷常平仓规模相比，可知其规模小

于杨家巷的常平仓，约为其一半，估算其占地2.5亩。这样仓储总用地为7.5亩。

城内教育机构主要在文清书院。由薛瑄用自己的旧居改建。明孝宗弘治元年（1488年）薛瑄的学生王盛任河东道参政，巨款修缮了薛瑄故宅，并题写“文清书院”匾，为“文清书院”称谓之始。明穆宗隆庆六年（1572年），河津县令张汝乾在周围买地，扩大建筑。至清康熙年间，县令杨玉复在小门巷建龙门书院。乾隆二十六年（1764年）县令黄鹤龄修文清书院，继续扩大，并以“文清书院”南址的公输子庙与龙门书院对换，从而扩大了文清书院。从此，龙门书院不复存在。扩大后的文清书院共有姜汤学社70余间。据《河津老城》一书记载，公输子庙占地1亩。以古代四合院建筑推算，文清书院占地约3亩。

河津老城位于黄河、汾河交会之处，水位较高。城中有4处水池。东北角有碱池，瘟神庙与东城墙之间为莲花池，东南角为南巷池，西南角为西南池。4池中，碱池2000平方米、莲花池17000平方米、南巷池15000平方米、西南池4000平方米，总计38000平方米，合57亩。

城市总占地面积为500.6亩（不包括东、西、南三关）。除了祭祀、衙署、市场、道路、防御、书院、仓储、水池等用地以外，城市的其余用地基本为居住，占地约为228.4亩。

这样我们就可以列出河津老城的土地利用平衡表，见表3－7。从中可以直观反映出每部分功能在城市中所占的比例。居住、祭祀、道路交通用地排到前三位，分别占到全城面积的45.83%、13.98%、11.29%。

河津老城建设用地平衡表 **表3－7**

	用地规模（亩）	占城市建设用地（%）
居住	228.4	45.83%
祭祀用地	70	13.98%
衙署	20	4%
市场	32.8	6.65%
道路交通	56	11.29%
防御设施	25.9	5.2%
书院	3	0.06%
仓储	7.5	1.5%
水池	57	11.49%
总计	500.6	100%

3.2.2 韩城

韩城老城的功能规模，是将民国24年的城市测绘图（见图3－13）与1977年的航测图对照，根据是通过实际调研、走访专家的方式，逐一确定城市各类功能的规模界限。民国24年的城市测绘图上，标注了各类庙宇、衙署、学校、街巷、城墙的界限和相对位置，尽管也有比例，但并不十分精确。1977 年的航测图是比较精确的，但其中没有各类功能的明确边界。于是，将两图对照，在 1977 年航测图的基础上，参照民国 24 年图的各种相对边界，确定各类用地的规模。

韩城古城（图 3－14）占地总面积 60. 52 公顷，合 907. 8 亩，其中居住、祭

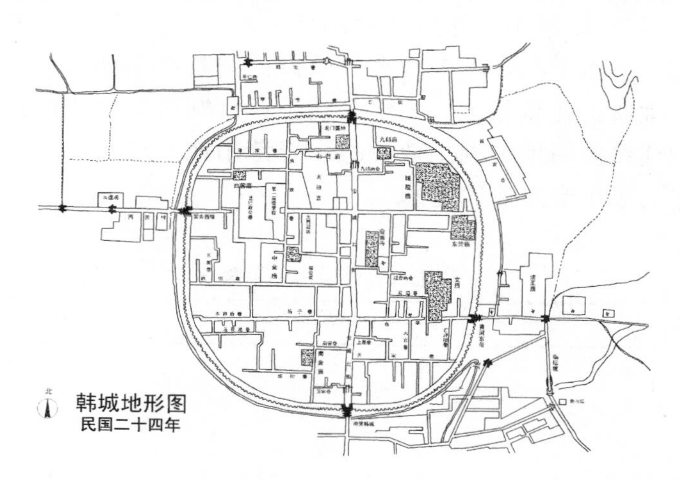

图 3－13　民国韩城城图

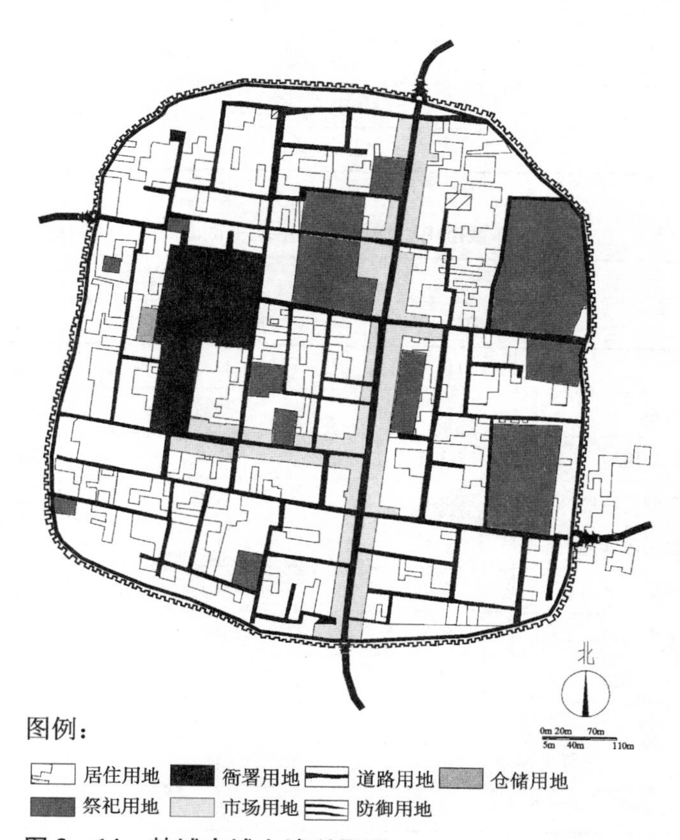

图 3－14　韩城古城土地利用图

祀、道路三类用地规模居前三位，分别占到58.11%、13.35%、11.18%。这与河津古城的用地结构基本一致。但这与现代韩城城市建设用地结构发生了很大的变化。

通过河津古代城市建设用地平衡表、韩城古代城市建设用地平衡表（表3-8）与2000年韩城市中心城区建设用地平衡表（表3-9）的比较，可以看出，居住用地、道路用地在古今城市中所占比例基本相同，最为不同的就是古代城市祭祀用地所占比重较大，几乎等同于现代城市的公共设施用地所占的比例；同时，现代城市用地中的工业用地、仓储用地、对外交通用地所占的比重加大，显然增加了生产用地的规模。

韩城古城建设用地平衡表 **表3-8**

	用地规模（公顷）	占城市建设用地（%）
居住	35.17	58.11
祭祀用地	8.08	13.35
衙署	2.73	4.51
市场	3.99	6.60
道路交通	6.77	11.18
防御设施	2.83	4.68
仓储	0.95	1.57
总计	60.52	100

韩城市中心城区建设用地平衡表 **表3-9**

<table>
<tr><th rowspan="2">序号</th><th rowspan="2">代码</th><th rowspan="2" colspan="2">用地名称</th><th colspan="3">现状（2000年）</th></tr>
<tr><th>面积（公顷）</th><th>占城市建设用地（%）</th><th>人均（平方米/人）</th></tr>
<tr><td>1</td><td>R</td><td colspan="2">居住用地</td><td>411.5</td><td>47.3</td><td>39.8</td></tr>
<tr><td rowspan="7">2</td><td rowspan="7">C</td><td colspan="2">公共设施用地</td><td>121.9</td><td>14.0</td><td>11.8</td></tr>
<tr><td rowspan="6">其中</td><td>行政办公用地</td><td>33.0</td><td>3.8</td><td>3.2</td></tr>
<tr><td>商业金融业用地</td><td>58.0</td><td>6.6</td><td>5.6</td></tr>
<tr><td>文化娱乐用地</td><td>2.3</td><td>0.3</td><td>0.2</td></tr>
<tr><td>体育用地</td><td>7.7</td><td>0.9</td><td>0.8</td></tr>
<tr><td>医疗卫生用地</td><td>5.2</td><td>0.6</td><td>0.5</td></tr>
<tr><td>教育科研用地</td><td>15.7</td><td>1.8</td><td>1.5</td></tr>
<tr><td>3</td><td>M</td><td colspan="2">工业用地</td><td>85.8</td><td>9.9</td><td>8.3</td></tr>
<tr><td>4</td><td>W</td><td colspan="2">仓储用地</td><td>30.0</td><td>3.4</td><td>2.9</td></tr>
<tr><td>5</td><td>T</td><td colspan="2">对外交通用地</td><td>46.5</td><td>5.4</td><td>4.5</td></tr>
</table>

续表

序号	代码	用地名称	现状（2000年）		
			面积（公顷）	占城市建设用地（%）	人均（平方米/人）
6	S	道路广场用地	114.8	13.2	11.1
7	U	市政公用设施用地	15.5	1.8	1.5
8	G	绿地	29.0	3.3	2.8
		其中：公共绿地	14.5	1.7	1.4
9	D	特殊用地	14.5	1.7	1.4
		合计城市建设用地	869.5	100	84.1

黄河晋陕沿岸还有一类城市，其城市面积较大，其中相当多的是自然山水，把河、山、原等纳入城中。这种规划手法是由于军事防御的需要。典型的例子就是潼关、府谷二城。潼关城（图3－15）为了防止敌人利用山地袭击城池，就把麒麟山、凤象二山以及潼河均规划在城中，占到城市总面积的一半以上。事实上，这些地方并没有人的生活，多布置一些军事瞭望建筑，成为城市的制高点。府谷城中也有相当多的空地，其东北滨临黄河，为了不让敌人利用黄河与居民区之间的一块塬地进攻，城墙紧邻塬边砌筑。像这类城市就是一种典型的军事城市，但其在后来的发展中也逐渐的转化功能，防御功能削弱，演变成为一般的聚落。那么，在计算城市各类用地规模及其所占百分比时，如果把这块没有实际功能而且占地面积较大的用地计算进去，计算结果就会出现误差，就不能真实、科学地反映出居民的实际生活状况和这个聚落的真实特征。由于历史资料原因，在此仅指出来而已。

通过以上古今城市土地利用结构的对比，我们可以清楚看到：在古代社会里，居住、祭祀、道路等3类用地占到城市总用地的前3位。而在今天城市用地中，居住、公共设施、道路广场用地分别占到前3位。古今城市用地结构的对比，最为核心的是精神活动空间的减少和生产空间的加大。尽管，公共设施用地中，包含了文化娱乐、科研文教等用地，但这与古代城市精神空间的用地规模相比，还是小得多。但是，今天城市的工业用地、仓储用地、对外交通用地均增加了，反映了今天城市结构与功能的变化。这是古今城市用地结构对比十分重要的一点。不同的用地结构反映了不同的城市性质，决定了城市人居环境的深层含义。

图3－15 潼关城池平面图

3.3 历史城市性质与历史城市人居环境的含义

冯友兰先生在《中国哲学的精神和问题》一文中指出，要探讨中国哲学的精神，我们就需要首先看一下，中国大多数哲学家力求解决的是些什么问题。这是一个非常重要的研究方法。对中国古代城市性质的研究也要用这种方法。那就是要看中国古代参与城市营造的管理者、匠师、风水师等关注什么？在城市建成之后，生活在其中的居民的主要社会活动是什么？对这些问题的研究是把握城市性质的前提。

城市性质是一个动态演进的过程。同一城市在不同的历史时期就有可能具有不同的功能。从陕西、山西两省黄河沿岸历史城市的形成背景和过程来看，多是由于军事的缘故。军事功能是这一区域多数城市最原始的功能。城市的选址、营造、功能布局都是由于军事功能所决定的，城市呈现出军事城市的特质。随着军事形势的变化，战事的结束，这些由于军事原因建立的城、镇、堡等就成为居民居住生养的场所，城市的功能结构逐渐发生变化，城市的性质也发生了变化。

本书所涉及的研究对象，在形成之初不少是军事据点，后来成为军事城市。这是十分明显的。但这并不是本书所要探讨的。本书要探讨的是军事城镇在战争结束之后，逐步完善、成熟的状态。这一种状态更多的蕴涵了中国深层的人居环境思想。通过对城市功能构成结构研究之后，我们可以清楚地看出，城市功能结构中，除居住用地之外，庙宇、道路、市场的用地是规模较大的。这与今天城市功能结构有很大的不同。2000 年韩城的城市用地中居住占到 38.8%，此外，公共设施用地占到 11%（其中商业金融用地占 6%，文化娱乐用地占 0.2%）、工业用地占 24%、道路占 10.1%。这与古代城市有很大的不同。河津老城的祭祀用地占 13%、商业用地占 6.07%、交通用地 10.3%。古今相比，商业用地、道路用地、居住用地分别所占城市的规模并没有的很大的变化。这些都是和人的生活直接相关，无论古人、今人，凡是生活所必须的，就构成古代城市的“人格空间”。通过古代城市功能结构与今天城市功能结构的比较，最为突出的特点就是城市的“祭祀用地”在古代城市中占有相当比重。祭祀用地除了居住用地以外所占比重最大。城市中不仅祭祀空间的占地面积大，而且其他功能空间中均有祭祀空间。居住空间里的祭祀场所有宗祠、家庙及祭祀天地、财神、灶神等空间；衙署中有衙神庙、书院中有祭祀孔子的先师堂、监狱中有狱神庙，就连衙署中马厩中也有马王庙。可见，祭祀空间已与城市、与人们生活的各类场所都有直接的联系，成为古代城市人居环境的显著特征。那也就可以说，作为人的需求，祭祀活动在古人与今人中有很大的变化。

那么，祭祀是什么呢？祭祀是一种精神活动，也是一种有信仰的表现。祭祀和信仰可分为 2 种，一种是宗教的祭祀与信仰，一种是非宗教的祭祀与信仰。宗教的祭祀与信仰在中国古代城市里表现为基于佛、道信仰的祭祀活动。宗教信仰所祭祀的是“神”，认为“神”是客观存在的，“神”的力量是无边的，要通过祭祀去祈祷神的佑护，从而达到满足人的需求的目的。宗教的信仰通过实体建筑，在城市中通过道观、佛寺等庙宇建筑体现出来。这就建立了古代城市的“神格空间”（见图 3－16）。非宗教信仰为中国儒家的信仰。在儒家的礼仪中，最重要的是祭祀。祭主要是祭神，祀主要是祀祖。荀子在《礼论》中说：“祭者，志意思慕之情也，忠信爱敬之至矣，礼节文貌之盛矣，苟非圣人，莫之能知也。圣人明知之，士君子安行之，官人以为守，百姓以成俗。其在君子，以为人道也；其在百姓，以为鬼事也。……事死如事生，失亡如事存，状乎无形影，然而成文。”这样，祭祀不再具有宗教意味，成为诗意的活动。祭祀活动就是要表示一种重视、崇敬的情感，从而表达出一种对人的生存意义和价值的追求和体悟。姜光辉先生认为儒学是一种“意义信仰”。“这里所讲的‘意义’，其含义是‘价值’，通常说‘有意义’，即说‘有价值’。此即英语中的 significance。‘意义’包含价值规范、价值理想的典范性价值，这是人们共生共存的基础。”意义信仰不是神本的，而是人本的。“意义的信仰是人对生命存在意义的追求和体悟，这种追求的目标不在彼岸世界，就在现实生活的实践之中。”① 对于儒家的信仰与祭祀，就在城市的文庙、天地坛、先农坛、风雨雷电坛等典章建筑中进行。儒家的信仰不仅建构在祭祀空间中，在城市的格局、衙署设计、牌楼、匾额、楹联等也营造出延续了祭祀功能所体现出的儒家文化对人生存意义的解读。这就建立了中国古代城市的“礼格空间”（见图 3－17）。同时，意义信仰具有兼容性，并不强调“唯一性”，只要有教人为善的意义，能促进人的教化，便会被认为“道并行而不相悖”。所以在中国古代城市里，就出现了一种儒家与道、佛共处的文化景观。

出于宗教意义的神格空间和出于儒学意义的礼格空间，都是对人在道德、品格、心灵上的教化，从而将自然的人化育为“理想的人”——“圣人”。冯友兰先生指出：“人与其他动物不同，在于当他做什么事时，他知道自己在做的是什么事，并且自己意识到，是在做这件事。正是这种理解和自我意识使人感到他正在做的事情的意义。人的各种行动带来了人生的各种意义；这些意义的总体构成了我所为的‘人生境界’。……尽管人和人之间有种种差别，我们仍可以把各种生命活动范围归结为四等。由最低说起，这四等是：天生的‘自然境界’，讲求实际利害的‘功利境界’，‘其正义，不谋其利’的‘道德境界’和超越世俗、自同于大全的‘天地境界’。”② 这 4 种境界中，前两种都是人的自然状态，是人的天然特性；主要表现在城市的“人格空间”中。后 2 种是人的生命状态，是由人的心灵所创造。城市的“神格空间”和“礼格空间”主要展示的是城市所蕴含的人的“道德境界”、“天地境界”。中国古代城市在满足人们物质需求的基础上，更重要的是为了帮助、启发居住其中的人追求和达到后两种

---

① 许江．人文传统．中国美术学院出版社．2003

② 冯友兰．中国哲学简史．新世界出版社．2004

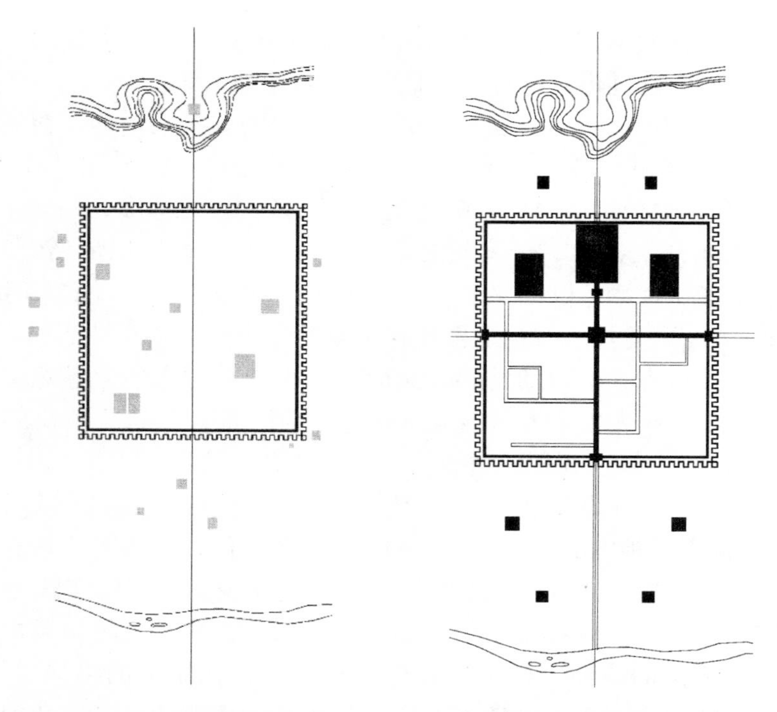

图 3-16　城市神格空间示意　　　图 3-17　城市礼格空间示意

境界。在这个意义上讲，中国古代城市与中国古代哲学所追求和希望实现的目的是相同的，那就是通过环境的影响，使人逐渐从自然的人教化为能与天地合一的人——“成圣”。“人在道德境界中生活的衡量标准是‘贤’，它的含义是‘道德完美’。人在天地境界里生活，则是追求‘成圣’。哲学就是启发人追求‘成圣’。……成圣是人所能达到的生命最高点。这便是哲学的崇高任务。”①

中国古代城市就是一种“人格空间”、“神格空间”、“礼格空间”三者的统一（见图 3-18）。古代城市在满足安全、生存等功能之后，更重要的或更高的追求是紧紧围绕人生存的意义和价值理想这个主题，运用建筑的手段建立一种蕴含人的生存意义和价值理想的空间秩序，建立起一种价值的标准。通过人在其中的生产、生活、交流、学习、体悟等方式，达到建筑意义、城市意义、人生意义与哲学意义的高度统一。这种城市对人们精神、心灵予以足够的关怀，达到一种“物我合一”、“心神合一”、“天人合一”的境界。从本质上来讲，是一种具有高度人文关怀的生命城市。

面对今天科学技术的发展，城市的功能发生了深刻的变化。商业、工业、交通等城市功能占有相当大的规模，城市的“生产空间”日益扩大，这就使得城市性质发生了变化，也反映了人的变化，人们对物质的需求越来越高。发展经济对于人、对于城市来讲成为头等大事，有的甚至提出城市规划要为经济建

① 冯友兰．中国哲学简史．新世界出版社．2004

设服务。这是古代城市规划从未遇到的，也无法解决的事实。历史城市的结构显然不适合这样的城市生活方式，于是，原有的庙宇、祠堂、书院等功能失去了原有的地位，人们进行修身、自省的空间日渐消失，城市的生产功能在迅速提升，教化功能和文化作用逐渐减弱。城市在创造前所未有的物质财富的同时，失去了传统城市所具有的生存意义与价值标准，带来了人们道德、心灵、精神的失衡。刘易斯·芒福德（Lewis Mumford）指出"不幸的是，在商业城市里，城市原先具有的功能都不占重要地位；一些公共事业机构，有的周围全是商业机构，被挤在隔缝里，有的也被迫采取了商业企业那种惯用的方法，不注重他们传统的教育和文化作用，而热衷于广告宣传，招揽生意，追求票房价值以及数字上的成功（出席人多，招生多，捐献多，收入多）"。"如同我们看到的，在过去 5000 年间，城市经历了许多变化，毫无疑问，今后还要经历更大的变化。但是，迫切需要的革新并不是物质设备方面的扩大和改善，更不再增加自动化电子装置来把剩余的文化机构疏散到无一定形式的郊区遗骸中去。正相反，只有通过把艺术思想应用到城市的主要的人类利益上去，对包容万物的宇宙和生态的进程有一新的献身精神，才能有显著的改善。我们必须使城市恢复母亲般的养育生命的功能，独立自主的活动，共生共栖的联合，这些很久以来都被遗忘或被抑止了。因为城市应当是一个爱的器官，而城市最好的经济模式是关心人和陶冶人。""必须按照我们自己时代的意识形态和文化来重新衡量神性权力和人性组成的复合物（它使古代城市得以产生），并将其倾注进清新的城市的、区域的和全球的模型内。"①

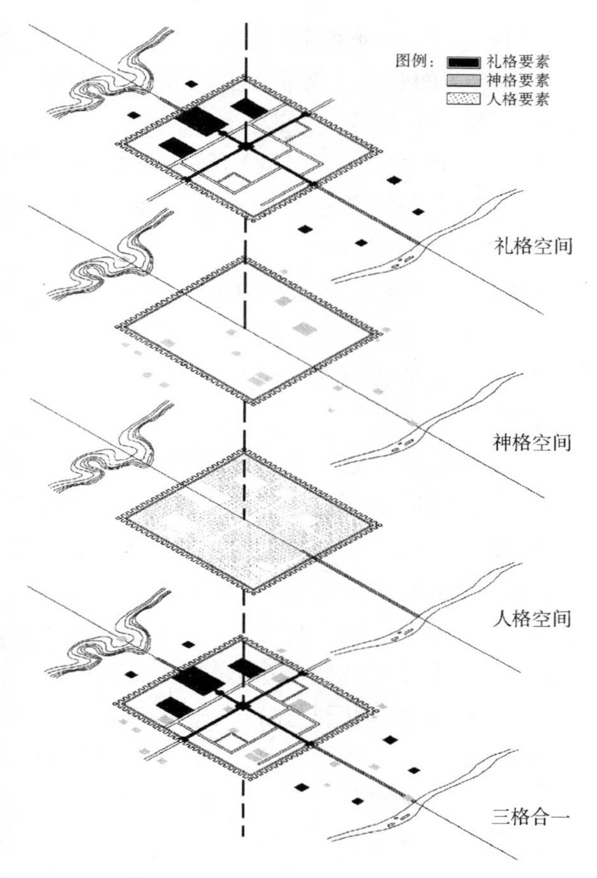

图 3－18　三格合一图

今天城市的发展中，为汽车开辟的宽阔的马路、以经济发展为导向的城市规划模式，似乎是天经地义的，仿佛只有这么一种发展模式。在刘易斯·芒福

① 刘易斯·芒福德．城市发展史．中国建筑工业出版社．1988

德（Lewis Mumford）所著的《城市发展史》最后一页插图的简短说明里，提出“今天人类面临的主要问题之一是：我们的科学技术应当受到控制并导向为生活的目标服务，还是为了促进技术无止境的扩张?”芒福德（Lewis Mumford）提出了两种城市模式：一是我们的生活应受到严密的组织和抑制；另一种是中国古代“清明上河图”所展示的城市模式。芒福德（Lewis Mumford）倡导第二种发展模式，即中国古代“清明上河图”所展示出的“充满生气的城市”模式。“未来的城市将有这张中国画‘清明上河图’所显示的那种质量：各种各样的景观，各种各样的职业，各种各样的文化活动，各种各样人物的特有属性——所有这些能组成的无穷的组合，排列和变化。不是完善的蜂窝而是充满生气的城市。”

城市最终还是要促使人的全面发展，这种发展包括物质和精神两个层面。如果说古代城市更注重人的生存意义和价值追求，却在某种程度上限制了人的物质需求，而今天的城市却过多的关注了物质层面追求，忽视了人对精神和心灵层面的关怀。中国古代城市的性质表明，对人的精神、心灵的关怀，对于人生存意义和生存价值标准的建立是人居环境最为显著且重要的特点，也是古代城市人居环境对现代城市人居环境建设的重要启示。

除了为生活在这里的人的精神、心灵的关怀以外，还有一种特殊的含义。在中国文化里，评价一个好的人居环境的标准，或盛赞本地区良好人居环境时，常常用“人杰地灵”一词。《辞源》对“人杰地灵”的解释：“原指地因人而著名。后多用来指杰出人物，生于灵秀之地。”那么，我们就可知晓理想人居环境的标准是所出人才多寡。一个城市或一个人居环境所培养出的杰出人物多，说明这个地区的人居环境就越好。所以，理想城市人居环境的另一层含义就是城市所选择的山水环境、城市结构、城市建筑布局都蕴含着居住生活在这里的人们渴望自己所在的人居环境能够人才辈出的理念。黄河晋陕沿岸历史城市中的所有城市都表达了这个特点。河津衙署大堂上悬挂的楹联就是明证。“莫谓人弗杰周卜子汉司马隋传仲淹明表敬轩那几家硕士高贤洵足接千秋道统；漫言地不灵东虎岗西龙门南来飞凤北仰卧麟这一带山清水秀看壮三晋观瞻。”河津城与周边自然环境的关系、城市格局、文楼与武楼的设计等都源于这种观念。风水理论为通过人居环境建设实现“人才辈出”的目的提供了理论依据和实践途径。这里有许多迷信的成分，但却被城市建设者和城市的居民忠实的执行着，甚至达到了“滑稽”的地步。例如保德与府谷在城市的“对抗性”建设就完全反映出来。但这毕竟是历史的真实，所以要想真实地了解中国古代城市人居环境的深层含义，就不能回避这些问题。

黄河晋陕沿岸历史城市的人居环境通过对重要元素的安排，试图构建一种理想的人居图式。这个图式，反映了人与天、地、人、神的关系，一种“成圣”的价值标准，一种冀希人文勃发的渴望。这种思想反映在城市空间里，就构成了一种“文态空间”。这主要是基于城市空间的“文化性”而言的，或者说是城市中居民的“价值观”、“人生理想”在城市空间上的反映。中国古代城市人居环境中，对“文态空间”的营造是最为用心的，因为这是中国哲学精神在城市空间中的充分体现，因此也最富有民族气质和匠心，具有很高的造诣。

历史城市中除“文态空间”之外，人居环境中作为支持城市功能运行的支撑网络也是十分重要的。支撑体系中的防御、交通、给水排水、防洪等都是城市功能的基础。没有这些支撑网络，人的基本生存安全就会受到威胁，所以历代城市的营造者对此也十分关注。

中国历史上，在确定的自然环境里进行人居环境的建设，营造者最为关注的也就是对“文态空间”和“支撑网络”的建设。对于人居环境建设的两个内容我们可以用一个具有中国文化特点的名词代替。在一篇关于黄河晋陕沿岸的芝川城建设史的文献中，就有一个十分重要的名词，概括性地提出了历史城市的人居环境观，那就是“武备文荫”。在明代嘉靖版《韩城县志》中收录了由当时担任右都御史的韩城人张士佩撰写的《芝川镇城门楼记》。文中写道：“是城也，当初筑时，一堪舆者登麓而眺，惊曰：‘芝川城塞韩谷口，犹骊龙口衔珠，珠将生辉，人文后必萃映。’迩岁科第源源，果付堪舆者之言，人未尝不叹。是城武备而文荫也。”这段话提出的“武备文荫”这个词，在张士佩的《芝川镇城门楼记》一文中有具体所指的狭义概念。通过回顾建城历史，明晰了城市形态与大的自然山水环境的关系，进而提出“文荫”的思想；通过对当前城池、城门楼的修复，进一步巩固城防，提出了“武备”的概念。这与在前文中指出区域层面城市发展中的“文系”与“武系”是一脉相承。

我们基于这一种狭义概念可以推而广之，可以延伸出它的广义概念。“文荫”就是指人们在建设自己的人居环境之时，往往赋予城市空间特殊的文化意义。在这些文化意义的指导下，对天、地、人、神等人居环境要素进行系统安排，试图建立一种理想的立体生命图式，充分表达人们对生命意义和人生价值的感悟。“文荫”在城市人居环境上的反映，就是基于对冯友兰先生所提出的“人生四大境界”中的“道德境界”和“天地境界”两个层面的认识和关注的结果。狭义的“武备”是对城池的防御能力而言的。广义的“武备”就是指出于城市安全和城市功能运行的物质空间保障系统，也就是城市的支撑网络体系。

道萨迪亚斯（D. S. Doxiadis）对人居环境的构成要素概括为“自然、人、社会、建筑、支撑网络”5大要素。对于人居环境的物质空间建设来讲，就是自然、建筑、支撑网络。建筑与支持网络是在自然的基础上进行建设的，自然是人居环境建设的基础。但自然一经选定，人居环境的建设往往在相当长的时间内固定在这个地方。除非遇到重大自然灾害的侵袭或重大的社会经济的原因，才会离开这个地方，另择新址。所以，“建筑”、“支撑网络”也就成为人居环境建设中最为重要的两个内容。“建筑”是人居环境中对规划、建筑等物质空间的总称。中国古代城市人居环境的建设将“建筑—地景—城市规划”紧密地联系在一起，通过城市设计实现的。于是，对古代城市人居环境建设中“建筑”这一要素的研究，就是对“城市设计”的研究，“支撑网络”的建设是历史城市人居环境系统能够安全运行的保障。人居环境的各方面观念最后都落实在物质空间的建设布局上，因此，“城市设计”与“支撑网络构建”自然处于人居环境建设的核心位置。

通过对城市功能结构与城市性质研究，我们十分清晰地认识到中国古代人居环境建设的核心含义。那就是：在自然环境中，构筑一个人们赖以生存的安全的场所。这个场所能满足人的“自然境界和功利境界”的需要，这个场所同时建立一种天、地、人、神的秩序，一种人的生存意义与价值的标准，从而使生活在这个场所中的人追求一种更高的境界——“道德境界和天地境界”，从而达到人物相扶，天人合一的意境。由此，我们可知中国古代城市人居环境建设的研究最为基本的认识和前提：

（1）自然是人居环境的基础，人的一切建设活动都是在自然环境中完成的。但自然条件一旦确定，就相对的固定性，很少具有选择性。一个城市的人居环境的建设总是在一个相对固定的自然环境里进行。

（2）人居环境的建设最为关注的就是“人”。人是自然的人，又是文化的人。

（3）每一个民族都有自己关于人的价值和人生意义的哲学解读。人居环境必然以与其哲学价值相统一为显著特征。

（4）作为自然的人，人居环境就是要满足人的基本的安全和生活需求，满足人的“自然境界”和“功利境界”的需求。从而做到“我们生活在这里”。

（5）作为文化的人，人居环境就是要满足人更高的精神、心理的需求，按照更高的价值标准生活，满足人的“道德境界”和“天地境界”的需求，实现哲学对人的最高要求。从而做到“我是这样生活在这里的”。

（6）人居环境的内容复杂，但良好的人居环境最终还是要落实到物质空间的建设上。于是，“城市设计”与“支撑网络”理所当然地处于人居环境建设的核心位置。因此，“城市设计”和“支撑网络”的研究处于历史城市人居环境建设研究的核心，最为关键。

小结

要研究中国古代城市人居环境，就必须了解古代城市所关注的重点是什么？本章通过对古代城图的研究，并结合实际调研和文献记载，将古代城市的功能概括为“治、祀、教、市、居、通、防、储、旌”等9大功能；并以河津、韩城两个古城为例，对古代城市的土地利用规模进行了定量化研究，分别总结出两座城市的土地利用平衡表。从表中可以看出，在古代城市里，居住、祭祀、道路等三类功能的用地占到城市总用地的前三位，这与现代城市有着很大的不同。尤其是祭祀用地的规模占到城市的13%以上，这对古代城市的性质有着十分重要的影响。

中国古代城市就是一种“人格空间”、“神格空间”、“礼格空间”三者的统一。这种城市对人们精神、心灵予以足够的关怀，达到一种“物我合一”、“心神合一”、“天人合一”的境界。从本质上来讲，是一种具有高度人文关怀的生命城市。城市同时具有防卫功能，是一处文武兼备聚居地，也就是以“文荫武备”为价值追求的目标。

第4章

城市设计研究

城市设计这个名词来自于西方。中国古代并没有“城市设计”一词，在中国传统的词汇中，对城市的规划设计均用“营”、“筑”、或“营造”等词汇。那么，中国古代是否有自己的城市设计呢？事实上，从中国古代城市与自然的关系、空间的秩序、景观的构思等方面均能感受到它是经过精心经营的。1984年6月4日，在北京召开“国际城市建筑设计学术讲座”上，吴良镛先生作了题为《城市设计导论》的主旨报告。报告指出“城市的设计古已有之”，就中国而言，“从城市的城址，到重大建筑群、以至住宅等的选址，总体布局都是自觉设计的结果，这里虽渗有封建的迷信，但更主要的是它对环境的认识还是较为科学的，具有一定设计的哲理和对景观的艺术构思，从历史上有名的楼、观等公共建筑以至风水塔等的建设无不如此，它是中国城市设计实践的积累。”“说‘城市的设计古已有之’就是说自古以来，我们良好的生活环境的取得，都是经过一番设计经营的。”①

1999年8月6日在昆明召开的“海峡两岸座谈会”上，吴良镛先生在会上作了题为《寻找失去的东方城市设计传统》的报告。报告的结论部分指出：对于城市设计的遗产和理论原则，我们固然要从西方的城市遗产中搜寻、发掘（无疑，这方面的研究者也颇多，理论亦较成熟），与此同时，还应该从东方的城市规划与城市设计美学上采风，总结规律，并发扬光大。对于中国古代城市设计的研究就是要从遗存至今的历史城市空间入手，进行深入的发掘，并结合历代史书、地方志书、风水论著、文人著述等文献中记载了诸多有关城市营造的精妙论述，并用现代的学术思想去整合古代的设计思想，总结出较为系统地城市设计理论。“用近代的学术思想，研究发掘中国古代朴素的环境观与可持续发展思想；以更广阔的区域视野、城市视野、生态视野、文化视野等，从事建筑设计研究，触类旁通，发挥更大的创造力；对东西方建筑规划设计思想进行比较研究，互为印证，并进行深层次的融合、创造。这样做的意义在于，寻找失去的思想财富，并以整体的观念，将它集中、凝结为城市设计基本理念与方法，从而提到一个新的高度。”②“城市设计是一种综合的专业领域，我们要求的是走向人居环境规划城市设计观，即在规划设计管理中，对区域—城市—社区—建筑空间的发展予以‘协调控制’保证，使人居环境在生态、生活、文化、美学等方面，都能具有良好的质量和体型秩序。”③吴良镛先生指出：“建筑—地景—城市规划”处于人居环境学科的核心地位，而且，这三者又是通过城市设计整合起来。通过城市设计将建筑、地景、规划三者有机统一起来，成为人居环境科学的重要特点。中国古代尽管没有专门的城市设计学科，但有十分丰富的城市设计思想，而且，这种思想将“建筑—地景—城市规划”紧密地结合在

---

① 吴良镛．建筑·城市·人居环境．河北教育出版社．石家庄．2003

② 吴良镛．中国传统人居环境理念对当代城市设计的启示．世界建筑．No1. 2000

③ 吴良镛．人居环境科学导论．中国建筑工业出版社．北京．2001

一起，形成独具特色的东方城市景观。吴良镛先生对此有专门的论述："中国古代的人居环境是"建筑—地景—城市规划"三位一体的综合创造，然而这一事实往往为一般研究所忽略。"① 所以对中国古代城市设计研究对于丰富中国现代人居环境理论有着直接意义。

4.1　城市设计要素

中国古代的城市设计注重城市的形态设计，关注城市形态各组成要素之间的内在关系和外在表现的统一；关注城市形态各要素所蕴含的深层意义，而不是仅仅停留在城市"形式"的层面，诸如形体、外廓、构图等因素。城市形态是城市设计的核心，通过对城市形态的营造去创造有意义的城市空间，来满足人们物质和精神的需求，起到化育人文、启迪智慧的作用。这正如前文所提的"文荫武备"思想之"文荫"概念。城市形态的规划设计是与"文荫"思想紧密联系在一起的，具有思想性特征，但也是由若干要素构成的。因为整体的形态设计只有化作若干有机要素，才便于把握。事实上，整体的城市形态也是通过若干要素的协作才形成的。为此，国内外专家学者都曾对城市设计物质要素进行了研究和归纳。

（1）凯文·林奇在《城市意象》提出了五种物质要素即边缘、区域、节点、标志和道路。② 边缘（Edge），指不作道路或非路的线性要素，"边"常由两面的分界线，如河岸、铁路、围墙所构成；区域（District），指中等或较大的地段，这是一种二维的面状空间要素，人对其意识有一种进入"内部"的体验；节点（Node），指城市中的战略要点，如道路交叉口、方向变换处、抑或城市结构的转折点、广场，也可大至城市中一个区域的中心和缩影。它使人有进入和离开的感觉；标志（Landmark）：城市中的点状要素，可大可小，是人们体验外部空间的参照物，但不能进入。通常是明确而肯定的具体对象，如山丘、高大建筑物、构筑物等。有时树木、招牌乃至建筑细部也可视为一种标志；道路（Path）：观察者习惯或可能顺其移动的路线，如街道、小巷、运输线，其他要素常常围绕路径布置。

（2）东南大学建筑研究所将城市形态的构成要素归纳为五种类型：架、核、轴、群和界面。③ "架"是指城市的道路系统，它是城市形态的骨架部分。"核"是指城市市民心理的中心，它可以是城市的公共活动中心，也可以是城市以政治、行政职能为核心的行政中心，还可以是以历史文化和宗教活动为核心的传统商业中心。"轴"是指城市的形式轴和伸展轴。"群"是指城市特定地段内的建筑形体空间组织及其相关要素的集合。"界面"是指城市空间与实体的交界面。

---

① 吴良镛．人居环境科学导论．中国建筑工业出版社．北京．2001

② ［美］凯文·林奇．城市意象．华夏出版社．2001

③ 陈泳．苏州古城结构形态演化研究．东南大学博士学位论文．2000

（3）清华大学吴良镛先生在《寻找失去的东方城市设计传统》一文①中将城市设计的要素概括为8个方面：对山的利用、对水面的利用、重点建筑群的点缀、城墙和城楼、城市的中轴线、“坊巷”的建设、城市绿化和近郊风景名胜。对此，可以总结为山水、建筑群、边界、标志、轴线、民居、风景等8个要素。

以上关于城市空间形态构成要素的3个观点对本书的研究有很大的启示。城市内部有完整的结构，同时也涉及到城墙外的山水近郊风景名胜等要素，而且两者紧密联系在一起，作为一个整体布置经营。

中国古代的城市设计物质构成要素还可以从另一个角度去研究，就是从古人对城市营造认识出发，探寻古人的城市设计观念。古代城市均有城图，城图是对古人城市观的真实记载。古代志书中描绘的城图与今天的城市规划图完全不同。古代城图是以抽象的方式表达信息，没有比例，是一种意象表达；而现代的城市规划图是定量化的表现城市。古代城图中城市的规模、建筑的大小、山水的尺度没有一个精确的比例关系，而是简约表达城市与山水、城市格局、主要建筑之间的一种关系，对一些次要的建筑均不作标注，仅作空白处理。占城市用地规模最大的民居建筑都不标注。

从吴良镛先生研究的福州城市设计时引用的福州城图（图4－1）、本文研究对象之一的吴堡城图（图4－2）可以清楚地看到，中国古代城市地图总是把城市与自然联系在一起，把城市周边重要的山水均作为城市的组成部分，纳入图中，而不是将城市与自然割裂。图中还反映出中轴线、城墙、道路结构、重要标志建筑的形象、庙宇及衙署等大型建筑群、水系等，图中城墙之内空白之处为住宅、店铺等市民日常生活之处所。在古代志书中，城图之后，紧接着就是八景图，作为城市的景致。古代营造城市之后，往往在城市周围的山水环境中，营造风景，

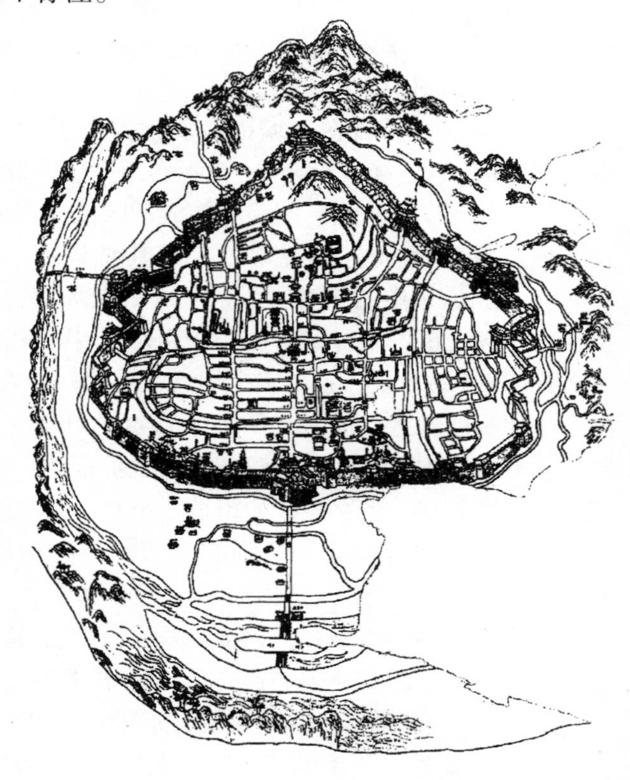

图4－1　福州城图

① 吴良镛先生于1999年8月6日在昆明“海峡两岸座谈会”上的发言

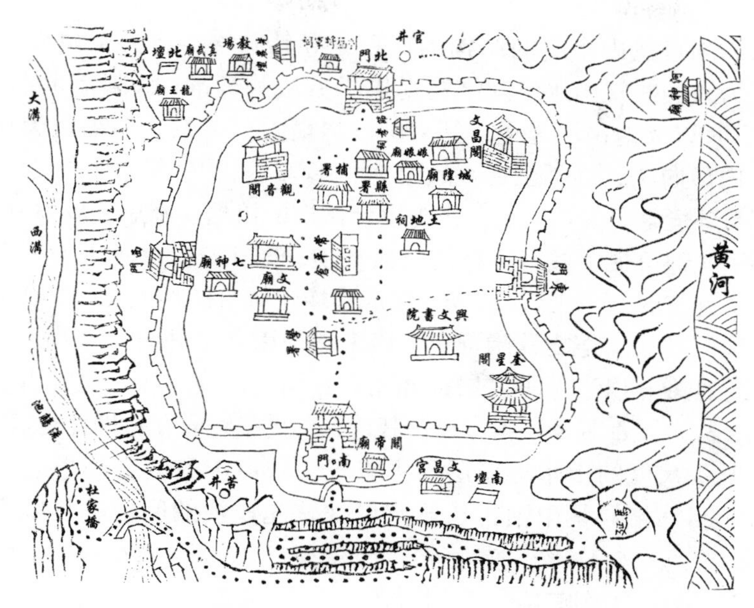

图 4-2　吴堡城图

作为城市建设活动的延续，文人墨客均有诗词唱咏，古代地方志专门有“景致卷”，有较重笔墨进行描述，展示地方的山水名胜与文化内涵。

对于古代城市设计的要素概括，可以有多种多样的要素分类，但要真正研究古代城市就是要尽可能地接近古人在营造城市时关注的重点物质空间要素是什么？它们是如何组织成为城市的？这样才可能使今天的研究直入古人的心源，取得新的研究成果。中国古代城图恰恰给了我们这方面的启发。基于对凯文·林奇、东南大学建筑研究所、吴良镛先生的城市设计要素研究成果的认识和理解，结合古代城图给我们的启示，我将古代城市设计城市空间形态构成要素概括为：自然、轴线、骨架、标志、群域、边界、基底、景致等八个方面。

4.1.1　自然

4.1.1.1　自然的概念

自然，也就是自然格局，指由自然山水形成的空间结构。人生存在自然之中，生活中的主要物品均来自于自然。例如古人对山的崇拜，《韩诗外传》中记述道：“夫山者，万民之所瞻仰也。草木生焉，万物植焉，飞鸟集焉，走兽休焉，四方并取予焉。”① 同时，自然力量与人力的悬殊，形成了古人对自然的畏惧。畏惧自然逐渐发展为崇敬自然。认为人必须与天和谐，人的行为必须符合天地的运行规律，即“天人合一”的思想。这种思想直接影响了古代城市建设。

① 李无未，张黎明．中国历代祭礼．北京图书馆出版社．北京．1998

人们通过对周围自然山水空间结构的察视，寻其脉络，将人工建设与这种脉络协调。风水为人们察视山水空间结构提供了方法和标准。《阳宅十书》开篇道："人之居处，宜以大地山河为主，其来脉气势最大，关系人祸福最为切要。若大形不善，总内形向法，终不全吉。故论宅外形第一。"① 通过对自然环境的解读，寻找出城市与环境融合的切入点，作为设计城市的依据。隋唐长安城建造的时候，城市设计师宇文恺审视了城市所在的自然环境，即在长安城址上有六条宽窄不等的黄土坡，俗称"长安六坡"。长安六坡成为构建城市的切入点。《雍录》："帝城东西横亘六岗。""宇文恺之营隋都也，曰朱雀街南北尽郭有六条高坡，象乾卦六爻，故九二置宫殿，以当帝王之居；九三立百司，以应君子之数；九五贵位，不欲常人居之，故置元都观及兴善寺以镇其地，刘禹锡赋看花诗即此也。"②

如果不从大尺度的山水环境层面去审视，城市本身的空间形态和空间结构就无法识读。自然格局是中国古代城市设计首先审视的问题，是城市设计的首要构成因素。

4.1.1.2 黄河沿岸城市的自然格局

1. 城市与黄河的关系

黄河沿岸城市与黄河的关系是十分密切的，城市都位于黄河与其支流的交汇处。在河流的交叉口形成城、镇、村等聚落，这就是"近水择居，便生利民"的思想。但从黄河沿岸城市发展史来看，由于黄河两岸的地形复杂，黄河的航运功能是十分有限的，只局限在部分河段，城市发展受航运的影响并不大，仅有部分城市的布局受之影响。城市临水布局最为重要的就是为了控制河谷，增强防御能力。这与长江两岸的城市完全不同。"城市与江的关系最为密切，城市、城镇一般都建在长江与河流的交叉口。两江交汇，形成客、货的集散和转换点，城市紧邻江岸而建。"③

由于黄河两岸的复杂的地形，城市与黄河的关系可概括为：滨、俯、近、望四大类。

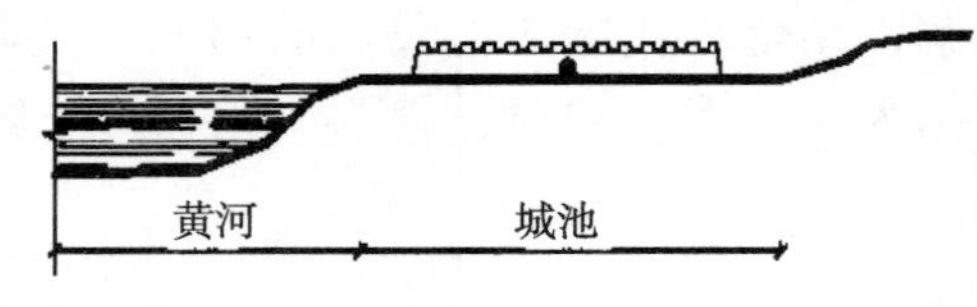

图 4－3 城市滨河示意图

（1）滨：即城市紧邻黄河而建。这类城市主要有潼关、蒲州、荣河和碛口。潼关城北滨临黄河，城市与黄河之间没有隙地，便于防守。荣河处于汾阴脽前，城西侧滨临黄河，这是由于黄河侧蚀所致。碛口是重要的货运码头，与黄河有直接的关系是自然的（图 4－3）。

（2）俯：即城市处在山顶，与黄河垂直距离相差 100 米以上，形成对黄河的俯视。这类城市位于晋陕峡谷吴堡以上段。有府谷、保德、佳县、吴堡等 4 座

---

① 周文铮．地理正宗·阳宅十书．广西民族出版社．南宁．1994

② ［宋］程大昌撰．黄永年校点．雍录．中华书局出版．2002

③ 赵万民．三峡工程与人居环境建设．中国建筑工业出版社．1999

城市（图 4－4）。

（3）近：即城市邻近黄河，但与黄河之间有一段隙地。沿岸的朝邑、河曲就属于这类城市（图 4－5）。

（4）望：即城市与黄河距离较远，只是有视线联系，从城市中可望见黄河。这类城市有韩城、河津（图 4－6）。

由于黄河的“天险”防御作用，以及“山得水为面，故不得水者背也”等风水思想影响，城市靠黄河的一面成为防御重点，也是城市设计的重点。例如，南北轴线是中国古代的主轴线，但在朝邑、蒲州等城市，在保持传统南北轴线的同时，刻意设计了城市的东西轴线，即城市与黄河的轴线，这类轴线往往是靠标志建筑之间的视线联系组织的。

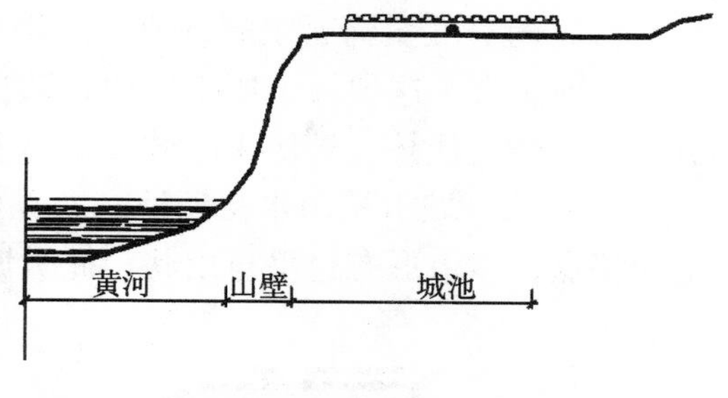

图 4－4　城市俯河示意图

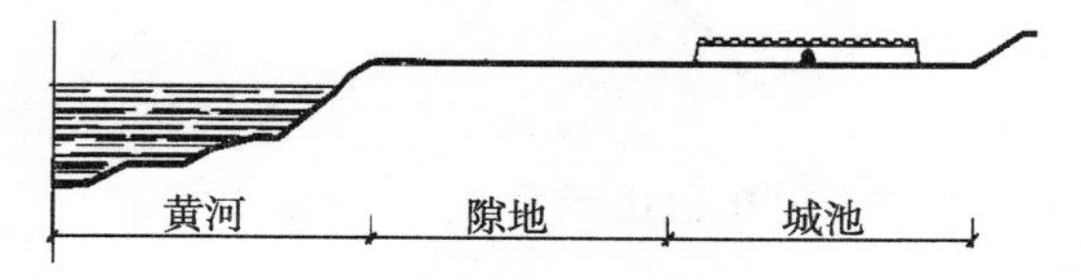

图 4－5　城市近河示意图

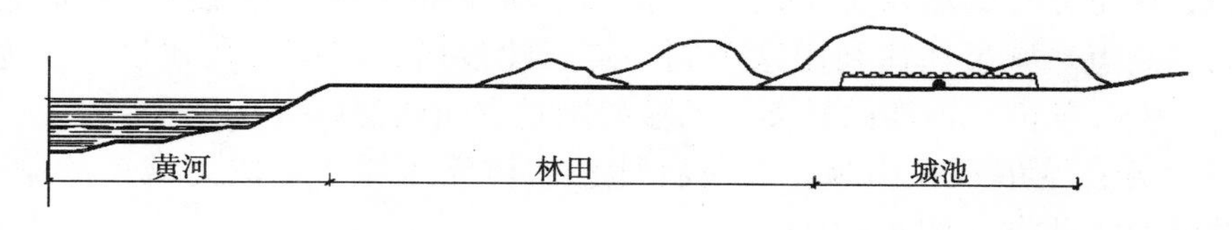

图 4－6　城市望河示意图

黄河水不同于其他河流，由于黄土高原的地质原因，黄河的泥沙含量高，滨河城市往往由于滨临大河而被河流冲塌、埋没，例如蒲州、荣河，甚至还有河津。这也是黄河城市与黄河都保持一定的距离的原因。研究城市与黄河的关系，就是研究水与城市的关系。

从大的关系看，城市与黄河有滨、俯、近、望四种关系。但在每种关系中都存在一种对黄河水来势的讲究、察验，在古代称为“水法”。《地理正宗》中载有缪希雍对“水法”的描述，提出“凡水抱不欲裹，朝不欲冲，横不欲反，远不欲小，近不欲割，大不欲荡，高不欲跌，低不欲补，众不欲分，对不欲斜，来不欲射，去不欲速。合此者吉，反此者凶。明乎此，则水之利害昭昭矣。”意思是说，结穴前的水流，要环抱但不要包裹，应朝向而不要冲犯，要横流而不要反流，流远而不要细小，流近而不要冲洗穴脚，水大而不要激荡，水势高而不要跌下，水势低而不要扑打，水流众集而不要分散，正对而不要斜向，水来而不要直射，离去而不要急快。古代城市根据城与水的大关系，并结合这些水法原则，对城市的布局产生了重要影响。

2. 城市与山、塬的关系

城市与山的关系有：冠、依、据、笼 4 种形式。

（1）冠：在黄河晋陕峡谷段，两岸均是山脉，城市建设充分利用山势的变化，因地制宜。这类城市居于山顶，依据地势，形成自由、不规则的城市形态。府谷、保德、佳县、吴堡4座城市就属于此类（图4－7）。

（2）依：城市从山水交汇处，沿着山的坡度而发展，形成逐层升高的城市空间特点，城市形态也呈自由状。此类城市有碛口、荣河等（图4－8）。

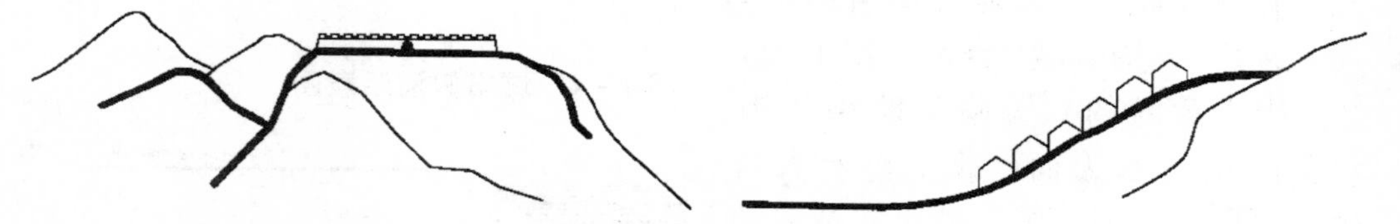

图4－7　城市冠山示意图　　图4－8　城市依山示意图

（3）据：黄河出龙门，河道变宽，两岸成为黄土高原。黄河与塬之间的平原广阔，这里分布的城市都呈现方正格局。城市处于水、塬之间，塬成为城市重要的制高点。城市往往利用这个制高点，建设塔、庙等文化建筑，成为城市的标志。例如朝邑、河津的麟岛、韩城的圆觉寺纠纠寨塔等（图4－9）。

（4）笼：城市不在山顶，而是将部分山体笼入城中，成为城市的制高点。潼关城就属于此类（图4－10）。

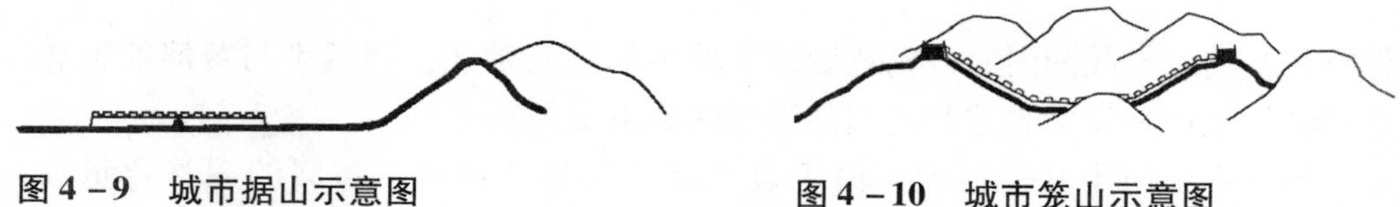

图4－9　城市据山示意图　　图4－10　城市笼山示意图

除了冠、依、据、笼四大关系之外，风水理论中对山有“面”和“背”之分。《地理正宗》中载有缪希雍对山势的“面”、“背”进行了描述，指出：“山得水为面，故不得水者背也；以秀丽面，顽者背也；润为面，枯者背也；明为面，暗者背也；势来者为面，势去者背也；平缓为面，顽陡者背也；得局为面，失局者背也；”对山水的分辨、观察，影响了城市建设。

3. 城市与黄河、山塬的关系

城市与黄河的滨、俯、近、望4种关系，与城市同山体的冠、依、据、笼四种关系交叉，从理论上可得出城市与山水的16种关系。但在黄河晋陕沿岸只有六种关系，即冠山俯河、笼山滨河、据山望河、据山近河、据山滨河、依山滨河。

（1）冠山俯河：城池雄踞山体之上，与黄河有较大的落差，形成俯瞰的形态（图4－11）。保德、葭州、府

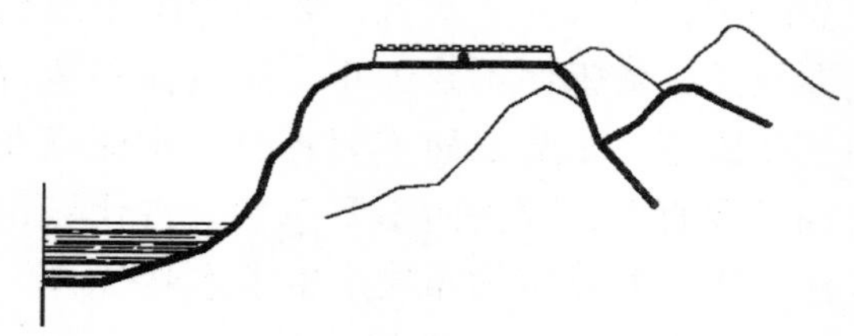

图4－11　冠山俯河示意图

谷、吴堡均属于此类。这类城市所冠压山体的中心往往就是全城的高处，多建有标志建筑，靠黄河的一面为城市的主面，也常建造许多风景建筑，强化与黄河的关系。康熙49年《保德州志》述保德城："随山削险，颇坚固。"乾隆四十八年的《府谷县志》中对府谷城的形态记载道"城建山上，周三里七分，高二丈五尺，六门；因河为池，东南逼临黄河，城根巨石嶙峋甚陡险。"嘉庆十四年《葭州志》载："何郡邑无城池，而葭之城池固于金汤。磊石而上，山作根基，蜿蜒而来。河为屏翰，磐石之安哉。"（图4－12、图4－13）

（2）笼山滨河：城池将多座山体纳入城市之中，作为城市的一部分，而且滨水而建。黄河晋陕沿岸历史城市中的潼关属于此类（图4－14）。

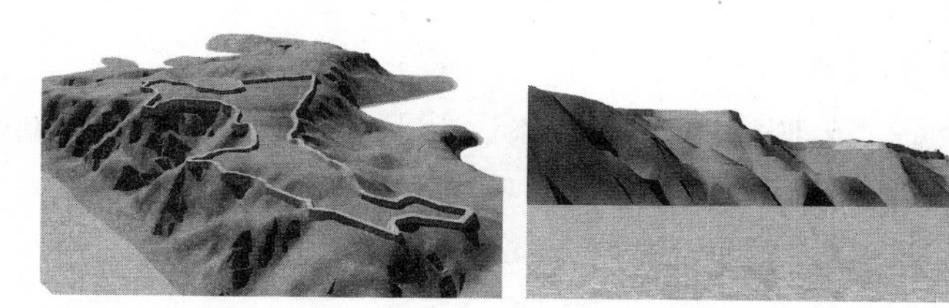

图4－12　葭州古城"山·城·河"模型图

图4－13　黄河古堡—葭州城图

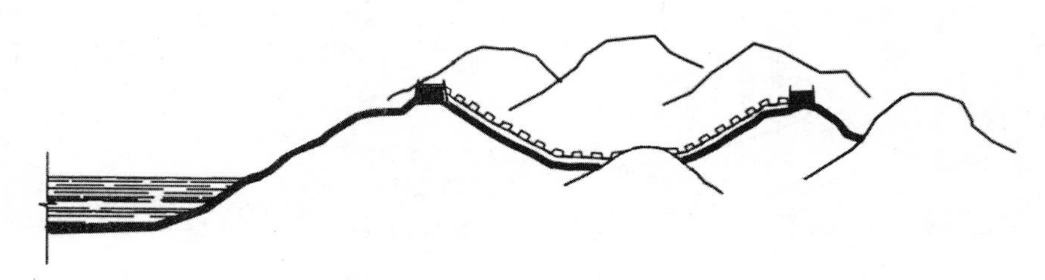

图4－14　笼山滨河示意图

康熙《潼关卫志》云：“依山势，周一十一里七十二步，高五丈，南倍之，其北下临洪河，巨涛环带，东南则跨麒麟山，西南跨象、凤二山，嵯峨耸峻，天然形势之雄。”这种城市一般在山体临河之边界布置一些建筑起到瞭望、观景之用。而与黄河临近之处，由于黄河河水不稳，容易发洪水，于是在滨河之处多修堤坝，以防洪水（图 4 – 15、图 4 – 16）。

（3）据山望河：城池靠近山塬，将之作为城市的靠背，但与黄河有一定的距离，往往只保持视线上的联系。这类城市往往在山塬之上建标志建筑，用以侦查敌情或瞭望黄河美景。黄河晋陕沿岸的河津、韩城属于此类。在韩城、河津城中或外围，并不能直接看到黄河，但在城北标志建筑上，即韩城的纠纠寨塔与河津的麟岛真武阁上就可以看到黄河。这类城市由于距离黄河较远，背山的南向往往是城市的主面（图 4 – 17）。

（4）据山近河：城池靠近山塬，邻近黄河，但又不直接滨临。例如朝邑，这类城市往往在城市与黄河之间建造一些建筑，作为城市的标示，而且山塬之上也常被利用，建造楼、塔等（图 4 – 18）。

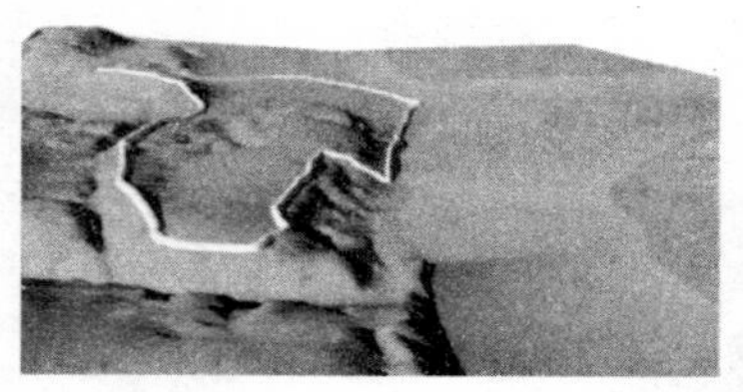

图 4 – 15　潼关“山 · 城 · 河”模型图

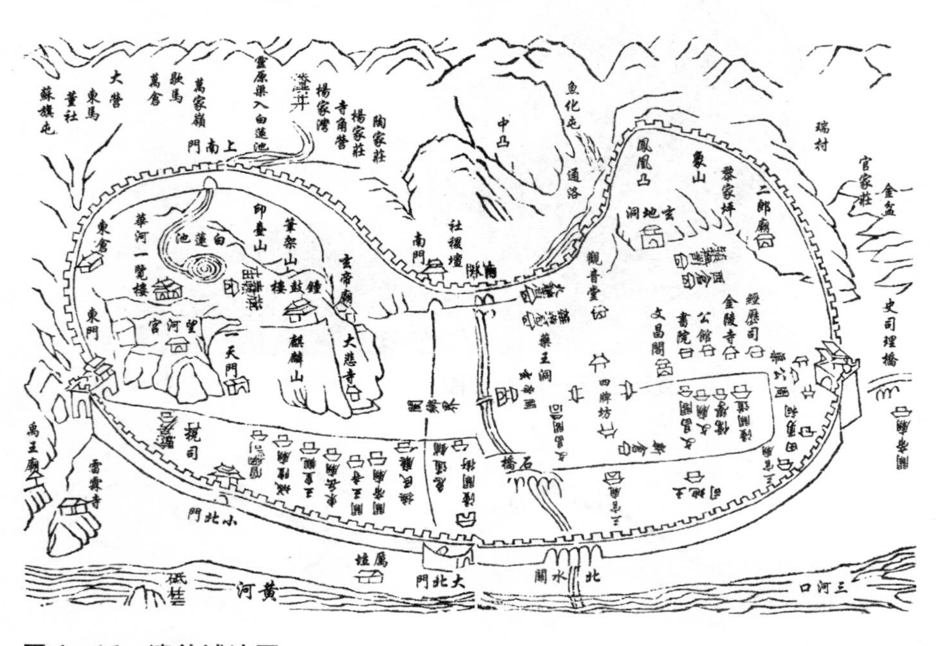

图 4 – 16　潼关城池图

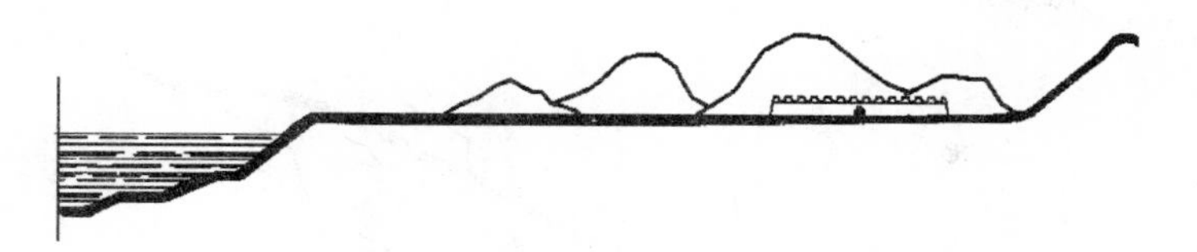

图 4 – 17　据山望河示意图

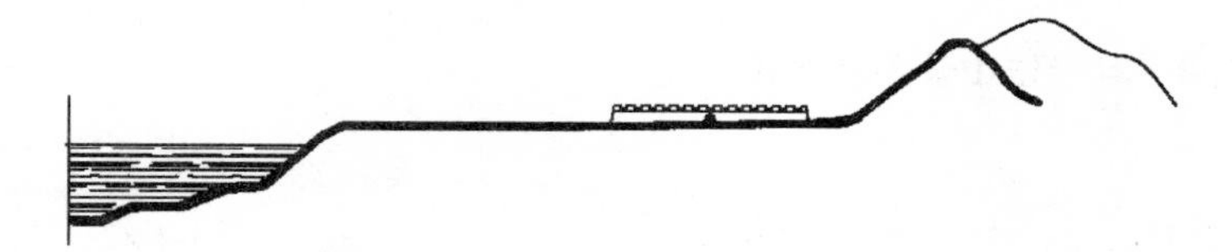

图 4 – 18　据山近河示意图

（5）据山滨河：城池靠近山塬，又濒临黄河，如蒲州城、芝川城。城市临水面往往成为城市的正面，蒲州城的西城墙一侧自然就十分重要（图 4 – 19、图 4 – 20）。

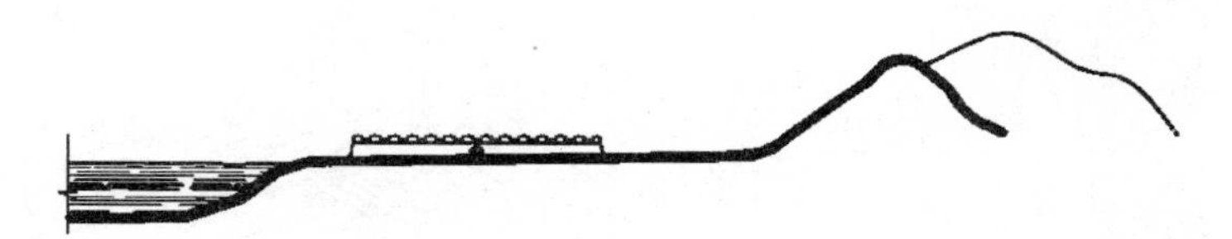

图 4 – 19　据山滨河示意图

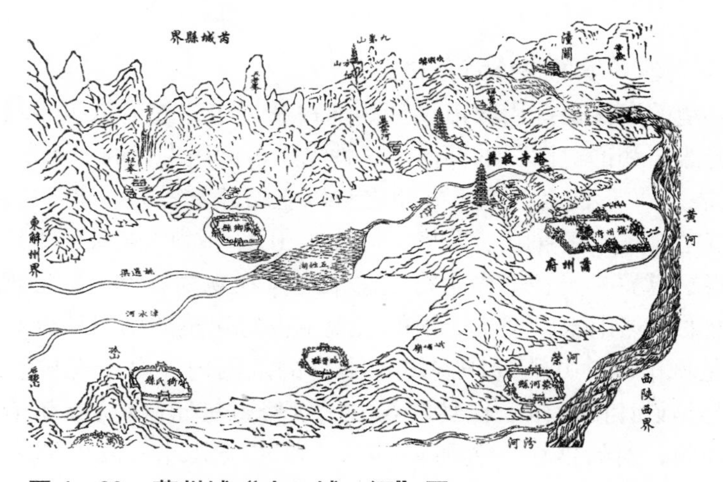

图 4 – 20　蒲州城“山 · 城 · 河”图

（6）依山滨河：城市处于山水之际，依山势布置，而且临河。

黄河晋陕沿岸的碛口、荣河两城属于此类。民国二十四年《荣河县志》：“城东倚崖坡，西逼黄流，城势东高西低。”（图 4 – 21、图 4 – 22）碛口也是背山面水。

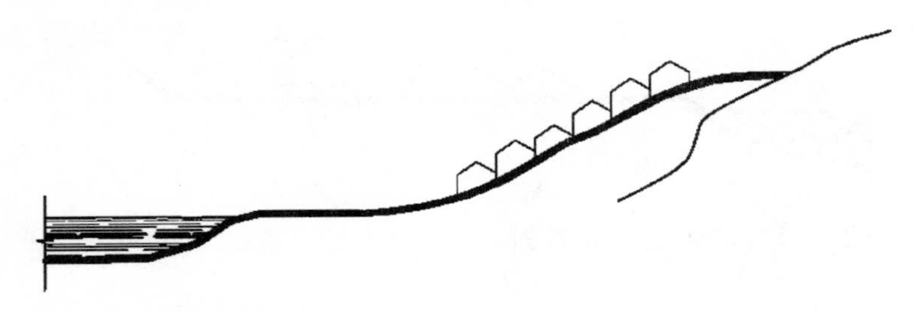

图 4－21　依山滨河示意图

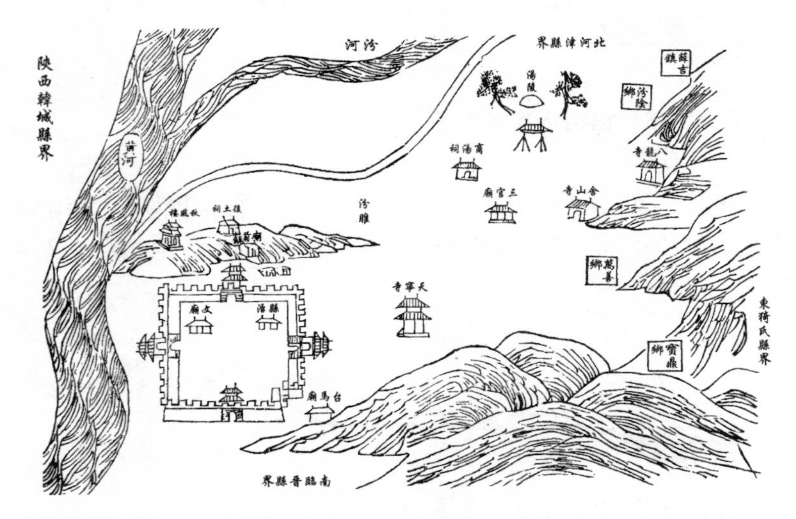

图 4－22　荣河“山·城·河”图

4. 城市与自然环境的整体意象格局

对自然环境的审视是古代城市设计的前提和城市建设的依据。城市设计和建设表现出对自然“和谐对话”的倾向。这种思想可借用古代的“形法”一个名词。《汉书·艺文志》:“形法者，大举九州之势以立城郭室舍。”“形法”的理念就是要在建设城市之前先要察看山水形势，提炼出山水环境的格局，即是前文提到的“城市整体意象格局”。吴良镛先生将之总结为“在规划设计上，宏观与微观相结合。将大尺度的自然山水以至于无垠的宏观宇宙与建筑的构图结合起来。”① “形法”思想就是城市设计并不局限在城市本身的范围内，对于视域能看到大尺度的山水环境都是设计的范围。佳县白云山《续修魁星庙碑记》：州治南十里许有横岭，峰层高耸，对峙郡城，黄河环其东，芦水绕其北，诚佳郡之胜景也。乾隆乙巳春，郡伯王公卜建魁星庙于此。② 从康熙四十二年的《韩城县志续》中对韩城县城形胜的表述就可以看出：“西枕梁麓，千岩警秀；北峙龙门，九曲奔流；诸水襟带其前，大河朝宗于外。崇峦峻岭，回环叠抱；封域宅中地造天设。

① 吴良镛．中国传统人居环境理念对当代城市设计的启示．世界建筑．No1. 2000

② 云子、李振海．白云山碑文．内部资料．2002

登高而望之，如织如绣，郁郁葱葱，声名文物之盛雄于西京非偶然也。”

笼山滨河的有潼关。据塬滨河的有蒲州、朝邑、荣河、河曲；据塬望河的有韩城、河津；冠山俯河的有府谷、保德、佳县、吴堡；依山滨河的有碛口。这种山水关系是一种小格局，它限于与城直接相关的山、塬、水的关系。在黄河晋陕沿岸城市的山水格局中，除了城市对黄河、山塬的笼山滨河、据塬滨河、据塬望河、冠山俯河、依山滨河等5种关系之外，还有一种更大的山水格局，即“城市形胜格局”。它从更大的区域来审视城市，去布局和规划城市，赋予城市以大气、雄壮而浪漫的色彩。

在古代志书中，对城市的形胜十分考究，以表述城市所在位置的重要性，其中最关键的就是城市与周围大的自然山水格局的关系。城市形胜在表达城市重要性的同时，还反映了古人对自己城市所在的环境的山水美的发现，这是构成城市意境的重要内容。这种山水关系，有的是明显的，人能够看得到。例如，蒲州城形胜，按唐元载中都议：河中之地，左右王都。黄河北来，太华南依，总水陆之形势，壮关河之气色。按旧志：西阻大河，东依太行，潼关在其南，龙门在其北。这样，蒲州的山水格局就不局限在“据塬滨河”的层面，城市周边较大范围内的西岳华山、潼关、黄河龙门、太行、黄河等自然要素都成为城市设计考虑的重要元素。由此可看出，中国古代城市设计十分关注城市与自然环境的关系，不仅是城市周围的环境，甚至更大范围的环境要素都考虑其中（图4－23）。其他城市亦然，河曲古城的形胜为：北枕高岗南临大涧，土坡陡峻，十里九沟。西北有黄河之险以阻隔群边；东北有偏关之塞，以保障全晋。保德州城形胜为：群山屹乎东南，黄河绕于西北。河津古城形胜为：河流环绕，山势曲盘，险扼龙门，西河要地。按县志，紫金北枕，峨岭南横，襟带河汾，控连雍豫；左姑射，右韩梁，秀丽雄深一方之胜概也。荣河县城形胜为：峨眉东环，洪流西带，北连汾水，南接百谷，远峙孤山之秀，近依脽土之雄。府谷城形胜为：境接沙漠，势据黄河，延安之藩篱。葭州城形胜为：乱山廻绕，川水夹流，崎岖险阻，边方用武之地。吴堡城形胜为，因黄河为池，据西山为城，边陲负险之地。从河津形胜图中可以看出这种把城市放在大尺度山水环境中来布局，将山水环境与人工建筑作整体考虑来设计城市意象格局的思想（图4－24）。

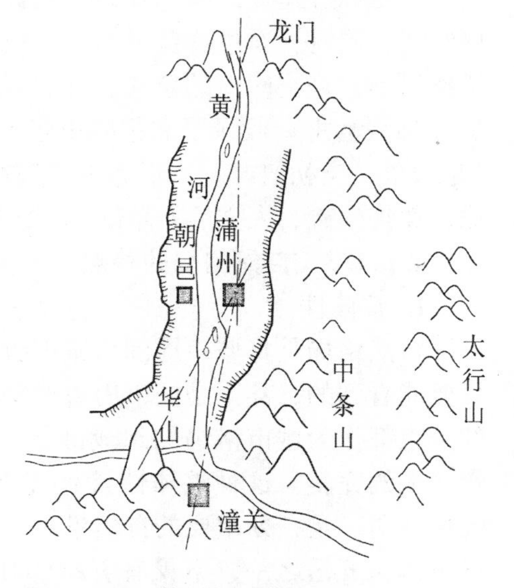

图4－23　蒲州形胜格局图

古人营建城市的方法是把城市及其周边的山、水、川、谷、塬、田、林等作为一个整体来营造，把城市放到大的山水形胜格局中审视。将人工建造的城市与自然

图4-24 河津形胜图

环境融为一体的营造理念，并不仅仅关注人工环境，它强调的是人工与自然共同融合而成的大的城市整体意象格局，这是中国古代城市设计的基础。古代城市的架构、标志、空间组织及其深层意境都与城市的整体意象有直接的关系。城市的整体意象结构并不是抽象的，而是具体的、可感知的，它是通过城市的轴线朝向、城门匾额题字、风景建筑的选位、关隘渡口布置、道路走向等具体的实物形式来展示的。

黄河晋陕沿岸城市的整体意象格局是城市与黄河、黄河上的重要渡口、山脉、关隘等重要元素形成的整体空间关系。这个空间关系是黄河城市设计的依据，一切标志建筑、风景建筑、道路结构等都是在城市整体意象格局中进行布局经营，同时，通过这些元素，也强化和突出了城市的整体意象格局。这种自然格局不只是空间上的意义，而且是城市设计"文荫思想"重要的体现。嘉靖版《韩城县志》收录了右都御史张士佩的《芝川镇城门楼记》，其中一段写到："是城也，当初筑时，一堪舆者登麓眺，惊曰：'芝川城塞韩峪口犹驪，龙口衔珠，珠将生辉，人文后必萃映，(图4-25)"。

4.1.1.3 自然格局的特点

1. 整体性

自然格局是将城市周围与城市有关的山、塬、河、湖、池、田等统一考虑，只要能看到的，甚至是城市周边重要的自然胜迹，尽管眼看不到，但能"神往"的，也都作为城市格局的组成部分。这种格局追寻一种自然空间的整体和文化意义上的完整。这种整体性具有艺术、夸张和想象的特点。例如，龙门相传是大禹开凿，是一处重要的自然景观、人文史迹，同时又是一处战略要地。同样，华山作为五岳之一，不仅有着雄伟壮丽的景观，更有着深厚的文化意义。作为处于龙门和华山之间的蒲州，天晴之时，可见华山，但龙门是看不见的。明代

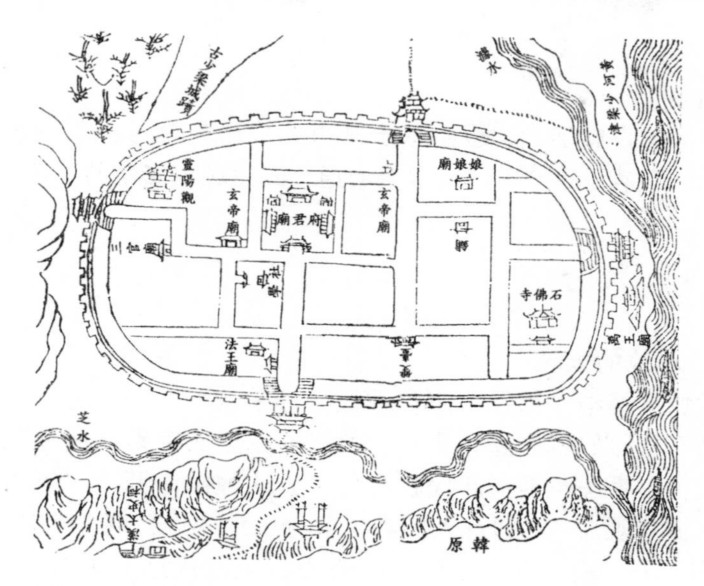

图 4 – 25　芝川城图

杨博在《河中形胜》一诗中对之描述道：“西连仙掌明初日，北接龙门起暮云。”可见，自然格局不仅是城市周边的自然要素，它是在大尺度的自然环境内寻察山水空间关系，而且有时还在于一种具有深层文化意义和象征意义的关系，例如府谷的千佛洞滨河处的拱门上悬一匾，上书“龙门在望”。实际上，府谷与龙门相距遥远，但还是要与龙门保持一种心理上的联系。

2. 理想性

由于风水文化的影响，对于自然格局的选择有一个标准，或一个理想模式。这一模式最典型的特点就是背山面水、左右均衡、四方辉映、位居中央。这在风水模式里可表述为：后有主山、少祖山、祖山，前有朝山、案山，左右有护山的“龙穴”。也就是通常所说的“四神相生”之地，即前朱雀、后玄武、左青龙、右白虎。荣河城与周围的山、水、川、谷构成一个理想格局：峨眉东环，洪流西带，北连汾水，南接百谷，远峙孤山之秀，近依脽土之雄。这种理想模式不仅体现在城市的营造中，庙宇、民宅等建筑的营造，也表现出追求理想环境的意向，以周边环境的气势与文脉增强建筑本身的崇高性。例如光绪二十七年（1901 年）《重修东岳庙暨南关帝土地诸神庙碑记》关于东岳庙的理想环境就记述道：“本郡阳王镇创建东岳神庙，南接嵋山钟毓之灵，北萃汾水精华之气，西含稷峰之清秀，东望郡之崚嶒，前后辉映而巍然居中，洵一方之保障。”

3. 生态性

自然格局是城市存在的生态基础。丰沛的水源、葱郁的山林、肥沃的耕地适于农业生产，便于气候调节。古代社会，城市周边的地形地貌、水质、土质、风向、地质、采光等要素是人们生存的生态基础。在“天人合一”哲学和风水思想的影响下，将城市的自然格局与城市的生存紧密联系在一起，奠定了城市存在的生态基础。

4. 防御性

城市着眼大的自然环境，也是基于城市的战略安全考虑。对于事关城市安全的形胜之地，必然设重要关隘，以塞交通，确保城市安全的生存环境。

4.1.2 轴线

4.1.2.1 轴线的概念

中国古代城市基本上都是采用中轴线处理手法，中轴作为城市的骨架组织整个城市空间。从原始城市遗址来看，商代的二里头宫殿已明显采用轴线来组织空间，轴线构图手法至迟在商代就出现了。这种做法源于“五方”观念。甲骨文中已有五方的观念，“远古人们为了区分土地、进行商业交通和军事征伐，逐渐确立了东、西、南、北、中的五方观念。至商代这种观念已经相当成熟、确定。”① 五方说以商所在的地域为中，称“中商”。“中”有了中央、权威的含义。到了周代，由于《周礼》的问世，使“中”有了礼制的含义，后经儒家对“中”新的阐释，使之上升到了人性、王道的“中庸”观念，成为人们处世、帝王治国最高标准。孔子说：“君子中庸，小人反中庸”。何为“中”?《中庸》中对中的解释是：“喜怒哀乐之未发，谓之中”。在此基础上，又有了“和”的概念：“发而皆中节，谓之和。”“中”是“天下之大本”，“和”是“天下之达道”，“致中和，天地位焉，万物育焉。”这样，“中”已是一个具有多重含义的崇高的复和概念。城市的中轴已不是简单的代表某一层面的含义，而具有政治、礼制、军事、交通、象征等含义，更是一个城市或城市营建者对文化理想和精神境界追求的表现。从而，城市的中轴线设计的含义是十分丰富的，是一个城市空间艺术成就的标志。轴线可分为实轴和虚轴两大类，实轴即以城市主要建筑的轴线以及中轴线的延长线为城市中轴的轴线；虚轴即为城市的主轴线上没有建筑物，仅作为道路处理的轴线。

4.1.2.2 轴线定位

即就是轴线的基准的确定。“轴的本质是一种基准，基准是形式的发生器，它确定形态的主要结构秩序，建立基准是轴的设计的基础。”② 城市轴线基准确定方法：自然形胜、人文史迹、均衡原则等。

1. 自然形态

城市所处的自然环境是城市轴线基准建立的基本方法。在城市所处的自然环境中，山水的特殊形式都会成为城市基准建立依据，城市的轴线都会与自然环境发生联系，将自然环境的有特殊意义的部分成为城市的有机构成，从而，

① 马中．中国哲人的大思路．陕西人民出版社．西安．1993

② 齐康．城市建筑．东南大学出版社．南京．2001

城市与自然环境建立起一种新的浑然一体的秩序。将城市通过轴线与自然环境有特殊意义的部分联系起来的理念和方法早在公元前 3 世纪的秦朝就已基本形成。秦代朝宫前殿的中轴线就是以南山的两个山峰为阙而确定的，“表南山之巅以为阙”①。在秦代，东海“国门”碣石宫的建设。“秦时海中有二对碣石对峙而立，宫殿南向取碣石中央为中轴。对峙碣石俨然门阙，正是《史记》所记载的碣石门……。”②（图 4－27、图 4－28）同样道理，隋代东都洛阳城的轴线直指南面的伊水流出的两山相夹的地方，称为“伊阙”。杨鸿勋先生讲道“宫殿建筑群所在的宫城中轴，是城市的主轴线，它南对则天门前的皇城端门和外廓城正门——定鼎门；北部对宫城北门玄武门，再北对圆壁南门和龙光门。这条中轴线延伸与自然环境取得轴线关系——南对伊阙，北对邙岭。”②（图 4－29）这种以自然环境中有特殊意义的部分为基础确定城市或建筑轴线的理念和方法，是一种追求人为环境与自然环境相融合的设计方法。

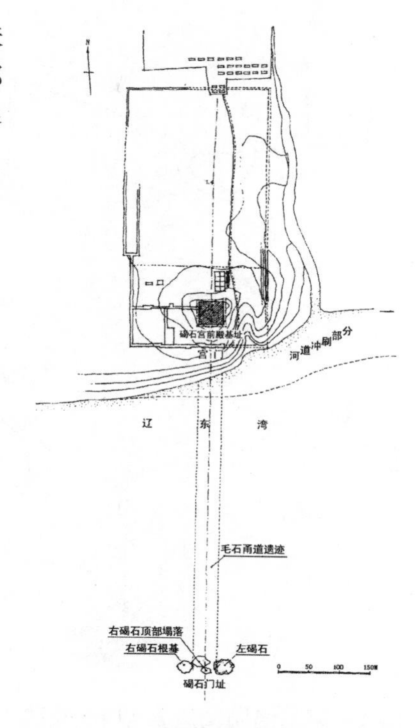

图 4－26　碣石宫遗址复原图

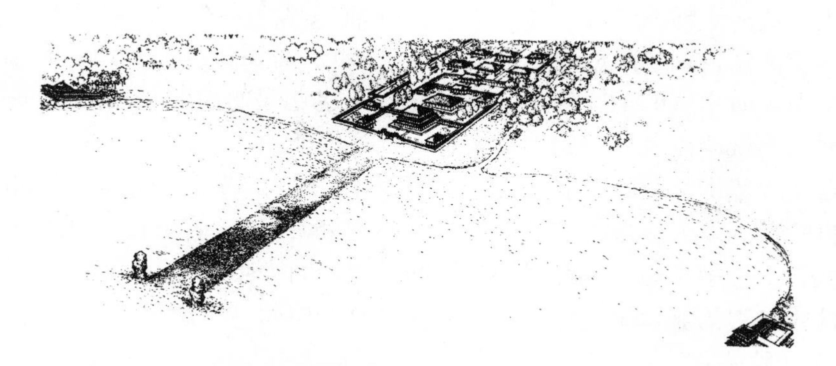

图 4－27　碣石宫遗址复原图

黄河晋陕沿岸城市中，河津、韩城、葭州、府谷、潼关等城的轴线均依据自然地形特征确定。河津老城就是依据城北的九龙山的形态确定了城市轴线的走向。“邑之北环拱皆丘阜，实紫金、姑射之麓。远自恒代吉隰而来，以至山尽

① ［清］顾炎武．历代宅京记．中华书局出版社．北京．2004

② 杨鸿勋．宫殿考古通论．紫禁城出版社．北京．2001

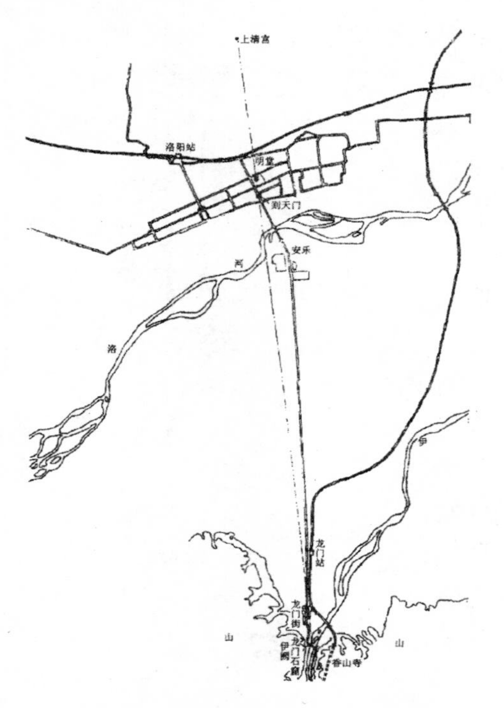
图 4-28　洛阳隋唐宫城中轴示意图

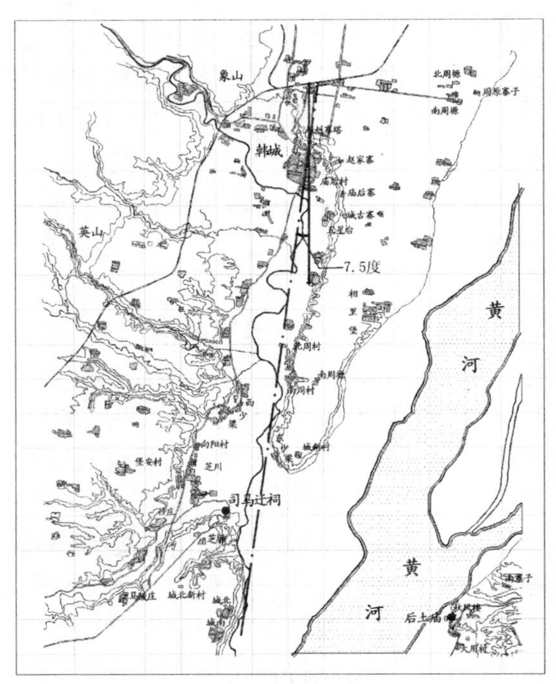
图 4-29　韩城城市轴线基准示意图

塬起，突兀高出，为邑主山。"①。韩城古城所在的环境正是一个相对封闭的小盆地，西、西北依山，北、东据塬，南瞰梁山，其间澽水、芝水从中穿过，从东南方向流入黄河。韩城县城坐南朝北，城市轴线朝向西少梁原与梁山之间澽水与黄河的交汇处，轴线南偏西 7.5°（图 4-30）。蒲州城滨临黄河，黄河在蒲州段朝向东南，蒲州城的轴线就顺应黄河的方向建立起的南北轴线也偏向东南度，这与蒲州城西城墙以及城外的大堤平行，就可佐证。

在自然环境十分复杂的情况下，由于自然环境的复杂、多变，城市的建设就顺应自然形态发展，城市的轴线往往并不十分明确。《管子》："因天时，就地利，故城郭不必中规矩，道路不必中准绳。"城市因地制宜，顺着山势的走向建立起一种较自由的城市轴向结构。典型实例就是葭州城、潼关城。

2. 人文胜迹

城市周边的人文史迹往往是在这一地区有着深厚文化传统和内涵，往往有神圣性、纪念性、情感性、传承性，同时兼有观赏性。人文史迹的选址往往在山水环境较险要的位置，成为地方环境的标志。正是由于人文史迹的这些特点，城市的建设往往与这些人文史迹建立起轴线关系，成为城市的组成部分。城市通过轴线与人文史迹建立起视觉联系，加强城市的文化象征意义和精神含义。蒲州古城的轴线的确定在受到黄河影响的同时，也受到人文史迹的影响。在蒲

① 摘自明万历六年（1578）《重修玄帝庙并增建洞阁记》

州城南 5 公里处即为古代的蒲坂古城，相传为舜建都之处，为一处胜迹。古城东、西两城的轴线交会于蒲坂城旧址，其北振威门上也建有顺风楼，东城舜帝庙南城楼上建薰风楼，取舜曾作《薰风歌》之意，舜帝庙、薰风楼直对蒲坂古城，形成一种文化上的深层关系。(图 4－31)

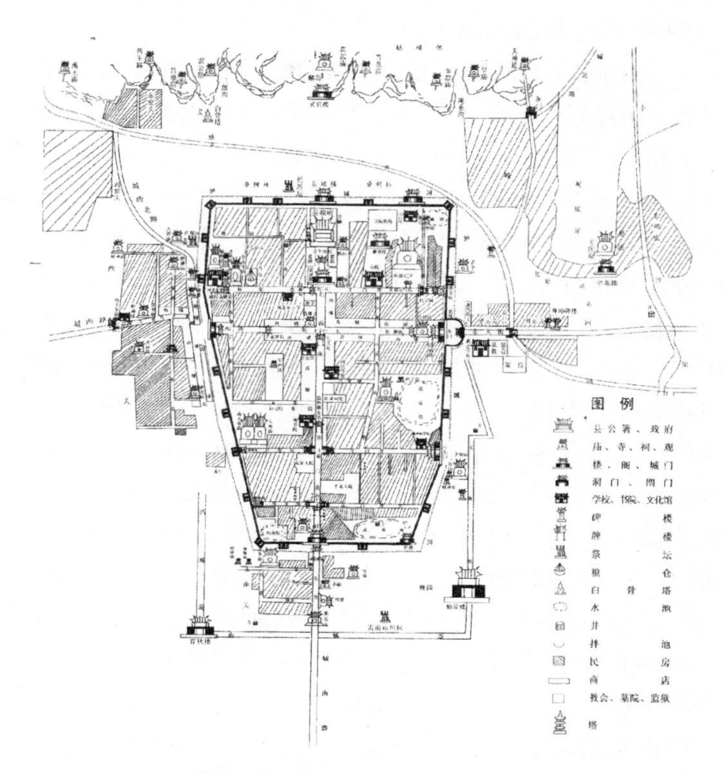

图 4－30　河津古城格局示意图

图 4－31　蒲州薰风楼图

这种以人文史迹确定城市轴线走向的城市，多是由于新城脱胎于古城，原有古城或其留下的文物在历史上具有重要文化意义、情感意义或重大价值，新建的城市就会与这些古迹建立一种空间的秩序，以体现一种文化的延续，情感的寄托。

4.1.2.3 轴线布局及其构成要素

杨宽先生在《中国古代都城制度史》指出，现在可知的最早用轴线组织大尺度城市空间要素的城市是东汉洛阳。整座城市从南到北分别为圜丘、洛河、明堂、灵台、平常门、南宫、复道、北宫、北城垣、邙山，这些要素构成了城市轴线。这尽管与汉长安城的格局已明显不同，有了一条南北轴线，但轴线上空间划分、节奏及其含义缺乏秩序感和整体性。后来曹魏邺城在这些方面取得突破，城市形成明确的中轴线。从中阳门（董鉴泓《中国城市建设史》的图中为雍阳门）经三坊（董鉴泓《中国城市建设史》的图中为四坊）到延秋门、长春门围合的广场，进入宫城，钟鼓楼对峙，烘托进入文昌殿（朝会之所）的气氛，后经端门进入文昌殿及后宫，形成完整的序列，这个序列有起承转合的空间组织，在中国城建史上有着里程碑意义。随后的隋唐长安、宋东京、元大都、明清北京等都城均采用这种宫城居中的模式。这种城市以宫城的轴线为整个城市的轴线，整个城市的主要建筑均以轴线为基准，结合周围的山水环境和自然地貌，对称布局。这种规划设计方法在地方府、县城的设计中，也较为常见。黄河晋陕沿岸的河津、保德城就采用了这种方法。河津城以衙署的轴线与城市的中轴线合二为一。衙署真武楼前即位南北大街，从真武楼，到东西街口、经礼仪坊、父子进士坊、刘家牌坊等三道牌楼，出南门，直通汾河，南门外东西两侧分别建魁星楼和春秋楼，以增助城市景观和文化意义。这条轴线向北正对卧麟岗的真武阁，南达汾河桥（图4－30）。保德城也是以州署为中心，其前正南为南北大街，东西也为街道。这类城市的布局往往采用“T”字结构。“T”字结构中，在纵横交汇之处成为这一结构的重要节点，往往设计标志建筑；在纵向设计多处牌楼，以划分空间；其他重要建筑围绕这条轴线均衡布置。

另一类布局模式即“I”字形模式。这类城市的轴线并没有与衙署轴线重合，而是直接由南门直达北门，将城市分为两部分。明清西安城、榆林城即是典型代表。这两座城市的衙署建筑都位于城市的东北方，南北轴线上仅仅布置了标志建筑和一些牌楼。西安城在明初时，轴线上除了南门、北门以外，再没有规划其他建筑，直到崇祯年间才将钟楼移建到东、西、南、北四条大街的交汇口，亦然保持了城市的虚轴特征。榆林城更突出地表现了这一点，榆林城最初建于明正统十四年（公元1451年），采用了虚轴布局，经过多次扩建，都沿河向南发展，形成了“六楼骑街”的格局，成为城市的一大景致。黄河晋陕沿岸城市中尤为突出，有蒲州、韩城、吴堡、府谷、碛口。这类城市的中轴线就是城市的主干道路，两侧均为商铺，形成全城的商业中心。城内其他道路都与之相连接，成为交通枢纽。在轴线与主要道路交叉口，成为城市的公共活动中心。为了减弱轴线的单调，这类轴线上也设计牌楼、钟楼、鼓楼、宝塔等建筑，达到“应风水，壮观瞻”的效果。这种划分也加强了城市的防御功能。钟鼓楼往往处在四衢交汇之处，处于轴心的中部而成为全城的中心；轴线上的塔，往往处于轴线的尽端，而成为轴线的对景。这些城市轴线多采用“正中求变”、“直中求曲”的手法。蒲州、韩城、碛口等城市轴线由于自然环境和文化传统的影响并没有取向正南正北的模式，依据自身特点选取，均有偏角，蒲州南偏东25°，韩城南偏西7.5°，体现了尊崇法度又不失灵活的“正中求变”的设计特点。同时，轴线也并不是直线，蒲州城就是南面与北门错位，韩城的轴线本身就有适度折曲。这些设计手法从实际体验中就感受到空间的丰富变化的趣味性，韩城中轴线上纠纠寨塔与街道空间的丰富的变化关系就证明了这一点。

轴线布置中还有“Y”字形模式，葭州城、府谷城属于此类。这类模式中，道路呈现出“一主多次”的特点，多条道路交汇于一处，这个交点往往设计标志建筑，例如钟鼓楼、阁等建筑；其他重要建筑均以主轴为基准展开布置。

总结“T”“I”“Y”等类型的轴线处理方式，表现出以下特点：

（1）轴线走向与自然环境有着密切的关系，城市轴线往往朝向自然景致特异之处，或在轴线延长线上建造景观建筑，依山或“置塔”、或“设庙”，凭水“布桥”。这些建筑是城市轴线的重要组成部分，与之形成一个整体。

（2）城市轴线走向总体上强调“取正”，黄河城市结合环境特征，轴线走向呈现“直中求曲”的特点；

（3）钟鼓楼、塔等标志建筑均设计在轴线上，以“壮观瞻”，增加了轴线空间的艺术性，同时强化城市的防御功能。“I”形轴线的标志建筑往往处于轴线端部；“T”形和“Y”形轴线的标志建筑往往设计在交叉点，处于城市的中心。

（4）轴线往往被牌楼划分成若干空间，形成一个节奏化、秩序化的空间。

（5）城市轴线是一个城市精神的集中展示，重要的建筑均以轴线为基准布置。

4.1.2.4 轴线的特点

城市轴线对于城市空间的组织、城市发展、城市文化及交通等均有十分重要的影响，中轴的特点正是基于这种对城市的影响而形成的，概括起来具有方向性、精神性、序列性、生长性和交通性的特点。

1. 方向性

轴线最为突出的特征就是具有方向性。城市有了轴线就有了指向的方向。在中国古代城市里，轴线指向何方、与周围的环境是一种什么样的关系，对城市的营造家们是十分重要的事情。因为直接关系到城市与环境的关系，关系到城市的文化意义、关系到城市的景观，甚至关系到城市的祸福。同时，城市轴线一旦确定，城市用地就产生出前后左右的尊卑秩序，直接影响到城市各类功能的布局和建设，影响到城市的整体格局。所以，城市轴线的方向性是城市营造的大事，也是研究古代城市必须重视的问题。

2. 精神性

城市轴线作为城市空间组织秩序的主干，也集中体现了城市的文化精神。城市主要的文化与宗教建筑多以城市轴线为基准而布局的，形成了佛与道、文与武东西相对的文化结构。在轴线的末端或中心往往建造城市标志建筑，以壮观瞻。河津、府谷的钟楼，葭州的观音阁、韩城的纠纠寨塔等作为城市轴线的标志建筑，多被文人雅士为之赋诗咏唱，从而成为城市文化孕育之地。城市主要轴线又是城市人流集中之处，往往建造诸多牌坊，旌表中举、忠孝、节烈之士，葭州、韩城、河津中轴线上的牌楼就属此类。

3. 序列性

城市的轴线是一个完整的序列空间。在这个序列空间里人们的视线是流动的，转折的，由高转深，由深转近，曲折迂回，构成了一个节奏化的空间。以韩城为例，南起毓秀桥，北至金塔，全长 1200 米。这条轴线总体分为三段：从毓秀桥到南门的南段；从南门到北门的中段；从北门到金塔的北段。其间有毓秀桥、南城门、金城大街牌楼、北城门、纠纠寨塔等主要节点。在这个序列空间里，当人们远望古城，便看到古城标志——古塔；行至轴线南端的毓秀桥，视线正对赵家堡；行至南关时，古塔隐约出现；到金城大街南部，纠纠寨塔时隐时现，北部就十分明显的称为城市街道的对景；等沿台阶登上回望古城，逐渐俯瞰到城市；待登到塔顶便可俯瞰整个城市与自然环境交织的景观，古城、黄河、司马迁祠、山塬等尽收眼底（表 4－1）。中轴的序列性是突出精神性的重要手段。

韩城古城轴线景观时空变化图　　　　**表 4－1**

a 远望古城	b 毓秀桥头	c 望河楼与赵家堡	d 南关望塔
e 金城大街望塔 1	f 金城大街望塔 2	g 金城大街望塔 3	h 北门望塔 1

续表

i 北关望塔 2	j 登塔过程俯瞰 1	k 登塔过程俯瞰 2	l 塔顶俯瞰

4. 生长性

城市轴线不是短时间内形成的，而是建设中秉承原初的规划思想，历经各时期的建设逐步形成的。轴线走向一旦确立就会延续下来，具有相当的稳定性。以河津老城为例，城市在确立衙署之后，确定城市轴线，在元、明、清三朝逐步完善。卧麟岗、文武楼、牌楼、钟楼、真武楼等建筑建成后，城市轴线逐步完善。

5. 交通性

城市的中轴线又是城市的主要交通轴，以中轴为主干向两侧延伸支路，形成城市主要的道路结构。中轴两侧店铺林立，是城市进行商业活动的场所，人流集中。于是，中轴线在城市所有道路中，尺度最宽，人流车流最为集中。有的城市中轴线由于交通量大，在石板路面上留下深深的车辙，成为一道景观。

4.1.3　骨架

《辞海》中对“骨”解释为支撑物体的骨架，对“架”解释为物的骨骼。《辞海》对骨架的解释：“大型结构（如船、飞机等）为支撑外壳板并保证强度和刚度，用型材或组合型材构成的格子型框架。”由此可见，骨架一词主要是指支撑起物体的结构。将骨架一词用到城市设计中，是指支撑起城市空间形态的结构性要素，主要是指决定城市形态的道路、水系、城墙等组成的结构。

4.1.3.1　骨架的构成要素

骨架是由街、巷、胡同以及城墙、护城河、城内地形组成的结构。通往主要城门的道路为主干道，称“街”；连接主干道路的路为次干道，称“巷”；其余或称“巷”、或称“胡同”。

1. 主街与次街

主街与次街构成骨架的主干，主街往往是城市的中轴。主街和次街的走向均表现出与自然环境的亲近，或与周围人文环境的融合。韩城的学巷与东边的山塬、保德的东街与府谷老城的关系就说明了这个特点。城市通过主街或次街的走向、城门的朝向，与周围环境建立脉络上的联系。通过城市骨架的主干，使得城市与自然格局联系起来。而且，由于主、次街道作为通往城门的干道，影响着城市的发展方向，城市往往沿着主、次街道向城外发展，成为城市的生长轴。

2. 巷

仅次于街道的通道，多垂直于街道或连接主要干道。多数巷垂直街道，直达城墙根。巷的功能纯粹是生活性质的。

3. 胡同

巷道向居民区继续延伸的部分，胡同的领域性更强，更内向。

4. 城墙、护城河

城墙与护城河本是“边界”的组成部分，但同时它又对城市骨架形态的定型起着至关重要的作用。城墙所围合的城市的形状或规则、或不规则，城墙均起着重要作用。

5. 水系

城市中的水系对于城市各功能区的布置，对于城市道路格局的形成起着十分重要的作用，例如潼关城中的潼河对城市格局的影响，从而产生了东西两部分的特点。河津城中大面积的池塘也影响到城市各部分的关系。

6. 特殊地形

由于地形不同，道路的走向就不一样，城市的形态也就不一样。例如潼关的麒麟山、凤山、象山等与潼河、道路结构等共同构成了城市的骨架；葭州城由于山体的形势，决定了葭州城的骨架；保德城由于地势北小南大，城墙因势而筑，形成了北小南大的“葫芦城”，城市的骨架也随之变化。

4.1.3.2　骨架的结构

1. 整体结构

城市骨架源于对城市自然格局的认知，在对自然格局把握的基础上，寻找出建构城市骨架的切入点。黄河晋陕沿岸城市的城市骨架的建构中，黄河及其周围的山塬影响十分明显。潼关城将麒麟山、凤山、潼河作为城市的骨架；葭州城因山就势，川河夹城，状似“蝎形”，城面向葭芦河、黄河各开一门，西曰通秦、东曰俯晋。俗称水门和碳门。河津老城与周边的卧麟岗有着密切的关系。卧麟岗东起观底，西至西窑头，东西全长1.5公里。老城的中轴线上取一点，与观底、西窑头连接城等边三角形，就会发现：河津老城的骨架结构就在这个等边三角形内建构。衙署正门真武楼正处于等边三角形的重心处。城墙东南的走向、西南转角的位置都被这个三角形所确定。真武楼向南100米，即东西大街。由城市自然格局确定了城市的中心——衙署的真武楼，从而确定城市的衙署、文庙、东西街等骨架要素。这样，从城南仰望老城和卧麟岗就有一个最佳的水平视角60°。通过这种手法，将城市与周边环境紧密联系在一起，增助了城市的气势和景观。

2. 骨架的内聚力

城市骨架的整体结构表现在骨架各要素之间有一种内聚力，各要素之间不是简单的拼凑，而是要素之间相互的内在交合。这是中国古代城市非常明显的一个特征。从一张能表现城市历时空间的图纸中，就能感受这个特点。传统的城市骨架更多的出于对自然环境的尊重，城市骨架顺应自然环境建构。内聚力最主要的表现为两个方面，一是所有元素的方向性；二是元素之间的尺度关系。具体表现在城市街区的规模、巷道尺度、街巷的走向、建筑的朝向、构成骨架的重要元素与轴的关系等。

3. 骨架交叉处

城市骨架的交叉形成有三种，即十字结构、丁字结构、道路末端。十字结构在黄河晋陕沿岸城市里较少，多为丁字结构。韩城老城中十字口仅有两个，丁字口多达 19 处。依照民间的传统说法，这种规划是为了避免邪气入侵。民间认为恶鬼凶煞只会直线行走，因此，处于丁字口正对面的住宅就是邪气最易直入的地方。这种地方风水中称“冲口”，《阳宅十书》云：“凡宅，不居当冲口处，……”。一般住宅的入口均避免直对巷道，丁字口在交叉处和胡同的末端多为庙宇，有的设计为泰山石敢当。丁字口交叉处的庙宇多为神庙镇之，成为巷道的公共活动中心。胡同的尽端，往往设计成为神龛，而不作为住宅入口处。例如韩城某胡同尽端设计为一菩萨庙，饰有“神灵恩广大；慈爱意分明”的对联。孙宗文先生在《中国建筑与哲学》一书中指出：“石敢当至迟在晚唐之前就为人所崇信而植碑的风俗。”① 《鲁班经》对泰山石敢当注解到：“高四尺八寸，阔一尺二寸，厚四寸，埋入土八寸。凡凿石敢当，须择冬至日后甲辰、丙辰、戊辰、庚辰、壬辰、甲寅、丙寅、戊寅、庚寅、壬寅，此十二日乃龙虎日，用之吉。至除夜用生肉三片祭之，新正寅时立于门首，莫与外人见。”这些庙宇、神龛、和泰山石敢当均有文化上的意义，同时又是整体构架上的连接点，起到了对景的作用，使得巷道空间更为丰富。对于丁字路还有一种说法就是宋代太原城。丁字路还有最为重要的一个因素就是防御性。城市骨架是城市防御的最为重要的要素之一。城墙、护城河本身就是防御设施，城市的道路是防御外贼侵入。

4.1.3.3　骨架秩序

骨架的秩序表现在空间尺度、围合立面、天空覆盖面、铺地设计等方面。

1. 空间尺度

空间尺度是由围合空间的建筑的体量与建筑之间距离的比例关系决定的，也就是通常所说的高宽比。从街到胡同的空间尺度逐渐小，主街的高宽比一般为 1∶1。韩城老城的主街沿街建筑以店铺为主，均为砖木结构二层双坡硬山屋顶；街道两侧建筑向街的屋顶形成一个灰色空间，檐口到街道的高度为 8 米，街的宽度为 8 米。但以砖木结构的房屋与砖石结构的窑洞所形成的街道高宽比是有区别的。葭州城主街宽度为 6 米，两侧建筑为一层窑洞式店铺，建筑高度为 5 米。葭州城主街高宽比为 1∶1.2。(表 4－2)

① 孙宗文著．中国建筑与哲学．江苏科学技术出版社．2000

城市街巷尺度对比　　表4-2

城市		街	巷	小巷或胡同
韩城	图			
	高宽比	1:1	2:1	3:1
葭州	图			
	高宽比	1:1.2	2.5:1	4:1

2. 围合立面

街道的高宽比即使相同，由于围合立面的虚实程度不同，围合的空间感受就不同。处理立面的建筑材料多用木、砖、石。用木材围护，显得虚灵，砖、石较为封闭。虚面越多，街道空间的渗透性越强，便于商业活动。若虚面少，空间的渗透性差。韩城的主街道两侧店铺均为前店后宅、上仓下店，立面以木条板、木棂窗作为主要围护要素，色彩多为赭石色。葭州城的主街道两侧店铺均为窑洞，由于结构的影响，立面有相当部分为砖石砌筑，上做小青瓦瓦檐，窑口均采用木格窗棂和木质门板。与韩城主街相比，葭州主街立面中"实面"较"虚面"多。但连续的窑口拱券形成一种有节奏的变化和跳动的韵律，打破了因石棉增多给街道带来的封闭感。巷与胡同多为砖墙或石砌墙面围合，显得空间较为封闭，而且随着进一步的深入，胡同的空间尺度变小，显得更为封闭。

3. 天空覆盖面

街、巷、胡同两侧建筑的屋檐或其他凸出物形成的边缘线与天空形成的街巷覆盖面。主街的尺度较大，建筑围合较为整齐，透视感较强，但主街一般都是直中有曲，再加上牌楼的划分和对景手法的使用，增加了城市空间的深度感，城市与天空呈现出咬合的关系。巷与胡同利用屋顶、墀头、山墙、门楼等要素的高低错落、前后进退，形成了一种曲折参差的关系，空间与天空的咬合程度最强。

4. 铺地设计

铺地是体现城市空间等级秩序的重要要素之一，不同层次的道路所采用的铺地形式是不同的。主街多采用青石铺面，也有砖铺路面。韩城、葭州主街铺面均为石铺路面。韩城的主街铺面中间有 1 米宽纵向通铺青石御道，两侧为砂石石条横铺。葭州主街均为一尺见方的青石块铺面。河津老城主街为青砖铺面。主要巷道多为砖铺或砖石相间铺面；次级的巷道、胡同多为土路。

4.1.3.4　骨架的特点

1. 整体性

城市的骨架是在对自然格局认知的基础上，沿着城市的轴线展开的，并在逐步适应不同的自然环境和人文条件的基础上成熟的。骨架的各个组成要素之间形成具有内聚力的整体结构。这种整体性是建立在一种秩序的基础之上，各元素之间的秩序确保了骨架的整体性。此外，传统的城市骨架往往具有深厚的文化象征，例如，卧牛城、凤凰城、龟城等等，所有骨架元素都统一在这个象征物里，有各自的含义。

2. 稳定性

城市骨架的产生是基于长期的发展，积淀而成的，一旦形成就有相当的稳定性。由于城市骨架往往具有文化象征意义，在传统社会里，人们对这种象征所蕴含的文化意义是十分尊崇的，城市的更替、变迁的过程中对骨架结构往往予以保护。更重要的是，这种城市骨架，是人们长期适应自然环境的结果，具有科学性。葭州古城到今天为止，仍在原址发展。为了适应新的交通工具的需要，对城市道路进行拓宽，但城市骨架仍延续原来的结构不变。

3. 交通性

城市的骨架在很大意义上担负着城市的交通作用。城市骨架中各条街巷、道路都承担着不同的交通任务，或车行、或步行，组成一个交通系统。担负交通任务的同时，还有一种十分重要的功能就是与交通紧密相连的“防御功能”。当外来敌人侵袭城市时，城市的骨架有助于防卫和抵抗，有助于迷惑敌人对方向的辨别力。传统城市的“丁”字路较多，就是起到这方面的作用。

4.1.4　标志

凯文·林奇在《城市意象》一书中指出：“标志是观察者的外部参数点，是变化无穷的简单的形体要素。城市居民依靠标志系统作向导的趋势日益增加。也就是说，对独一无二的特殊性的关注胜过了对连续性的关注。”[①] 中国古代城市都有结合各自城市的自然环境、文化传统而形成的城市标志。这个标志有自然环境标志、人文建筑标志。这些标志成为城市最为突出的形象特征，使人们记忆深刻。黄河城市中，黄河无疑是城市最为突出的环境标志。黄河及其两岸的自然环境共同成黄河城市的环境背景，在这个背景中的一些制高点、控制点

① 凯文·林奇．城市意象．华夏出版社．2000

等经过人们长期的经营，进行了人工与环境的融合，形成了极具特色的城市标志建筑。城市的标志建筑往往不止一处，依据城市的不同环境有着不同的标志建筑。例如，蒲州古城，从朝邑方向，历史上的标志建筑就有鹳雀楼、蒲津桥、城墙、普救寺塔。这些标志建筑中，鹳雀楼是最重要的，但历史城市的标志往往给人以综合印象，是以这些标志建筑在城市中经营的位置远近、建筑造型对人的吸引程度共同决定的。

4.1.4.1 建筑标志的类型

（1）按标志建筑分布的位置来分

标志建筑的位置与城市形态的格局紧密联系在一起。黄河两岸“凭河而立，东西相对”的城市分布形态，决定了标志建筑的形态。纵观标志建筑所处的位置可以明显看出有“两线一中、东西相望”的布置特点。两线为城市的黄河沿线和山塬沿线；一中即城市中心处，一般在城市道路交汇处。

（2）按建筑类型

中国古代城市的标志建筑往往有城楼、钟鼓楼、塔、阁等建筑形式。黄河城市由于地形复杂，标志建筑的形式除了这些塔、楼、阁等类型之外。这些建筑以塔作为黄河城市标志建筑的有蒲州、朝邑、韩城、佳县、河曲；楼作为标志建筑的有蒲州、朝邑、荣河、府谷；桥作为标志建筑的城市有蒲州、韩城；庙作为城市标志建筑的有佳县、府谷、碛口。

4.1.4.2 标志建筑与环境

形成标志建筑最为重要的条件就是其存在的自然环境，这种环境正是城市与自然环境的契合点，往往具有迎山接水、地势奇异、形胜要塞、高屋建瓴等环境特征。这些契合点是人工环境与自然环境的交融之处，正如吴良镛先生提出的“关键地段”。“城市设计、风景区的规划、景点的创造除了全局在胸外，还要把力量集中在‘关键地段’上。城市设计工作者需要有宽阔的胸怀、即兴的豪情，才能‘振衣千仞岗，濯足万里流’，把这种山水感情落实到环境的建设上来。关键地区找准了，创作的主题找准了，‘意境’形成了，再精心推敲形式，就可以形成城市典型地区的典型特色。用古人的话来说，这叫作妙造自然。”① 黄河晋陕沿岸的城市与自然环境有着紧密的关系，标志建筑正是人们长期审视城市所在的山水环境特征之后所选择的。这种契合点或“关键地段”，依据城市与山水的不同关系有不同的形式特点。黄河晋陕沿岸历史城市与山水的关系有笼山滨河、冠山俯河、据山滨河、据山望河、据山近河、依山滨河等六种关系。

1. 笼山滨河

这种城市有潼关。这类城与山水环境的契合点为山顶与山河交界两处（见图4-32）。

潼关的东门、山顶的“山河一览楼”、钟鼓楼正处在这两处契合点上。山河

---

① 吴良镛．人居环境科学导论．中国建筑工业出版社．北京．2001

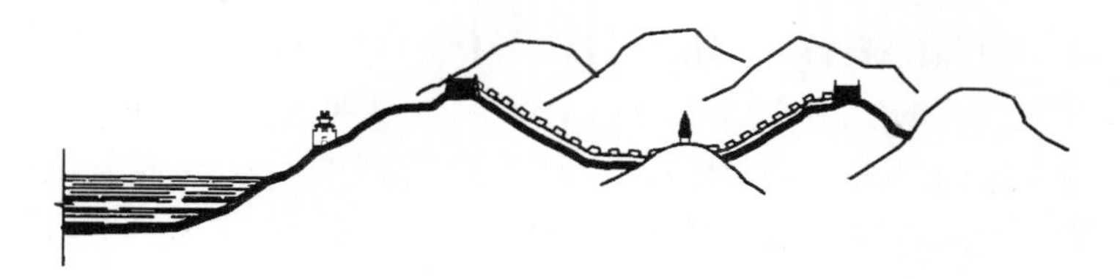

图4－32 笼山滨河城市标志示意图

一览楼始建于明万历年间，由兵宪张维新创建，居于城中的麒麟山上，俯瞰黄河，将山水收于一楼。潼关东门创建于年，雄踞于山河交汇之际，扼守东部通往关中的孔道，号称“第一关”。城楼南接城墙，盘旋至山顶；北临大河，雄峙大河，实为“一夫当关，万夫莫开”，具有形胜要塞的特征。潼关八景之首的“雄关虎踞”就是此处。(图4－33)

图4－33 潼关城山水环境图

2. 冠山俯河

这种城市有府谷、保德、佳县、吴堡；这类城市均居于山顶，形成一种俯瞰黄河的态势。这类城市多在山顶上建设标志建筑，俯瞰黄河（图4－34）。例

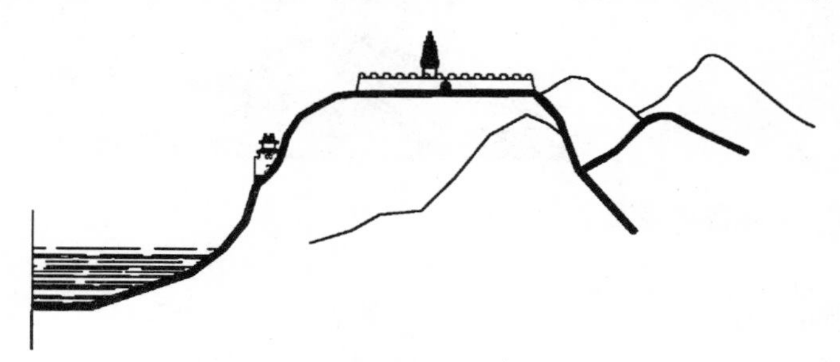

图4－34 冠山俯河城市标志示意图

如府谷的钟楼、葭州的观音阁与凌云鼎、吴堡的魁星阁等建筑均雄踞山颠，增强了城市的气势。同时，由于城市高居山颠，山顶到黄河之间的垂直落差较大，这类城市往往在这个落差之间因地制宜建造标志建筑。例如府谷的千佛洞、葭州的香炉寺等，通过这些建筑，将城市与山、黄河紧密联系在一起。（图 4－35、图 4－36、图 4－37）

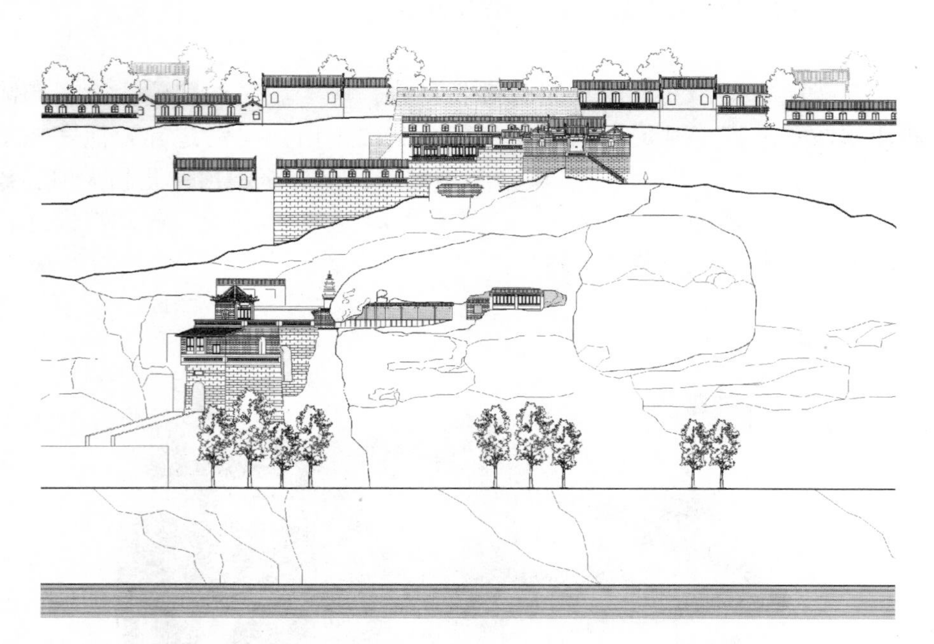

图 4－35　府谷千佛洞立面图

图 4－36　佳县香炉寺图（国画）

3. 据山滨河

这种城市有蒲州、朝邑、荣河、河曲；这类城市与山水环境的契合点有两处，一是城与塬的交汇处；一是城与河的交汇处（图 4－38）。城与塬的交汇处

图 4－37　佳县香炉寺图

是俯瞰城市的好视点，具有高屋建瓴的特征。黄河城市这里多建塔、楼等建筑，成为城市的标志。蒲州的塔即普救寺塔，俗称莺莺塔，位于城外东侧的峨眉塬上普救寺，始建于唐代，为佛塔。河曲据塬处建造文风塔。另一处是城与河的交汇处，此处多建楼阁。楼阁多建在河畔与临近城市的河中的土丘或山岛之上。蒲州的鹳雀楼位于黄河中的山岛之上。沈括在《梦溪笔谈》中记述道："河中府鹳雀楼三层，前瞻中条，下瞰大河，唐人留诗者甚多。"朝邑的春秋楼、河曲的护城楼均居于河畔。

4. 据山近河

这类城市有朝邑。城市与自然的契合点有两处，一是山塬，二是城市与黄河之间的空地（图 4－39）。最重要的是山塬。朝邑的金龙寺塔、岱祠岑楼，都位于朝邑古城西侧的朝坂之上。在城市与黄河的空地之上建有楼阁。

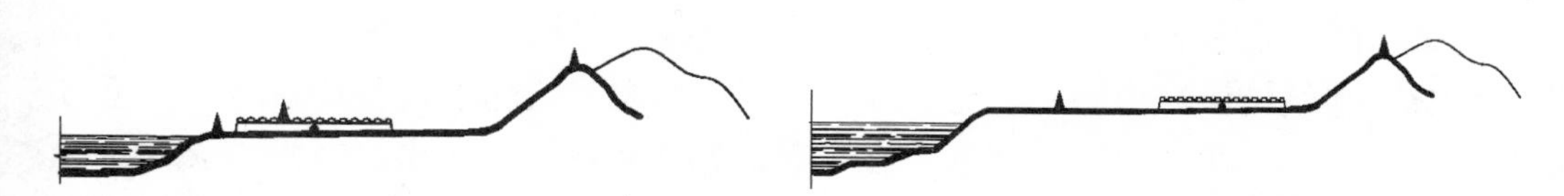

图 4－38　据山滨河城市标志示意图　　图 4－39　据山近河城市标志示意图

5. 据山望河

这种城市有韩城、河津；这类城市与山水的契合点有一处，由于不直接临界黄河，只是一种视线上的联系。在山塬之上建造建筑，成为俯瞰城市的视点，同时也是登高望远，俯览黄河的佳地（图 4－40）。韩城的纠纠寨塔、河津的麟岛就属于此类。

6. 依山滨河

这种城市有碛口、荣河。碛口依山而建，面向龙虎山，龙虎山顶建黑龙庙，朝向黄河来水之处。通过黑龙庙，将城市与黄河联系在一起，起到察望航运、汛情的作用，同时也是对于以航运而兴盛的碛口起到精神上的护佑作用。荣河北据汾阴睢，上建后土祠，因汉武帝祭后天时作“秋风辞”，为珍藏秋风辞石碑，祠中建造秋风楼。（图4－41）

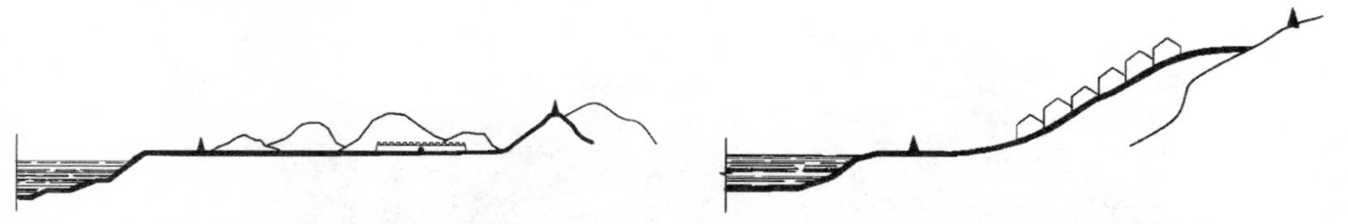

图4－40　据山望河城市标志示意图

图4－41　依山滨河城市标志示意图

4.1.4.3　标志建筑的功能

标志建筑都属于公共建筑范畴，所承担的功能有宗教、防御、观景、报时等功能，而且多是复合的，不是单一的。河曲文笔塔、保德文笔塔、吴堡魁星楼均是根据风水理论，为了萌发文风、昌盛文运的目的而建。佳县凌云鼎、碛口黑龙庙、河津真武庙、韩城纠纠寨塔、朝邑的金龙宝塔均是宗教功能，体现出城市的宗教意向，同时还有防御功能。潼关的山河一览楼、蒲州的鹳雀楼均是览赏黄河胜景的建筑，同时，明显具有军事防御功能。府谷钟楼、蒲州鼓楼等建筑主要功能为报时。钟、鼓作为古代礼仪活动中的重要器物，具有精神象征性，一般都城、府城、州城均设钟鼓楼，县城只设钟楼或鼓楼。

4.1.4.4　标志建筑的特点

标志建筑大多处于城市与山水环境的契合点上，位置凸现，这些建筑多为神灵所居，或为军事之用，或为观景佳地。建筑体量较大，而且富有节奏，有一种跳动、向上的力量，宣扬一种神性的空间或军事的意向，表现出与自然合一的环境观。近水之处多为楼阁，建筑虚灵，与水的环境融合，有容纳万物的意向；靠山塬建筑多为砖塔，富有跳动、韵律之美，与沉寂的山塬形成对比；城市中的标志建筑位居城市中央，建筑中正平稳。标志建筑除了这些特点之外，还与城市设计的“文荫思想”紧密联系在一起，标志建筑除了军事、祭祀、景观的功能之外，往往具有特殊的象征意义和文化意义，关系到城市的兴衰，古代城市的营建家、风水师、官员、居民对此十分重视，甚至达到一种“极端的程度”。黄河沿岸的府谷、保德二城标志建筑的修建过程就是一例。保德、府谷二城隔黄河南北相望，在历史上两城均在沿黄河一面修建了十分壮观的标志建筑，保德一侧建有文笔塔，状如毛笔，府谷一侧建有3座魁星楼，与之相对。这在当地居民中还有一段神奇的传说。相传，府谷城建好之后，文风兴盛，繁荣富庶，处在对岸的保德则相对穷困。保德人便请来风水先生察看保德城的风水，风水先生在保德城头俯瞰府谷城，感叹到：府谷城状如砚台，将所有的文运、富庶都盛在其中，占尽风水；保德要昌文运，就要把府谷的风水吸过来，于是便在城东修建了状如毛

图 4 -42　保德与府谷城市意象图

笔的文风塔，将府谷“砚台城”中的风水吸过来。府谷人为了“保风水”，便在黄河沿岸建了 3 座魁星楼，楼内塑有魁星，手持毛笔，指向保德，以对抗文风塔。(图 4 -42）崔元荣先生是保德的一位作家，他在《静心集 · 砚瓦城与笔尖塔》一文中指出：“砚瓦与笔尖，相依为命，本来是合作的最艺术的朋友，可是我们先前的同胞，由于无所作为的缘故，把两城人民的利害关系，赤裸裸地推向了极端的地步。”① 尽管这是由于迷信思想导致的结果，但这确实是历史的真实，也说明古代城市的标志建筑在城市中的重要地位。

4.1.5　群域

4.1.5.1　群域的概念

“群”是中国古代建筑空间组织的重要特点，建筑多以群的形式表现。“群”具有表达“规模”的含义，规模越大，建筑的重要程度越高。“群”还表示出一种界域、范围。“域”表示一种领域，一种文化或精神空间环境。群域是指城市内具有不同功能与文化内涵的大型公共建筑群的统称。

群域范畴内的公共建筑，占地面积、建筑体量较大，建筑质量及艺术水准较高，在城市中十分突出。所以，群域的布局直接影响到城市的空间格局和文化结构。在中国古代城市设计时，对群域的布局、设计受典章制度、宗教文化、风水思想的影响尤甚。

4.1.5.2　群域的类型

群域的类型是由城市的功能决定的。本书在“古代城市功能”一节中将城

① 崔元荣 . 静心集 . 哈尔滨出版社 . 哈尔滨 . 2003

市的功能概括为“治、祀、教、市、居、通、防、储、旌”等9大功能。由于各自的功能属性不同，承载这些功能的建筑形式、空间形式也就不一样。在9大功能之中，“市”与“居”的建筑形式基本相同；“防”主要是城墙、护城堤等形式；“通”主要指街、巷等交通体系；“旌”的建筑形式主要是指一些牌楼、牌坊；“储”主要是指常平仓等仓储建筑，功能较为单一，建筑形式主要是民居建筑。其余的治、祀、教3类功能，由于其建筑的含义、建筑体量、形式、色彩均别于占城市最大量的民居建筑，而且每一组建筑占地面积较大，容易形成一种场所感，富有一种文化精神，而成为城市群域空间。具体来说，群域的类型可分为4类，即为行政建筑群、祭祀建筑群、教育建筑群、民居建筑。如果说，标志建筑是从城市外部形象上反映了城市的精神和气质，群域建筑则是要深入其中，品味城市的内涵和意义。

4.1.5.3 群域的规划设计

群域建筑或作为听政临民之处，或为典章祭祀之所，或为妥神祈福之区，或为教民化育之地，在城市中具有重要地位。中国古代的城图也只是标注这些建筑，它们不仅占地面积大，而且具有鲜明的精神教化功能，均有各自特有的文化意义。居民身处于这种环境之中，必然从心灵上受到教化，融入这种建筑所营造的氛围之中，从而达到化育人文的目的。群域建筑的设计就是按照这种功能和文化意义进行规划设计，通过建筑空间和环境设计，诠释深层的文化意义，以达到城市的化育功能。

1. 群域建筑的规划设计首重选址

或按照典章制度，或风水的要求选择区位。中国古人以阴阳五行的宇宙观来认识城市。城市的主要建筑的方位要符合天地宇宙运行的规律，也就是要符合阴阳五行的规律。城市的东、南、西、北、西北、东南、西南、东北均是八卦的方位。八卦思维中极为重要的概念就是“象”。它是通过“象”来传达宗旨、构成命题的。八卦思维始终以抽象的义理为出发点和归宿。所谓“象”就是形象、现象、意象等。《易·系辞下》曰：“易者，象也”。八卦单卦都代表许多物象、意象，尤其要与方位、季节等重大物象相联系，这是八卦的基本特征。但八卦取象不是为了说明象的本身，它是通过取象的描述，启发人们去联系、推想、引申和领悟，从中认识到抽象的含义。城市群域建筑的选址就是要使群域建筑所蕴含的意义要符合八卦方位所取象的意义，这样才能符合宇宙的规律。八卦所代表的方位为：坎为正北，包括壬、子、癸；东北为艮，包括丑、艮、寅；震为正东，包括甲、卯、乙；东南为巽，包括辰、巽、巳；正南为离，包括丙、午、丁；西南为坤，包括未、坤、申；兑为正西，包括庚、酉、辛；乾为西北，包括戌、乾、亥。古代的典章或风水里，均对重要的群域建筑与八卦方位的配位关系进行了论述，并将这种配位关系同人的凶吉祸福联系在一起。《阳宅三要·都郡文武庙吉凶论》：“阴阳之理，自古，二者不和，凶气必至。故公衙五要合法，而庙亦不可不居乎吉地。吉地者，三吉六秀是也。宜于大堂前下罗经定之。文庙建于甲、艮、巽三字上，为得地；……，武庙居亥、庚、丁三字上为得地。如居丙丁方，必须坐南向北，合阴阳正配。”例如张士佩纂修的万历版《韩城县志·坛庙》对文庙、风云雷雨坛、社稷坛的方位有专门的记载。“县之大政在祀，而韩之典祀之庙，至圣先师孔子之庙则庙于邑之震域，风云雷雨则坛于邑之巽域，社稷庙于邑之艮域，此皆建制也。”

2. 群域建筑的规划设计取决于它的功能与所蕴含的文化意义

不同的群域有着不同的功能，不同的功能有不同的文化意义。但中国古代的建筑均是由合院建筑组合而成，那么不同建筑的文化意义的阐发是如何表现的呢？通过对黄河晋陕沿岸历史城市的不同群域建筑的分析，可以看出，不同群域建筑之间的异同主要表现在以下几个方面：

（1）相同之处

每组群域建筑的空间组成模式均是院落式，由中轴线组织院落，形成多进式。轴线上主要建筑元素有照壁、大门、牌坊、主殿（或大堂）等。

（2）不同之处

各类群域建筑尽管有许多相同之处，但由于建筑文化意义的不同，使得这些建筑不同之处十分明显。主要表现在入口的标识性、主体建筑的形式、绿化形式、特殊要素以及色彩、装饰、小品等方面。

（1）入口的标识性：入口是人流经过最多的地方，是最易直观感受群域建筑的地方。群域建筑的入口一般由入口大门、门前照壁、以及用牌楼限定道路所形成的门前广场组成，这是群域建筑入口的基本特征。但由于建筑文化的不同，不同的入口的空间尺度、标识物、装饰手法等均有不同。保存完整的韩城市文庙、城隍庙、以及衙署等群域建筑就证明了这一点。入口往往有鲜明的不同于其他建筑的元素，文庙的奎星楼以及衙署的申明亭、旌善亭都是各自独有的标识物。城隍庙虽没有明显的标识物，但其入口处超尺度的四个砖雕大字——“彰善瘅恶”则点出了建筑的主题，起到了标识作用。

（2）核心建筑形式：在传统建筑文化里，建筑群的核心建筑往往表征建筑群的地位，尤其是典章建筑更是严格遵守这一规律。衙署、文庙、城隍庙均为典祀建筑，以韩城为例，衙署的核心建筑为大堂，单檐悬山顶，面阔5间；城隍庙的核心建筑为德馨殿，面阔间，单檐歇山顶；文庙的核心建筑为大成殿，面阔5间，单檐歇山顶。

（3）环境特色：在不同的群域建筑有不同的环境要素，这些要素与建筑形成整体，共同体现建筑的主题。最为突出的就是建筑与文字的紧密联系。传统建筑用对联、匾额等小品，不仅起到装饰作用，更重要的是对建筑文化内涵的提升。人们在这种空间行进时，就会逐渐领悟到其中的文化内涵，从而达到对人的化育作用。城隍庙是以“彰善瘅恶”为主题，在韩城城隍庙的入口就以砖雕成“彰善瘅恶”4个巨大文字，形成对人的强烈冲击，从而对人产生威慑力。（图4－43）文庙是祭祀孔子的场所，也是诵经教化之地，是一处重要的群域建筑。以韩城文庙为例，韩城文庙位于韩城老城的学巷东段。占地14000平方米，合21亩。文庙的东、西黉门在学巷内各建宽3.72米的木牌坊一座。牌坊双面匾额，东书“德配天地”，西书“道冠古今”。通过两道坊，就是文庙主入口，南为影壁，北为棂星门。琉璃照壁宽18.80米，中间嵌以彩色琉璃浮雕五龙飞腾，两侧配以砖雕鱼跃龙门，寓意考取功名（图4－44）。照壁两端建有砖拱东西黉门，黉门宽1.70米，与学巷相对相通。东西黉门门额分别阳纹篆刻“圣域”、“贤关”。两黉门外皆竖立有镌以“文武官员军民人等至此下马”的下马碑。下马碑高1.60米，宽0.43米，厚度为0.18米。棂星门上悬书“文庙”二字的匾额。据《后汉书》记载，棂星即天田星，认为棂星是天上的文星，主管文人才士的选拔，寓意孔子乃文星下凡。韩城文庙棂星门建于明万历年间（公元1573年～1615年），为四柱三楼木牌枋，冲天柱上安玻璃“乌头”。棂星门建在两级总高0.80米的台基之上，并列3道，中间高两侧低，中宽3.77米，两侧各宽3.02米。门为单檐悬山顶，屋面布流离筒瓦。柱间施榫峁额枋和下立枋，靠柱作门框，并雕饰门簪。两柱斗拱为五昂九铺作穿斗式重拱，额坊上补间铺作为修饰华丽的如意斗拱，分别为七、五、三攒，相互交叉。其做法各不相同，各具风格，妙地在昂头饰以日月、龙凤、人物、禽兽、花卉。两立柱直通屋顶，柱头饰以琉璃浮雕盘龙、花卉套筒和宝葫芦攒尖顶，替代了脊兽。此做法当地俗称通天柱，寓顶天立地之意，两坊间用宽0.93米的砖墙连接，砖墙正面即南面分别饰以琉璃浮雕丹凤朝阳和丹凤起舞图案。两侧八字墙各嵌以琉璃浮雕飞龙。两侧八字墙与黉门之间为十字花格墙。

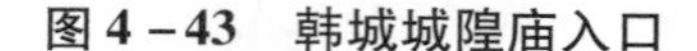

图4－43　韩城城隍庙入口

图4－44　韩城文庙影壁

棂星门内设半圆形水池，称为“泮池”，这是孔庙的一种特有型制。泮池南为弧，北为弦，弦长21.75米，弦至弧中长8.00米，泮池中间建以宽4.30米的曲面双孔石拱桥，泮池周围与石桥旁有望柱和高0.70米的石栏围护。第一进院院内植有文庙内多为侧柏，苍翠挺拔，郁郁参天，列于甬道两侧。在文庙第一院于第二院之间为戟门。单檐悬山顶，建筑平面东西长9.29米，南北长5.68

米。面阔 3 间，当心间 3.32 米，次间 3.21 米。韩城文庙戟门，原称大成门。宋初建隆三年（公元 962 年）诏孔庙门立戟 16 枝，以示尊孔，因立戟于门，故称戟门。戟门门外两侧为八字墙，对称嵌以彩色琉璃雕龙。门内两侧八字墙墙面对称绘画彩色凤凰。大成门之后为大成殿，大成殿殿内正中两柱之间悬有清康熙皇帝御笔“万世师表”镂雕华带横匾。据县志和碑文记载，原殿内三面有木作幔帐神龛，中置孔子牌位，其左右和东西为“四配”、“十哲”牌位，现神龛和牌位无存。大成殿前丹陛之上，涉及一“龙杠”，寓意“鱼跃龙门”之意，只有考取状元，才可抬过龙杠，从中间祭拜孔圣。这种设计突出了建筑的文化意义，增强了空间的活动性和趣味性。大成殿两侧，对称配建东庑和西庑。东西庑皆为廊式，单檐悬山顶，各十三间，通阔 45.80 米，居中三间面阔各 3.80 米，余两侧各间面阔均为 3.50 米。通进深 8.74 米，廊宽 2.10 米。早为供奉孔子弟子和儒家先贤之所。大成殿之后为明伦堂，面阔五间，进深三间，建筑平面面阔 20.00 米，进深 13.07 米。明伦堂与两廊之间隔墙建有砖砌拱洞，东西拱洞洞额分别刻“悬规”、“植规”，东西拱洞通往已毁文昌祠、启圣祠、教谕宅、训导宅。文庙最后为尊经阁，建在高 3.61 米，东西长 22.94 米，南北长 16.33 米的转砌高台之上。尊经阁建于明弘治十三年（公元 1550 年），有台基高 0.66 米，长 17.40 米，宽 9.34 米。建筑高 2 层，面阔 3 间，进深两间，底层周回廊，重檐歇山顶；建筑平面横长 14.80 米，宽 7.05 米，殿身长 9.90 米，宽为 4.67 米。文庙建筑从入口牌楼到尊经阁，从学巷到庙院，从小品到绿化，整个都是一个系统，反映一个主题，即对文圣孔子的崇敬、对儒学的执著追求、对圣贤品格的推崇，以及对乡邑文风勃发的渴望。这里的建筑要素有殿、廊、门、楼、阁、壁，小品元素有泮池、龙杠、碑亭，行为活动有祭祀、教育和瞻仰，建筑的色彩多为褐色，朴实素雅，少华丽之色与装饰，这与城隍庙的色彩与装饰形成鲜明对比。建筑空间的变化与建筑所承载的活动完整地统一起来。从学巷入口就看到牌楼和魁星楼，是一个狭长纵深的巷道空间，到牌楼处看到“道才古今”、“德配天地”的牌匾以及“文武官员军民人等至此”下马石，强化了文庙环境氛围，通过黉门，进入影壁、棂星门围合的空间，达到建筑的第一高潮；通过棂星门，向北是一个 50 米长的甬道，两侧古柏参天，泮池横亘、碑亭林立，是一个凝思、感情酝酿的空间，为第二个高潮做好铺垫。通过戟门，就是大成殿，这个院落进深（包括大成殿月台）为 23 米，大成殿的高度为 22 米，空间高宽比约为 1:1，突出了建筑的整体性。通过明伦堂，是一个过渡，其后就是尊经阁，出现第三次高潮。在每一次的空间行进的高潮过程中，都是其中行为活动的高潮，也是主要功能进行的场所。

群域建筑就是将其深刻的文化含义，与建筑空间的组织以及人的活动统一在一起，让人们在行进的过程中感受、体验和领悟建筑给予人的启示。

在群域建筑中，不同的建筑类型给人的启示都不一样，但他们都是基于一种对人性的、心灵的活精神的深度认知之后而产生出的建筑。群域建筑的精神文化深度，在某种意义上，决定了城市精神文化的深度。

4.1.5.4 群域的特征

1. 识别性

识别性是群域建筑的突出特点，每一座群域建筑都有着自己独特的标识性。这使得人们在城市里容易辨别自己所到的环境。在传统城市中，民居建筑数量多，它作为城市的基底。群域建筑在建筑体量、色彩、装饰、门楼形制、小品等均表现出与基底不同的环境意向。例如韩城文庙，从金城大街到文庙巷，从巷口就可看到远处的牌楼、魁星楼，完全不同于两侧的建筑形态。行至近处，可看到牌楼上“道冠古今”匾，以及朱红色柱子和围墙，预示着走到了祭祀孔子的文化场所（图 4 -45）。还有府谷的文庙、韩城的城隍庙等。

图 4 -45　从学巷香文庙

2. 场所性

如果说识别性是群域建筑的外部特征的话，场所性即是其空间的内在特点。诺伯舒兹（Chrishion Nor）根据罗马人的信仰，在《场所精神》一书中认为每一种“独立”的本体都有自己的灵魂守护，这种灵魂赋予人和场所以生命，决定它们的特性和本质。吴良镛先生将这种理论对照中国建筑，提出了“场所意境”、“环境意境”，这更切合中国的文化传统，具有中国特色。所以，场所性实际上也就是建筑环境的意境特征。中国传统建筑尽管都是用院落组织空间，具有同构性，但却以空间秩序的变化、环境小品的运用、建筑色彩的着施等手段，以及不同的功能、文化价值、信仰主体等因素，营造出具有不同文化内涵与意境的建筑。群域建筑就具备这样的特点，创造了一种具有文化域、精神场的建筑。

3. 教化性

教化性是群域建筑最为根本的特点，也是最终目标。在这些建筑里，通过人与圣贤、人与神灵的交融，沟通。这种教化是人文性的，它是以提高人的自身修养和突出人的自身价值为主要特点。这种教化不是强加的，而是一种潜移默化、直至心源。这种教化是一种以通过提高个人修养为途径，达到追求整个社会和谐的目的。当人们进入群域建筑，就是进入了一种文化教育的场所，被一种文化精神所感染。在一种神圣的环境里，建筑通过对联、匾额、神像故事、壁画、雕塑等元素，向人们传递与信仰主体价值观相一致的文化观念，达到教化人的目的。例如，以“彰善瘅恶”为主题的城隍庙，在大殿之上，悬挂对联：“百善孝为先，在人不在事，在事寒门无孝子；万恶淫为首，在事不在心，在心千古少完人。”告诫人们要正心行善。

4.1.6　边界

4.1.6.1　边界的概念

边界是城市与自然的界线。包括城市在地面的边界线和与天空的天际线。城市边界的处理手法集中体现了城市与自然的关系。

4.1.6.2　城市边界的设计

黄河晋陕沿岸地区的历史城市的边界有四个边界：城界、河界、山界及天际线。这是由于特殊的地形所致。这一区域城市与所处环境的山、河形成一种三维立体的空间关系，反映出城市的空间特色（见图 4－46）。

1. 城界

城界主要是城市本身的边界，即以城墙为主体的明确的界线。城墙是中国古代城市最为显著的特色，黄河晋陕沿岸历史城市的城墙由于环境不同有平地而筑、削山而筑、跨山而筑等类型。平地而筑的城市有蒲州、朝邑、荣河、河津等。这类城市具有完整的城壕、城墙，边界规整，多为方形；城墙均为夯土筑造，外砌城砖；城墙上建城楼、敌楼、奎星楼。削山而筑的城市有葭州、府谷等。城市位居石山之上，沿山削石，于平整之处用石块筑城墙。城内道路与城墙平曼合一，女墙成为道路的一侧的防护。跨山而筑的城市有潼关。城墙沿

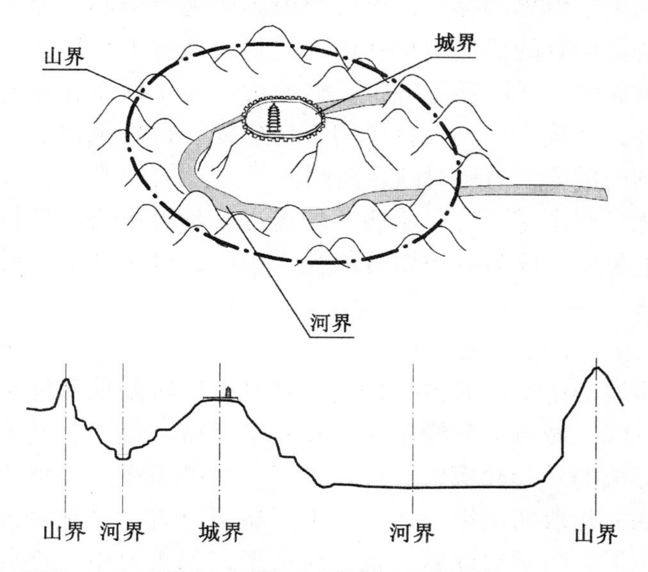

图 4－46　城界、河界、山界关系示意图

山顶夯筑而成，雄踞高山，边界呈现不规则形。城墙城界的功能主要是防御功能。

2. 河界

或称岸线，是城市与河交接的河岸线。黄河晋陕沿岸的历史城市，多是建造在黄河与其支流的交叉口，形成两河环绕的格局，例如黄河与葭芦河交汇处的葭州城、与梅花河交汇处的保德城、与汾河交汇处的河津、与渭河交汇处的潼关等。黄河成为沿岸城市固有的景观要素，也为城市提供了独特的视野。与此同时，黄河的防卫功能及航运使得河岸线成为城市防御之地、物资转运之地、文化聚集之地。龙门以南的沿河城市如蒲州、朝邑、潼关等河岸均筑堤，以防水患，而且在河旁建楼阁、庙宇等，成为文化聚集之处。龙门以北的城市，城市多居于山颠，俯瞰黄河，城界与河界之间形成明显落差，有的高达100米以上。历史城市多在这一落差中间依据地形建造庙宇，在城界上专门开辟城门通往这些庙宇，这些庙宇也是探察军情、欣赏黄河风景的视点。通过庙宇与山势地形的巧妙结合，以及城门、庙宇等观景点的有机组织，将城界、河界以及周边的整体环境紧密在一起，使得山、城、河浑然一体。葭州的香炉寺、府谷的悬空寺与千佛洞、吴堡的河神庙等根据地形建造，成为城市的特色景观，将城界与河界联系起来。

3. 山界

城市周边的山、塬等地形要素构成了对城市的围合，在人们视域范围内，周围的山脊线、塬边线成为城市的另一层自然的边界。这层边界将在一个更大的范围限定出一种内向、封闭、安全的生存空间。为了控制更大的安全范围，也为了使城市有一个更为理想的生存环境，人们常在山界上建造烽火台、庙宇、宝塔等建筑，标识了山界的存在，也成为山界的视觉中心，如府谷北部的山界就表现了这种特点。有的历史城市在山界之外建造有大型庙宇，在山界上建造建筑，既可俯瞰庙宇，又能远望城市，将城市与庙宇联系在一起。葭州城南的白云观规模宏大，始建于宋，兴盛于明万历年间。白云观西北有高岭，即是在葭州城内可望到的横岭，与城对峙，葭州八景之一的“横岭秋月”就是这个地方。横岭作为既可望郡城，又可俯庙宇的地点，具有重要的地位。乾隆乙巳年春，在横岭建魁星庙，成为城南横岭的视觉中心，也是城市与山岭联系在一起（图4－47）。

4. 天际线

黄河晋陕沿岸历史城市的另一条边界就是由于所处地形复杂以及建筑的变化所形成的天际线。城市天际线是城市在特定地域环境中，城市人工建筑与特定自然地形所形成的外形轮廓线。城市天际线是城市空间构成方式、城市与地形关系、城市的文化取向的综合体现。不同城市有着自己独特的天际线，天际线成为展示城市形态的重要元素，也是城市形态的重要组成部分。黄河晋陕沿岸历史城市，例如府谷、保德、葭州、吴堡、潼关等均随着地形的变化而布局，表现出城市空间构成的三维性；蒲州、韩城、河津、朝邑、河曲等所处地形尽管相对平坦，城市也往往利用周边复杂的地形建造标志建筑或宗教建筑，使得城市的天际线也十分鲜明（图 4 –48）。

4.1.6.3　边界的特点

黄河晋陕沿岸历史城市的边界是一个集城界、河界、山界、天际线（天界）于一体的三维立体的结构模式，反映出人居环境中人与人、人与河、人与山、人与天的关系。四个边界不是孤立的，而是通过防御建筑、景观建筑、宗教建筑等人工要素与城界建立一种在功能上、景观上、生态上、生产上有密切联系的结构秩序，隐藏了一种深层的安全结构、生态结构、景观结构和生产结构。

图 4 –47　佳县城市天际线图

图 4 –48　蒲州城市天际线图

4.1.7　基底

4.1.7.1　基底的概念

基底就是在城市用地、建筑体量、建筑色彩、建筑形式拥有量最多的建筑类型，它与其他建筑形成一种衬托和被衬托的关系。在古代城市中，住宅的建筑形式、色彩、尺度、体量等方面占有绝大多数。同时还有商业店铺等采用民居形式，也是基底的组成内容。“从总体来看，可以说古镇是以住宅为底，出入其余功能区域，再以节点来对空间进行标志与界定的。”①

4.1.7.2 基底的组织结构

古城基底多数是由住宅构成，也有一部分店铺，但两者的空间组织模式是一致的，都是以间构成单体，由单体构成院落，再由院落构成群落，群落组成地块，地块组成城市。形成了“间—房—院—群落—地块—城市”的空间递进关系。

“间”是最基本单位，古代建筑通常以“四柱”所在空间为间。由间组合成屋，一般为3间，也有5间的；由屋组合成为院，一般殷实人家均为四合院，也有三合院的类型；由院组织成为院落群。这是传统建筑的空间组织的精华所在。一般意义上讲，通过并联或串联的形式，将院组织成为群落。但在黄河晋陕沿岸城市中，民居建筑的空间结构组织以并联和串联结构为主，但由于地形限制、生活需要，也有许多灵活之处。例如韩城箔子巷吉宅由四组院组成，并没有完全采用并联、串联的结构，而是非常自由、灵活的方式，将四个院各自独立，同时又相互联系，形成整体。以院为单位，以墙门抱厦、抱亭、或厅堂分割空间，用廊、道将各要素连接起来，组成一个虚实相间、高低错落的院落群。数个院落群组成地块，地块是由街或巷围合而成，内部有时被尽端式胡同嵌入。一般地块中都有庙宇，民居围绕庙宇布置，形成这个地块的精神中心，也是这一地区的公共活动中心。地块通过骨架的连结，构成城市整体。

4.1.7.3 尺度

古城基底的尺度最小的建筑单位是屋，一般为3~5间，建筑屋顶尺度为10米×5米。最基本的空间单位为院落，院落院内空间尺度6米×10米，俯瞰屋顶围合出的空间尺度3米×8米。这个尺度与公共建筑的尺度形成明显的对比，从而突出了整个城市公共建筑。以韩城文庙为例，文庙最大的院落面积为600平方米，最小的院落面积是400平方米，这是普通民居建筑院落的7~10倍。主体建筑的尺度也形成对比。

整个基底以最小的建筑单位——屋为元素，通过院、落、地块等结构的组织，形成虚实交替、高低起伏、富有动感的城市基底。

4.1.7.4 基底的特征

1. 统一性

从城市的制高点俯瞰古代城市，城市基底表现出统一的色彩、材料和尺度。基底主要是由民居建筑构成，由于共同的使用功能、建筑材料以及空间组织结构，同时，由于砖瓦均来自本地，在物件规格、烧制方法、脊兽式样等方面均呈现出一种统一。

---

① 段进，季松，王海宁．城镇空间解析．中国建筑工业出版社．北京．2002

2. 节奏性

城市基底的统一不是呆板的，而是一种高低起伏、虚实交替、富有动感的，具有动态性。中国传统建筑均重视屋顶的设计，屋顶的多样性、变化性使得建筑展现出一种飘逸、舞动、洒脱的精神气质。现代城市中，相当多的建筑屋顶采用平顶的处理手法，由于多种因素，屋顶处理较为简单，从高处俯瞰，有一种突兀、平淡之感。黄河晋陕沿岸历史城市的民居建筑多为硬山顶，屋顶曲线丰富，组合在一起就有一种群体的动态美。在吴堡以北的葭州、府谷、保德等城，存在部分窑洞民居，屋顶多为平顶，但由于地形的起伏变化以及与坡顶建筑的结合设计，动态性的特征也十分明显。

3. 陪衬性

基底本身就是一种衬托，陪衬群域建筑、标志建筑，形成一种对比。群域建筑体量高大，屋顶形式多为歇山、悬山，多铺琉璃瓦，色彩鲜艳。基底建筑相对体量较小，屋顶多为硬山顶，铺设普通青瓦，呈灰色，起到陪衬、烘托的作用。

4.1.8　景致

4.1.8.1　景致的概念及中国古代城市景致的特征

关于“景”的词有风景、景致、景象等词汇，当代，学术界引用了西方“Landscape”一词，专家译为“地景”、“景观”、“大地景象”等。在中国古代的志书中，记述“景”的词为“景致”。翻阅历代遗留下来的志书，大都在“形胜”一节之后有“景致”一节。城市景致往往以简明的“八景”、“十景”、“十二景”命名，简练而且通俗的概括城市的风景名胜，形成了中国古代城市的传统。本书研究为了更接近传统城市的原真含义，采用“景致”一词。

中国古代城市根植于山水之间，人们自觉与不自觉地发现了自己所处的人居空间的山水美、人文美，并进行长期的经营、完善等，形成了各自的城市景致。例如“燕京八景”、“关中八景”、“潼关八景”等。吴良镛先生在研究江南建筑文化时讲道：“我们通常所说的‘虞山十八景’、‘京江二十四景’、‘金陵四十八景’、‘周庄八景’、‘乌镇八景’、‘甫里八景’等等，就是对江南城市（镇）风景名胜最为通俗而凝炼的概况。景点的题名富有多种多样之功能，点拨画题、刻画意境、解说典故、引人联想等，是不同于西方而为中国风景设计所独有的可贵的美学蕴藏。‘有山皆图画，无水不文章’，所形成的风景名胜作为城市建筑与自然整体性创造的结晶，是构成江南城市特色的不可或缺的内容”。[1] 从乾隆版《闻喜县志》的八景图之“香山远眺”图中可以清

---

① 吴良镛．吴良镛城市研究论文集．中国建筑工业出版社．北京．1996

楚地看出：在这张图中，景与城市联系在一起的，山及其山上的三座塔是城市构图的一部分，景是城的延续，是城市向自然的渗透；城市是景的控制中心，是景的归宿（图4－49）。这种“城—景”合一的设计手法是中国古代的优秀传统。

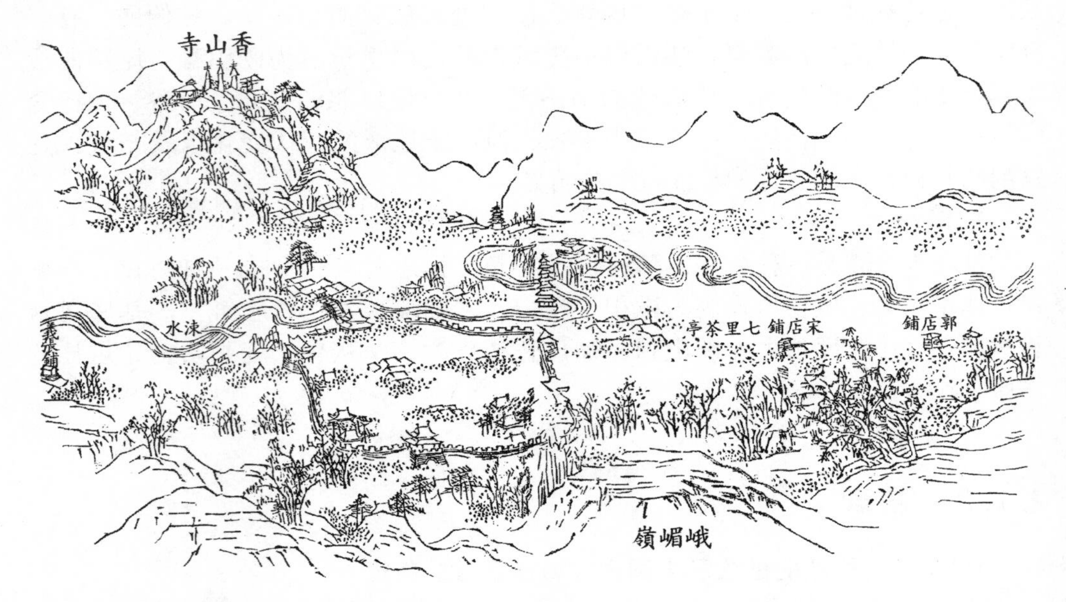

图4－49　闻喜八景“香山远眺”图

4.1.8.2　八景的历史渊源及原则

1. 八景的历史渊源

“八景”是中国古人对自己所在城市的区域景观的命名方式，并不完全是八，也可能是十，或十二，总之，是取一个“各方”、“全豹”的意义。“八景”之称始于宋代，《辞源》中关于八景的解释是：宋代沈括《梦溪笔谈十七·书画》：“度支员外郎宋迪工画，尤善为平远山水。其得意者有平沙雁落、远浦帆归、山市晴岚、江天暮雪、洞庭秋月、潇湘夜雨、烟寺晚钟、渔村落照，谓之‘八景’。”① 后来名胜之地也多用四言句列称其景物为八景。如京师八景：太液晴波、琼岛春云、金台夕照、西山霁云、玉泉垂虹、卢沟晓月、蓟门燕树、居涌叠翠②。由是可以看出“八景”之称源于宋代，直接影响因素可谓宋代的文人画。宋代社会形成了真正意义上的“文人士大夫”阶层。宋代对于科举制度的改革，使得来自民间的平民知识分子有机会成为士大夫，由于生活环境的变化，士大夫阶层必然体会出原来生活的自由与可贵，当他们介入绘画活动时，从向往原来生活的心态就提升到对自然山川的一种“乡土情调”追求。这种基于一

① 商务印书馆编辑部．辞源（修订本）．商务印书馆出版．北京．2000

② 高巍 孙建华．燕京八景．学苑出版社．北京．2002

种向往自然山水的心态，追求风景的“乡土情调”的文人审美标准对于后世八景的影响是深远的。“八景”始于宋代，发展在元、明清时期达到高潮，古代城市普遍采用“八景”（少数为“十二景、二十四景）的方式表述当地景观。大凡地方历代志书中均有关于“八景”的专门记载，自都至省，从州到县无一例外。各个时代的地方官吏、文人雅士对于“八景”赋诗作画，增添了“八景”的文化内涵和美学意境。

2. 八景确立的原则

“八景”最早源于绘画，是一种山水的美，风物的美，所以，八景确立的基本原则就是美学原则。这种美的标准是经过人们长期观察、总结和提炼的，又是经过不同阶层的人、不同时代的人的共同评价而形成的，具有普遍意义。美的内容很多，有奇险之美、俊秀之美、雄壮之美以及绝唱之美，这些都是八景确立的基本条件。美学原则是八景确立的第一原则。

“八景”不是孤立的，它是与中国古代的城市紧密联系在一起的。中国传统城市的选址是基于一种整体的“形胜思想”来考虑的，古代的城市志书专门有关于城市形胜的描述，例如《古今图书集成》对平阳府河津县形胜的描述：河流环绕，山势曲盘，险扼龙门要地；紫金北镇，峨岭南横，襟带河汾，控连雍豫，左姑射，右韩梁，秀丽雄深，一方之胜概也。形胜一词的含义有二，一是指地势优越便利；二是指风景优美。所以，形胜一词含有军事和风景两层含义。依据形胜思想，在城市的形胜之地进行设防，均建有重要的防卫设施，例如关隘、庙宇、高塔等。由于防卫因素的影响，这些防卫设施与周围的自然山水形势有着整体的关系，出现了一种基于防卫功能的形胜景观。形胜原则是“八景”确立的第二原则，也可称为防御原则。

传统中国，大凡是一方名山大川，几乎都有深厚的人文传统。中国古代城市周边的知名山水胜景不是纯粹的自然审美，它总是积淀着深厚的人文精神，或是历史传说，或是重大历史事件，或是著名历史人物，或是神灵所居，这种融人文精神于自然山水的构景方法是中国的传统。在唐代刘禹锡著名的《陋室铭》中就有“山不在高，有仙则名；水不在深，有龙则灵”的论述，精辟说明了自然与人文内涵的关系。又如河津八景中的“禹门跌浪”一景，描述的是黄河水出龙门的壮观景象，人们并不只是看这个景本身，缅怀大禹凿龙门的功绩也是十分重要的。在八景诗之《禹门叠浪》中写到：“登眺龙门眼界宽，层层雪浪逐飞端。分明绩昭千古，莫作寻常景物看。”充分说明了古人融人文于自然山水，提升自然景观的品位，营造更高美学意境的传统。这就是八景营造的文心原则①。

中国地域辽阔，不同的自然、文化环境孕育出具有各自地域特征的景观，例如地质景观、河流景观、树木景观、人文景观等，这些是架构城市地方特色

① 王聚保．关中八景史话．陕西科技出版社．西安．1984

的要素，都具有自己独特的风情。黄河晋陕沿岸历史城市的“八景”中，多与黄河这一独特的资源联系在一起，突出了城市的性格特点。这就是八景营造的乡土原则。

美学原则、形胜原则、文心原则以及乡土原则是八景确立的四条主要原则，但四个原则在影响八景的确立的过程中并不是孤立的，是以这四条原则为基础，加上当时的社会、文化、士人、乡民、管理者等因素相互影响、相互作用，共同交织的结果。

4.1.8.3　黄河沿岸城市景致特征

“八景”选位中大多数景观与城市有着密切的联系，或在城市中的重要景点，或在城市周围重要的防卫要塞，或在有着重要的人文价值和景观价值的山水之间。“八景”一般都围绕城市布局，在城市外围形成一种拱卫态势，成为城市与周围山水的交汇、对话之处，使城市空间延伸。黄河城市的“八景”首先与黄河有着直接的关系，黄河成为城市景致的重要构成要素。沿黄河的十一座城市中，有关黄河的景名就有 14 处，见表 4－3。例如河涯禹迹、天桥雪浪、黄河环带、香炉晚照、南河春柳、邑枕黄河、少梁堤柳、禹门神迹、禹门叠浪、泮川春涨、蒲津晚渡、黄河秋涨、风陵晓渡、黄河春涨。主要写到黄河春、秋时节涨水以及沿岸树木，城市与黄河的形势，黄河渡口的早晚摆渡，还有大禹凿龙门的历史文化等等，涉及到确立“八景”的四个原则的各个方面。尤其是，描述到城市与黄河的整体形势的吴堡、保德二城，以邑镇黄河、黄河环带作为八景，突出了城市与黄河的直接关系。“八景”诗中的“带水泛黄”写到：“一夜严城风雨过，奔腾万骑轟金波。时平不用誇天险，倚棹中流听浩歌。”（见图 4－50）明代林云翰在《黄河春涨》诗中写到“潼关八景”之一

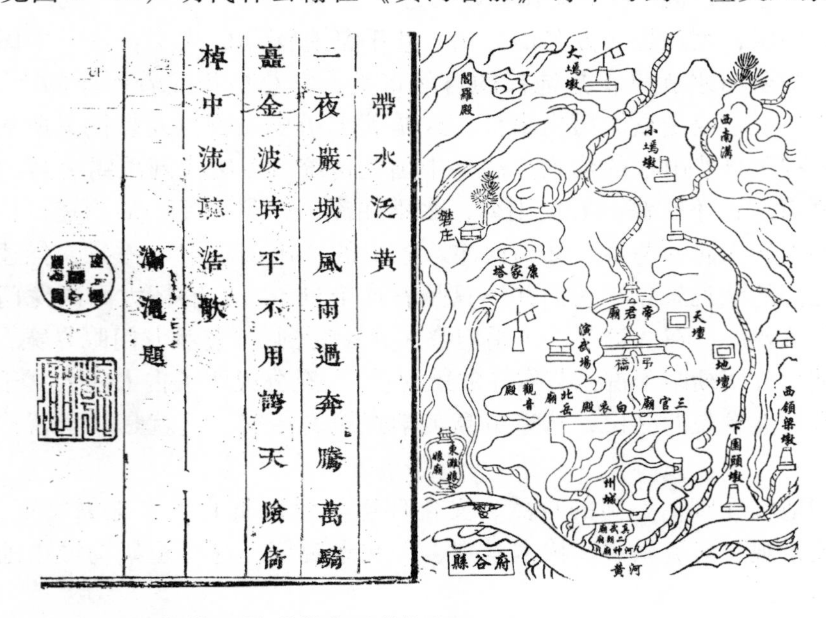

图 4－50　保德八景“带水泛黄”图

的“黄河春涨”。诗云：冰泮黄河柳作烟，忽看新涨浩无边。飞涛汹涌警千里，卷浪弥漫沸百川。两岸晓迷红杏雨，一篙春棹白鸥天。临流会忆登仙事，好借星槎拟泛骞。八景与山塬、关塞也有着直接的关系。例如潼关与秦岭、朝邑与华山、荣河与孤山、蒲州与首阳山；府谷的榆塞长城、保德的北塞长城、潼关的禁沟龙湫等。

晋陕黄河城市景致一览表　　表4-3

城市	景数	景名
潼关	八景	雄关虎踞、禁沟龙湫、秦岭云屏、中条雪案、风陵晓渡、黄河春涨、谯楼晚照、道观神钟
朝邑	十景	华岳春云、黄河秋涨、渭川云雨、洛岸桃花、紫阳夜月、长春晓日、沙数浓荫、蒙泉灌亩、岱祠岑楼、金龙高塔
蒲州	八景	舜殿薰风、首阳晴雪、蒲津晚渡、禹坂晓行、东林夜雨、栖岩叠献、妫汭夕阳、王官飞瑞
荣河	八景	后土灵祠、汾阴早行、泮川春涨、对泽晚牧、古垒秋风、龙严夜月、孤山晴雪、双塔斜阳
河津	八景	禹门叠浪、汾水澄波、红蓼春娇、午芹秋霁、平原夕照、云中烟寺、峪口清泉、疏孏晴岚
韩城	十二景	苏岭黛色、韩祠芳草、少梁堤柳、禹门神迹、左院棠化、太史高坟、横山烟雨、园觉疏钟、韩原古道、香山云寺、高门残照、长城塞雁
吴堡	八景	邑枕黄河、松霞古洞、妙峰耸翠、马跑涌泉、玉川晓月、古寺晚钟、乳岩映日、海眼飞霜
葭州	八景	白云晨钟、香炉晚照、雁塔凌云、飞来踏雪、南河春柳、横岭秋月、鹿洞寻幽、滴水观鱼
保德	八景	翠峰覆斗、黄河环带、中流古寨、北塞长城、西楼晚照、天桥雪浪、扒楼石燕、花佛圣尊
府谷	十景	榆塞长城、秦源德水、天桥雪浪、玉柱凌云、湖山拥秀、桃洞披华、方苔藓瑞、花坞步月、昊天遗韵、双桥夕照
河曲	八景	火山明焰、朝阳洞烟、沿流钟鼓、天际翠峰、天桥灵雨、杨免封冰、河涯禹迹、龙口雷声

历史上诸多文人墨客在这些地方题诗作赋，进行着一种有意识的审美活动。通过文人雅士对山水环境的审视，从风水、美学等角度提出了风景建设思想，甚至直接参与了风景的建造活动。这些风景营建思想中，有着十分深刻的人居环境营造理念，是古代城市设计理论的重要组成部分。这些思想主要存在于古代的“八景诗”、“八景图”以及相关的碑刻和志书里。例如“岱祠岑楼”为朝

邑十景之一，位于朝邑城西的朝坂之上，建于宋代政和八年（公元1118年），重楼三滴水，歇山顶。由于所处地形居高临下，登楼可俯看全城，黄河与华山尽收眼底。清代朱斗南在《岱祠岑楼》一诗中写道："华岳高耸岱祠超，百代岑楼接紫霄。始创宏规题宋代，重新巨制属先朝。南瞻华岳三峰渺，北望黄河九曲遥。借问登临谁作赋，柏梁盛事与齐标。"从这首诗就可看到，岱祠岑楼的建造，使得城市有一处景观可俯瞰黄河、华山与城市，山、河、城三者相会于一楼。通过这一景，将城市与大的自然山水紧密联系在一起，从而，拓展了城市的空间领域及其文化意义。再如韩城的苏岭黛色、韩祠芳草、少梁堤柳、禹门神迹、左院棠化、太史高坟、横山烟雨、园觉疏钟、韩原古道、香山云寺、高门残照、长城塞雁等十二景，分别标识了苏武、韩侯、大禹、司马迁等与韩城有着直接关系的四位历史人物；古少梁城、魏长城、秦晋古战场等历史遗迹；圆觉寺、香山云寺和西山仙观等神域仙界；还有龙门、黄河、香山等山水秀丽之地以及教泽育人的城南萝石书院。这些景致都在城外，围绕古城，形成一种跨越时空、怀古追远、寄情山水、化育人文的大尺度文态与生态复合的区域空间，构成一种有"诗意"的生存空间。

古代人们在大自然中选择适合人居的空间，他们并不局限在这里，而是着眼于整个大的山水系统，去发现自然之美、人文之美，从而构建一种"诗意"的人居环境。中国古代城市的"八景"正体现了这一"人居环境"所蕴含的高超的生存智慧。"西方著名学者海德格尔强调发掘人的生存智慧，调整人与自然的关系，纠正人在天地间被错置了的位置，主张在完善天人关系的同时也完善人类自身。他认为，重整破碎的自然和重建衰败的人文精神二者完全是一致的，并把希望寄托在文艺上，认定这种最高境界是人在自然大地上'诗意地栖居'"。①

以上是对城市物质空间各个构成要素的分类研究。事实上，自然、轴线、骨架、标志、群域、边界、基底和景致不仅是构成中国古代城市空间形态的八要素，同时还是一种城市物质空间规划设计的一种方法。自然是人居环境的基础。人们总是在寻找一处适宜生活、繁衍的环境，将自然中的山、水、塬、林、田等要素作为一个整体，形成独在自然环境与格局里，特殊的自然形态、人文史迹等因素为基准，建立城市轴线。沿轴线形成道路结构，并与城、池、城中地形等形成城市骨架。骨架、轴线与自然环境的"契合点"上就形成城市标志建筑，将人工环境与自然环境结合在一起。群域与城市骨架紧密结合，承诺更为城市精神文化活动的容器。边界是人工与自然的分界线，基底起着烘托、填补、陪衬的作用，景致是城市空间向自然的深层渗透。八个要素间有着明确的城市设计时序关系，并形成有机系统（见图4－51）。

① 曹林娣．中国园林文化．中国建筑工业出版社．北京．2005

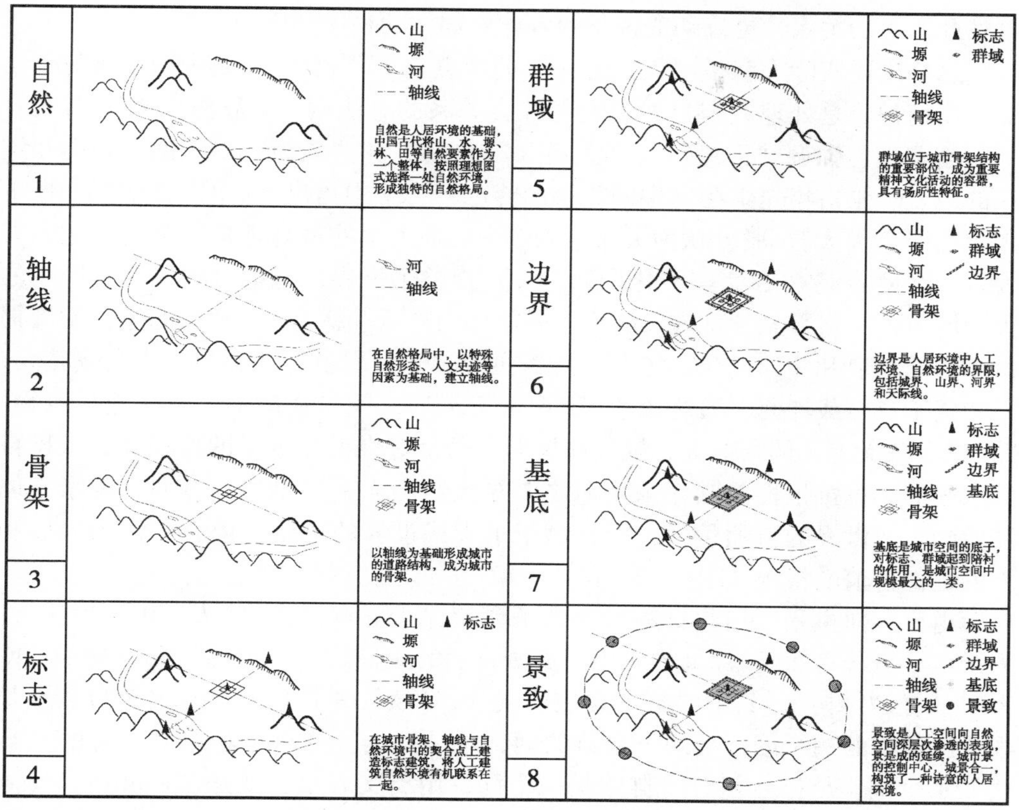

序号	要素	图例	说明
1	自然	山、塬、河、轴线	自然是人居环境的基础，中国古代将山、水、塬、林、田等自然要素作为一个整体，按照理想图式选择一处自然环境，形成独特的自然格局。
2	轴线	河、轴线	在自然格局中，以特殊自然形态、人文史迹等因素为基础，建立轴线。
3	骨架	山、塬、河、轴线、骨架	以轴线为基础形成城市的道路结构，成为城市的骨架。
4	标志	山、塬、河、轴线、骨架、标志	在城市骨架、轴线与自然环境中的契合点上建造标志建筑，将人工建筑自然环境有机联系在一起。
5	群域	山、塬、河、轴线、骨架、标志、群域	群域位于城市骨架结构的重要部位，成为重要精神文化活动的容器，具有场所性特征。
6	边界	山、塬、河、轴线、骨架、标志、群域、边界	边界是人居环境中人工环境、自然环境的界限，包括城界、山界、河界和天际线。
7	基底	山、塬、河、轴线、骨架、标志、群域、边界、基底	基底是城市空间的底子，对标志、群域起到陪衬的作用，是城市空间中规模最大的一类。
8	景致	山、塬、河、轴线、骨架、标志、群域、边界、基底、景致	景致是人工空间向自然空间深层次渗透的表现，景是成的延续，城市景的控制中心，城景合一，构筑了一种诗意的人居环境。

图 4-51 中国古代历史城市设计物质空间构成要素示意图

4.2 城市设计的精神内涵

4.2.1 天地秩序

“一个完整的哲学体系，必须说明个人及其周围各方面的关系，如何处理好这些关系。如果都处理好了，那就是他的‘安身立命’之地。”① 《周易乾卦文言》中有“大人者与天地合其德，与日月合其明，与四时合其序，与鬼神合吉凶，先天而天违，后天而奉天时。”

“冯友兰在《学术精华录》中说过，在天地境界中的人最高造诣是，不但觉其是大全的一部分，而并且自同于大全。并认为，道家的最高境界是‘得道’的境界，佛家的最高境界，是真如的境界。‘真如’的境界以及‘得道’的境界，都是所谓同天的境界。中国的佛教所具有的中国精神，主要摄取于儒道两家，而在禅学看来，人即在宇宙之中，宇宙也在人心之中。人与自然并不仅仅

① 李中华．冯友兰学术文化随笔．中国青年出版社．北京．1996

是彼此参与的关系，更确切的说是两者浑然如一的整体。”①

这些论述实际上就是“天人合一”的观点。“天人合一”是中国文化与哲学的基本精神，是处理人与自然、人与社会关系的总法则。《辞源》对“天人合一”解释道：强调“天道”与“人道”、“自然”和“人为”的相通、相类和统一的观点。张岱年先生在《中国哲学的特色》一文中指出：“中国哲学有一根本观念，即‘天人合一’。认为天人本来合一，而人生的最高理想，是自觉达到天人合一之境界。”② 在儒家文化中，“天”指整个世界，包括万物。这是广义的天。同时，又指天象，是狭义的天。儒家认为“天生人”，天为人的生存发展提供了自然环境和物质基础，这是人生存的基础。《周易》中说到：“大哉乾元，万物资始；至哉坤元，万物资生。”人生于天地之间，就离不开天、地与万物。“在这个意义上，儒家尊天、敬天和畏天，乃是尊崇世界本身的实在性，敬畏自然法则的不可抗拒性及其作为生命之源对人至高无上的价值。然而，儒家不但注意到天或世界的自然价值，而且赋予了天或世界的道德价值，并作为人性和人的道德价值的根源。”③

道家一向主张“道法自然”。《老子》第二十五章写道：“人法地，地法天，天法道，道法自然。”涂又光先生对道法自然的解释是：“‘自然’是一句话，或者叫‘主谓结构’，其中‘自’是主语成分，‘然’是谓语成分。这个自然不是现代汉语中的一个词，是两个音节的词，与‘社会’这个词相对的而言的‘自然’那个词。与社会相对的自然是一个词，用英文表示，就是“nature”。《老子》底‘自然’是一个主谓结构，用英文表示，就是“self (is) so”。每一个事物，包括人，只要存在，就有一个自己，每一个自己都有一个样子。样子如此，就是‘然’。所以‘自然’，就是自己如此。”④ 在道家哲学里，人、地、天、道，这“四大”相互联系的统一，而且必须顺从事物原本的发展规律。

中国人在天地的动静、四季的节律，昼夜的来复，生长老死的绵延，感到宇宙是生生而具条理的。这‘生生而具条理’就是天地运行的大道，就是一切现象的体和用。⑤ 宇宙是无尽的生命、丰富的动力，但他同时也是严整的秩序，圆满的和谐。人生若要完成自己，至于至善，实现他的人格，则当以宇宙为模范，求生活中的秩序与和谐。和谐与秩序是宇宙的美，也是人生美的基础⑤。“中国人的个人人格，社会组织以及日用器皿都希望能在美的形式中，作为形而上的宇宙秩序，与宇宙生命的表征。这是中国人的文化意识，也是中国艺术境

---

① 曹林娣．中国园林文化．中国建筑工业出版社．北京．2005

② 中国哲学大纲．张岱年著．南京．苏教育出版．2005

③ 吴文英．儒家文明．南开大学出版社．天津．1999

④ 编委会．中国大学人文启思录（第四卷）．道法自然：科学家与哲学家眼中的《老子》，华中科技大学出版社，武汉．2000

⑤ 宗白华．艺境．北京大学出版社．北京．1999

界的最后根据。"[①] 中国的城市、建筑突出的体现出这一特征。城市的规划要合乎宇宙运行的秩序，将人工的建筑要素与自然环境紧密的结合在一起。张锦秋先生在"传统建筑的空间艺术及传统艺术与空间的关系"一文中指出[②]：传统建筑规划设计中崇尚自然界的整体性及事物之间内在的关系，强调有机自然观，运用易经哲理，讲究阴阳相合，主从有序，从而把人与自然，自我和宇宙加以统一，古人按照他们所理解的构成世界万物五行相生相克的关系组织空间环境，造成人工与自然，群体与个体融会贯通，统一协调而又气韵生动的效果，传统空间布局之中先立宾主不仅仅是方法，而且是重要的意识。中国的风水理论，从一个非理性的角度，成为解决这一问题的特殊方法。

要使得所规划的城市能够符合宇宙的秩序，达到天人合一的理想境界，就要有一个认识自然、认识宇宙的理论，这一理论就是阴阳五行。这是中国哲学的理论基础，深深的影响到中国医学、兵法、城市规划、建筑、园林等多个方面。用阴阳五行理论，并结合人们的生活经验，形成一种指导城市规划、建筑设计的标准和方法，这就形成了风水思想。风水最初名为堪舆，堪为天，舆为地，堪舆就是要通晓天地运行之道。风水在发展的过程中，夹杂了不少神秘色彩，使得风水一直被人看作迷信。潘谷西教授在《风水探源》一书序言中写道："风水的核心内容是人们对居住环境进行选择和处理的一种学问，其范围包含住宅、宫室、寺观、陵墓、村落、城市诸方面，其中涉及陵墓的称为阴宅，涉及其他方面的称为阳宅。"[③] 专门从事风水活动的人就是风水师，民间称为风水先生，他们直接参与城市的规划、设计以及建筑的营建活动，成为可以与天地对话的人。例如韩城芝川城在建造时，首先是风水师登山观望，认为山势呈现"二龙戏珠"，于是在耳山之间建造芝川，"以塞韩谿口"。"当筑时，亦堪舆者登麓眺，惊曰：'芝川城塞韩谿口，犹骊龙口衔珠，珠将生辉人文，后必萃映，迩岁科第源源。'果符堪舆者之言，人未尝不叹。是城武备而文荫也。"[④]

城市所遵循的宇宙观，体现出的天人合一的境界，风水师起到了一定的作用。这种观念表现在物质形态的多个层面，但从城市设计的物质要素上表现为对自然形态的把握、轴线的确定、骨架的建立、标志建筑的选位、边界的处理以及景致的经营等六大方面。从精神层面的角度，通过对人性空间、神性空间、礼性空间的构筑，为人的生存价值的实现，为理想人格的构筑，达到天人合一提供了实践的社会、空间环境。

---

① 宗白华．艺境．北京大学出版社．北京．1999

② 2004年5月2日，张锦秋先生在2004中国南京世界历史文化名城博览会主题活动之一的"世界文化名人对话——文化与城市性格高层论坛"上的报告，南京［龙虎网］

③ 转引自王玉德．古代风水术注评．北京师范大学出版社、广西师范大学出版社．北京、桂林．1992

④ ［明］张士佩纂修．嘉靖韩城县志？艺文．芝川镇城门楼记．嘉靖乙丑仲秋

4.2.2 典章制度

礼是由上古传下来的社会规范，其含义极为广泛复杂。“古代所谓礼，是以祭祀为中心的广义的社会生活准则，从国家组织原则，到日常举止规范，都在‘礼’这个大概念中，而以伦理原则和道德精神贯穿始终。”① 礼用来规范人与人的关系、君与臣的关系。礼的核心精神是待人恭、顺、敬、从。用“礼”来治国，形成了一整套完备的典章制度。

城市制度是具有广义和狭义之分，广义的城市制度包括涉及到城市建设、管理、社会文化等的各类制度的综合；狭义的城市制度是指城市典章制度，有些直接影响了城市的营建，形成了独具特色的城市制度。《黄帝宅经》开篇指出：夫宅，乃阴阳之枢纽，人伦之轨模。意思就是说，人们所居住的宅，也可理解为城市，不仅是阴阳交会的之地，影响到人的生存，还要强调人伦规范，做到规范人的社会生活。前者是讲建筑或城市的自然性，后者是说的是社会性。中国古代建筑、城市正是自然性与社会性的统一。将以崇天为主要特征的宇宙观、以礼为主要内容的典章制度应用于城市设计，就形成了中国古代十分重要且具特色的“城市制度”。

城市作为人们聚居生活的场所，起着规范行为、教化人的作用，所以从礼形成时期起，中国的城市就表现出强烈的尊从典章的特点。依据礼的要求，建立了一个理想的城市制度。中国古代从都城、省城、府城到县城，所建立的一套完备的城市等级制度，这是纵向的特点，同时，每个级别的城市都有一套理想的制度模式，这个模式都是以都城的理想模式为依据，这又是横向的特点。中国古代城市的制度特征就表现为纵、横两方面的特征。

1. 从城市制度纵向特点来说，城市制度表现为城市的等级性

城市制度中都城为最高等级，制度也最为完备，其他城市都是依据都城的规制进行逐渐降低的。所以，都城制度的研究就是基础。

《周礼》：“匠人营国，方九里，旁三门，国中九经九纬，经涂九轨，左祖右社，面朝后市。”“匠人营国”描述的正是一个理想的都城模式，可谓一个“理想城市模式”或“理想城市制度”。理想城市模式实际上就是在特殊社会背景下，在城市空间里，通过对各类主要元素的空间安排，展示一种社会理想。历代都城多以《周礼》中的“匠人营国”为最高依据进行规划设计，以体现这个城市与政权的价值和理想。武廷海、戴吾三先生对“匠人营国”进行了深入的研究，二位先生在《“匠人营国”的基本精神与形成背景初探》一文中指出“正因为‘匠人营国’是一个‘理想城’，其形成有着特殊的时代背景，‘理想城’模式化为实际的城市，更有若干具体条件限制。因此，试图在其他社会条件下寻找‘匠人营国’例证的努力都注定不可能成功。在先秦、西汉早期，‘匠

① 马中．中国哲人的大思路．陕西人民出版社．西安．1995

人营国'显得过于早熟，当然不可轻相比附；西汉以后，限于具体的地理、社会条件限制，'匠人营国'也终究是未建成的'理想'。即使为后人津津乐道的元大都，'不但不是复《考工记》之古代都城典型，相反，倒是一个成分因地制宜，兼收并蓄，富有创新精神的都城建设范例。'"① 从汉代以后，以"匠人营国"为基础，历朝历代在规划自己的都城时都因地制宜，创造性地阐释"匠人营国"的基本精神，形成自己的特色，逐步成熟、完善。

从"匠人营国"可以看出："方九里"是城市的规模，"旁三门"是城池的城门个数，"九经九纬，经涂九轨，左祖右社，面朝后市"就是格局，当然，在这个格局中，宫城是处于中心的，即"宫城居中"。纵观西汉后历代都城布局的特点，城市制度层面的构成要素集中表现在城市规模、城门个数、城市格局等城市层面的要素。由于"上事天，下事地、尊先祖、隆君师"作为"礼"之"三本"，当然，作为祭祀天地、先祖、君师的礼制建筑必然是都城制度的重要组成部分，例如祭天的天坛、祭地的地坛、祭皇帝先祖的太庙、祭祀社稷的社稷坛、祭祀日月的日月坛、祭祀"万世师表"的孔子的文庙、祭祀"万世人极"的关羽的武庙，还有明代起成为典祀的城隍庙等。这些要素综合起来构成了城市制度。

这种等级性是通过具体的建筑要素表现出来的。从城市总体层面上看，都城到县城，城市的规模、空间格局及尺度、城市色彩均表现出等级递减的关系。例如，从城市的规模上看，明北京城（都城）的面积为64.5平方公里，明西安城（省城）的面积为11.7平方公里，明韩城（县城）的面积仅有2平方公里。从空间格局上看，北京城的宫城、皇城居中，它的中轴线即是城市的中轴线，一条长达7.5公里的中轴线将天坛、先农坛、社稷坛、太庙、皇城、宫城、景山、钟鼓楼有机的组织起来，整个城市围绕宫城与皇城布局；西安城中的秦王府位于城市的东北隅，王府的轴线与城市的轴线没有重合。明初，西安的中轴线就是一条联系南、北门的普通道路，到明万历十年（1582年），钟楼才移置城市中心，形成今天的格局。再如，城市的色彩，中国古代，色彩是有等级的，最高贵的色彩为黄色，其次为红、绿、青、蓝、黑、灰等。北京城中轴线上的色彩集中为紫禁城的黄色、红色，中轴两侧为灰色，其间还分布有诸多庙宇，不少用黄色琉璃瓦屋顶。而西安城中，仅有文庙大成殿为黄色琉璃瓦，此外再无黄色。秦王府正殿为绿色，全城的中心建筑——钟楼的屋顶也是绿色。其余为灰色为主，部分庙宇采用了蓝色，例如大清真寺的礼拜堂、城隍庙大殿等建筑；韩城作为一个县城，全城几乎所有的建筑均选用灰色，仅有文庙、城隍庙等建筑采用了琉璃瓦剪边的做法。这三个城市在色彩上形成鲜明的对比，形成城市的等级。除了这些城市层面的规模、格局、色彩等大元素外，还表现在城市城门个数、城池规模、衙署大堂的形制、文庙大成殿的规制、城隍庙正殿的

---

① 武廷海，戴吾．"匠人营国"的基本精神与形成背景初探．城市规划，№2. 2005. 52 ~ 58

规制、坛的设立以及钟鼓楼的设置等方面。

但由于各个朝代有不同的“礼”，所以，不同的典章影响下的城市制度也不尽相同。例如社稷坛制度作为古代城市制度的重要组成部分，在不同的时代有不同的规制。以西安府社稷坛为例，“金元时期，府州县社稷坛多右社左稷，二坛相距去五丈而分祀，其所在府城位置历代也各不相同。元骆天骧《类编长安志・社稷》载金京兆府社坛在府城之南，‘金朝移社坛在荐福寺北圣容院前。’明代西安府社稷坛转移于府城西北。《明史・礼志》：‘府州县社稷，洪武元年颁坛制于天下郡邑，俱设于本城西北，有社左稷。十一年，定同坛合祭如京师。’清代西安社稷坛位于府城东郭门外，康熙四年（1665 年）知府叶承建。坛高三尺五寸，东西二丈五尺，官厅六楹。雍正二年（1724 年）诏直省府州县立社稷坛式，规定坛高二尺一寸，纵横各二丈五尺，四出陛各三级，四门丹饰，缭以周垣，北向出入。”作为地方城市多有沿用传统的现象，并不是所有的城市都按照固定的一个模式建设。此外，有的城市由于在不同的历史时期，城市的等级或升高，或降低，但典章建筑往往沿用原来的形式，例如，国家历史文化名城新绛的绛州大堂的形制为面阔七间，而一般的州县大堂均面阔五间，这是由于唐代建衙署时，绛州置总管府，辖十五州之故。正是由于多种缘故，城市制度表现出的矛盾性和多样性，并不是十分的统一。

黄河沿岸历史城市由于地形的特殊性，不能完全像平原城市那样营造一种理想的秩序，而是结合城市所在的地形，因地制宜，进行建设。例如城市的规模，城市规模是城市制度最基本的一个要素。“先王之制，大都不过三国之一，中五之一，小九之一。又曰都城过百雉，国之害也，今天下之城宜仿两京之阔狭，合为五之一，其边城之高下大小又当因地制宜，不必照此节制。”① 这说明，古代城市在规模上有一个等级制度，但因地制宜是前提，可根据地形，灵活布局。同时，由于这一地区诸多城市的建设源于军事，所以这些城市中军事地位还是最为重要的，随着，战争结束之后，城市建设明显有趋向典章制度的特征。总体来讲，在坚持因地制宜，利用地形筑城，军事防御为先的前提下，城市表现出一种追求表征完备城市制度的倾向。由于地形的多样性，城市制度对这一地区城市的影响而表现出的形式就呈现出多样化的特点。但总的来讲，城市制度的纵向特征主要表现在城市的规模、空间格局及尺度、色彩城市、城门个数、城池规模、衙署大堂的形制、文庙大成殿的规制、城隍庙正殿的规制、坛的设立及其规模、钟鼓楼的设置等十个方面。

2. 从城市制度横向特点来说，城市制度表现为城市空间的理想性

古代城市制度中，都城为最高等级，都城规划所体现出的中国文化以及对理想城市的布局也是最考究的。从都城的布局可以看出中国古代城市营建文化观念。都城以钟鼓楼、景山、紫禁城、前门、永定门构成的轴线为基准，东西

① 刘鲁民．中国兵书集成・防守集成．解放军出版社、辽沈书社．北京、沈阳．1993

对称布局。这种布局反映了阴阳相对的阴阳观，左文右武的文武观以及以人为中心的人文理想。各府、州、县城的布局也都体现了这些思想，这是在规模等级上逐步下降而已。从北京、西安、蒲州、韩城的比较就可以看出。

4.2.3　宗教理想

中国古代哲学中，作为人来讲，最高成就是成圣，成圣的最高成就是：个人和宇宙合二为一。为了达到“天人合一”，在中国古代有两种哲学思想，即“出世哲学”和“入世哲学”。“入世哲学”强调社会中的人际关系和人事。由儒家主导的传统社会往往强调“入世”，典章制度对城市营造的影响，就反映出儒家的影响。但在中国古代社会，佛家、道家往往与儒家的思想不同，强调“出世”。“一个人要想取得最高的成就，必须抛弃社会，甚至抛弃生命。唯有这样，才能得到最后的解脱。这种哲学通常被称为‘出世哲学’。”① 中国传统城市的营造就表现出对宗教理想的追求。城市中的道教、佛教建筑往往占有十分重要的位置，与表征典章制度的建筑一起影响着城市的形态（表4-4）。

古代城市制度要素构成对比一览表　　表4-4

	城市实例	规模	文庙等级（大成殿）	衙署等级	城门数	钟鼓楼	天坛	先农坛	社稷坛	太庙	城隍庙
都城	北京	面积：64.5平方公里	重檐歇山顶，黄琉璃瓦九间，	太和殿，重檐庑殿顶，九间，黄琉璃瓦	9	钟鼓楼	都城东南	都城西南	宫城西南	宫城东南	城西
府（省）城	西安	面积：11.5平方公里	重檐庑殿顶；七开间	承运殿	4	钟鼓楼	不详	府东郊，坛高二尺一寸宽二丈五尺（雍正五年）	府西北（明洪武元年）	无	城西
府城	蒲州	周长：4公里	重檐歇山五开间	不详	4	钟鼓楼	无	不详	不详	无	城东
县城	韩城	面积：0.6平方公里	单檐歇山顶，面阔五间	单檐悬山顶，面阔五间	4	钟楼	无	不详	城西北	无	城东

中国古代城市里，人们不仅有对以“礼”为核心的典章制度价值的遵循，同时，宗教理想也成为人们重要的精神生活追求。在黄河沿岸历史城市表现尤为强烈。由于宗教理想强调脱离世俗，规模较大的宗教建筑大多处于山水之间，占据城市的有利地势，成为城市的标志，突出了城市的宗教意象。黄河两岸标

① 冯友兰．中国哲学简史．新世界出版社．北京．2004

志建筑呈现出“两线一中、东西相望”的特点。两线即滨河线和山塬线，一中即城市的中心。黄河晋陕地区城市的宗教建筑大多都处于两线之上。朝邑的东岳庙与金龙寺、蒲州的普救寺、河津的真武庙、汉城的圆觉寺、佳县的香炉寺与白云观、府谷的千佛洞等。城市中的宗教建筑多数处于居民区中间，成为某一地区居民的活动中心，有的居于道路尽端，成为道路的对景。

宗教建筑供奉不同的神灵，这些都与居民的生活有着直接的关系，成为人们精神寄托之所。宗教的重要节日成为融祭祀神灵、文化展示、物资交易等功能为一体的综合性活动。宗教建筑也随即成为居民的公共活动中心。

4.2.4 地方传统与习俗

城市设计还受到民间风俗习惯的影响，这个习俗有民族的共性习俗，还有不同地域的个性习俗。不同的习俗影响下，城市的结构、风貌就会不同。从民族共性习俗来看，表现为大一统国家中的共同信仰和风俗，例如对孔子、关羽的崇拜，对城隍的信仰，对风水禁忌的恪守等等；从不同地域的个性习惯来看，各地又有独特的习俗与文化，这是城市特色的重要组成部分。例如东南沿海对妈祖的信仰、运城由于盐池兴市而产生的池神信仰等等。在黄河晋陕沿岸的历史城市中，从大的方面看，由于对黄河水患的恐惧，几乎每座城市都建有河神庙或大禹庙，这成为这一地区城市的传统。作为黄河沿岸的历史城市，尽管文化背景相同，但不同的城市还是有着一些不同的习俗和文化传统，这些城市独特的文化影响了城市的建设。例如，蒲州作为传说中的舜帝建都之地，有关于舜帝的文化遗迹较多，在城市中就建有舜帝庙，正对舜帝庙的南城墙上还建有熏风台，延续出“舜都蒲坂”的文化意境；韩城、潼关、葭州等城市的军事防御功能一直较为重要，为了增强城市守防将士的凝聚力，求得神灵护佑，城市中的关帝庙建筑较多，韩城就有五座营庙，每座营庙都供奉关帝。由于自然气候与当地习惯的不同，城市里的建筑风格，尤其是民居形式都不相同，从潼关到河曲民居墀头的变化，就能体会到建筑风格的差异。

4.3 城市设计的意境层面

中国古代城市在与自然环境的融合、对精神生活的关注、对地方文化的延续中，表现了深厚的东方城市美学特质，城市的布局结构、城市景观有着鲜明的特色。对于这些城市设计遗产和理论的挖掘，有助于中国现代城市设计理论的完善，有助于乡土建筑现代化，有助于发扬东方固有的城市美学蕴藏和富有地方城市特色的新型城市景观的创造。长期以来，我们对中国古代建筑的研究付出了很大的努力，但对古代城市的研究尤其对古代城市设计的研究略显薄弱。

为此，吴良镛先生呼吁："中国传统城镇的构成明显区别于西方城镇，有独特的美学原则，可惜，学者们对此尚未予以系统的整理。""抢救东方城市设计的杰作是一项迫不及待的工作。……对于原有城市设计艺术的研究，从资料收集到具体工作，亦需要一定的时间。特此呼吁！……寻找失去的地方城市美学，不仅在于对一些历史名城的维护，更重要的是发扬东方城市的蕴藏。"①

中国古代的意境理论是中国传统美学的核心范畴。中国的艺术意境理论，是一种东方超象审美理论。其哲学根基，则是中国古代天人合一的大宇宙生命理论。中国古代城市是东方城市的代表，依据东方的美学原则设计，必然受到中国意境理论的影响。用中国意境理论分析和解读中国古代城市将会有新的认知。

4.3.1　意境的概念与意境结构

意境一词的提出，见于唐代，"传王昌龄所撰的《诗格》一书，提出'诗有三境：一曰物境、二曰情境、三曰意境'。"②。

宗白华先生定义为："在艺术表现里情和景交融互渗，因而发掘出最深的情，一层比一层更深的情，同时也透入了最深的景，一层比一层更晶莹的景；景中全是情，情具象而为景，因而涌现了一个独特的宇宙，崭新的意象，为人类增加了丰富的想象，替世界开辟了新境，正如恽南田所说'皆灵想之所独辟，总非人间所有！'这是我的所谓'意境'。"②。

宗白华先生将意境结构的特点总结为三点，即道、舞、空白。"艺术意境之表现于作品，就是要透过秩序的网幕，使鸿蒙之理闪闪发光。这秩序的网幕是由各个艺术家的意境组织线、点、光、色、形体、声音或文字成为有机和谐的衙署形式，以表现出意境。""艺术家要能拿特创的'秩序的网幕'来把住那真理的闪光。音乐和建筑秩序结构，尤其直接地启示宇宙真体的内部和谐与节奏，所以一切艺术趋向音乐的状态、建筑的意匠。"②

意境结构中的"道"就是宗先生所讲的"秩序的网幕"或"秩序结构"。通过这个秩序，将各类艺术形式中构成要素有机地组织在一起，共同表现出一种生命的节奏和天地境界。

"人类最高的精神活动，艺术境界与哲理境界，是诞生于一个最自由最充沛的深心的自我。这充沛的自我，真力弥满，万象在旁，掉臂游行，超脱自在，需要空间，供他活动。于是'舞'是它最直接、最具体的自然流露。舞是中国一切艺术境界的典型。中国的书法、画法都趋向飞舞。庄严的建筑也有飞檐表现着舞姿。""静照是飞动的活力源泉。反过来说，也只有活跃的具体的生命舞

① 吴良镛．建筑・城市・人居环境．河北教育出版社．石家庄．2003

② 宗白华．艺境．北京大学出版社．北京．1999

姿、音乐的韵律、艺术的形象，才使静照中的‘道’具象化、肉身化。”

空白是中国古代艺术的又一特点。这从中国画中便可知晓。中国画画家不是让笔墨填实整个画面，而是流出空白，把空白与笔墨作为一个整体来审视，也就是常说的“计白当黑。”庄子说：“虚室生白。”又说：“维道集虚。”宗白华先生在《中国艺术意境之诞生》一文中对中国画的艺术意境结构的空白进行了深入的研究。“中国画的用笔，从空中之络，墨花飞舞，和画上的虚白，溶成一片，画境恍如‘一片云，因日成彩，光不在内，亦不在外，既无轮廓，亦无丝理，可以生无穷之情，而情了无寄’（借王船山评王俭《春诗》绝句语）。中国画的光是动荡着全幅画面的一种形而上、非写实的宇宙灵气的流行，贯彻中边，往复上下。古绢的黯然而光尤能传达这种神秘的意味。西洋传统的油画填没画底，不留空白，画面上动荡的光和气氛仍是物理的目睹的实质，而中国画上画家用心所在，正在无笔墨处，无笔墨处却是飘渺天倪，画工的境界。（即其笔墨所未到，亦有灵气空中行）这种画面的构造是根植于中国心灵里葱茏氤氲，蓬勃生发的宇宙意识。”①

4.3.2 中国古代城市设计的意境结构

既然道、舞、空白是中国古代一切艺术的意境结构，那么古代城市也会反映出这种意境结构的特点。当然，中国古代城市作为一种实体空间艺术的表现形式，在道、舞、空白的艺术结构上更有不同于绘画、书法等艺术的特殊的表现形式。

“道”就是“秩序的网幕”，实际上就是一种用心灵对艺术相关因素在秩序上的一种安排。城市的“道”就是人们用心灵对城市人居环境中的构成要素在秩序上作出安排。中国古代城市人居环境就是对天、地、人、神四者关系的一种有序安排。它的秩序结构就表现为人与天地的天地秩序、人与人的礼乐秩序和人与神的宗教秩序。

“舞”是中国一切艺术的典型，洋溢着一种生命精神。中国古代城市“舞”和“空白”都是对“道”的感悟和阐释。“舞”关乎“道”的结构，凡城市秩序结构节点之处都有“舞”的存在；“空白”是对“舞”的陪衬，是“道”存在的基底。

4.3.2.1 城市之“道”

1. 重视城市与自然和谐的天人合一

中国文化中十分强调事物之间的联系，尤其强调人与天地的交合，以自己的生命之气与宇宙之气相交合。“《周易·泰》云：‘天地交而万物通’，通就是

① 宗白华．艺境．北京大学出版社．北京．1999

生命有机体之间的相互推挽，彼伏此起，脉络贯通，由此形成生命的联系性。"①作为人们的栖息地，中国古代城市有一种向自然环境回归的倾向，城市建设总是与自然环境密切相连，浑然一体。城市的营造通过实地的、长时间的踏勘，在对大自然整体察悟的基础上，寻找出自然中具有某种符合生存需求、文化价值、审美习惯、安全防御等标准的特殊的形态，作为人工环境契入自然环境的切入点。中国古代城市设计是通过城市形态、轴线朝向、标志建筑物、城墙的走向等人工环境与自然环境契合，达到人工空间与自然和谐的"天人合一"的境界。这种城市设计通过人工的建设，营造出一种聚自然美和人工美于一体的大的人居环境美，表达了一种追求人工环境与自然环境和谐，营造出二者合一的大环境的大和谐的理念。

城市形态集中表现城市的立意，反映了城市与环境的关系。城市所在的自然环境各自都有独特之处，城市形态就是建构在这种独特自然环境之中的。通过对自然环境的解读，寻找出城市与环境结融合的切入点，作为设计城市的依据。隋唐长安城建造的时候，城市设计师宇文恺审视了城市所在的自然环境，即在长安城址上有六条宽窄不等的黄土坡，俗称"长安六坡"。长安六坡成为构建城市的切入点。陕西韩城的芝川城的选址与建设体现了这种特点。"当筑时，亦堪舆者登麓眺，惊曰：'芝川城塞韩谿口，犹骊龙口衔珠，珠将生辉人文，后必萃映，迩岁科第源源。'果符堪舆者之言，人未尝不叹。是城武备而文荫也。"② 还有黄河沿岸的潼关城与华山、黄河的关系十分紧密，古人写到"华岳蹲西虎，黄河挂北龙。"可见，古代的城市形态的设计是将城市与自然结合在一起来审视的。

中国传统城市往往强调"辩正方位"，城市的轴线多为正南正北。但城市所在的环境若有形态特异者，城市的轴线往往朝向自然的特异形态。通过城市轴线将人工建造的城市与自然环境建立起关系。杨鸿勋先生将这种手法称之为"借景"，"朝宫前殿的中轴线直抵南山的两个山峰之间——'表南山之巅以为阙'，即把遥远的主峰作为宫阙的双阙。这种把已超过规划范围的南山地带的景观'借'来，组织到规划中作为组成部分，实际上就是后来《园冶》所谓的'借景'。"③ 隋代洛阳城宫城的轴线直至伊水流过两山之间的地方——"伊阙"，将之看作宫城的天然门阙，从而增加了人工环境的气魄。不仅都城采用这样的手法，普通城市也惯用。隋唐时期营造的陕西韩城县城就采用了这种手法。韩城县城坐南朝北，但城市轴线朝向西少梁原与梁山之间澽水与黄河的交汇处，轴线南偏西 7.5°。

城市的标志建筑都是与特殊的环境联系在一起的，它是由特殊的建筑形成、

---

① 朱良志. 中国艺术的生命精神. 安徽教育出版社. 合肥. 1998

② ［明］张士佩纂修. 嘉靖韩城县志·艺文. 芝川镇城门楼记. 嘉靖乙丑仲秋

③ 杨鸿勋. 第二届中国建筑史学国际研讨会论文集. 论中国园林借景. 北京. 2004

特殊的自然环境共同组成的系统。在这个系统里体现出来建筑选择环境与环境选择建筑的统一，集中反映了城市与自然的和谐。黄河晋陕沿岸的碛口、府谷、佳县等城市更突出反映了这个特点。碛口的黑龙庙并不在城内，位于城东南方的卧虎山顶端，依据环境特点，这座庙宇朝向黄河来水的方向，打破了坐北朝南的传统，坐东朝西布置。通过这座黑龙庙，使古城与黄河有机地联系在一起，成为碛口的标志。府谷、佳县两座城市位居黄河一侧的山塬之巅，城与河之间形成很大落差，两座城市均利用这个落差，修建了千佛洞、香炉寺等标志建筑，成为城市与黄河之间的过渡。城市正是通过这些标志建筑，从视觉、防御、审美、文化、活动等方面加强了与黄河的联系，从而将城市与黄河有机的统一起来，构建起一个“山、城、水、寺”合一的人居环境。

黄河晋陕沿岸历史城市建设总是主动适应、尊重“山水之形”，主动取向于山水，城市轴线朝向、标志建筑设置、景致布局等与自然环境中的“形之特聚”之处或形胜之地取得视觉上的和谐统一。采用的方法就是借景、对景和障景的方法。“既有‘法度’，又巧于‘变法’：在形式创造上，规整与自由相结合（即所谓的‘正中求变’）空间布局上，疏与密相结合（即所谓的‘疏密相间’）。如既有中轴线的处理（即所谓‘万变不离中’），又巧妙地利用虚拟轴线和进行轴线变换（如所谓‘对景’、‘借景’、‘障景’等）”。①

城市设计所反映出来“天人合一”的理念，还表现在城市本身的布局与设计是按照中国哲学中对理想人格的标准——“成圣”而进行的。“成圣”就是要做到天人合一。城市设计通过建筑空间，将人与天、地、人、神等因素统一起来，建立起一种“生存的价值标准”，使人在城市中的言行，受到这种环境的影响，从而逐渐完成“成圣”的目的。

2. 礼乐秩序、宗教理想与地方传统

司马迁在《史记释礼》曰：“上事天，下事地，尊先祖而隆君师，礼之三本也。”建筑是文化的载体，对于天、地、先祖、君师的文化崇拜，自然就形成了承载礼制文化的礼制建筑。主要有祭天的天坛、祭地的地坛、祭社稷的社稷坛、祭农神的先农坛和先蚕坛、祭日月的日坛和月坛、太庙、文庙等。这些祭祀仪式中对天、地、日、月以及皇帝先祖的祭祀只能由皇帝主祭。所以，这些祭祀的场所也只能建在都城，在州、府、县城是看不到的。依据制度在州、府、县城只能祭社稷、先农、至圣先师。于是在地方城市就出现了社稷坛、先农坛、文庙，此外还有风云雷雨山川坛。“道”的礼乐秩序层面主要表现在城市的规模、空间格局及尺度、城市色彩、城门个数、城池规模、衙署大堂的形制、文庙大成殿的规制、城隍庙正殿的规制、坛的设立及其规模、钟鼓楼的设置等十个方面。

“道”的宗教理想集中表现在主要宗教建筑的位置、规模、与自然及城市的

① 朱良志．中国艺术的生命精神．安徽教育出版社．合肥．1998

特殊关系，还有宗教建筑相互之间的空间关系、文化关系及其特殊的含义。“道”的地方传统层面集中表现在独特的地方传统、禁忌、习俗等在城市营造中起到控制性的作用，影响到城市的空间的布局。

4.3.2.2　城市之“舞”

舞是中国一切艺术意境的典型。中国的绘画、书法都趋向飞舞，中国的建筑的屋顶飞檐也表现出舞动的意象。杜甫在《观公孙大娘弟子舞剑器行》写到：“昔有佳人公孙氏，一舞剑器动四方，观者如山色沮丧，天地为之久低昂……”。中国古代建筑也有类似的记述。《诗经·斯干》里赞美周宣王的宫室时就拿舞的姿势来形容，说到“如跂斯翼，如矢斯棘，如鸟斯革，如翼斯飞”。“‘舞’，这是最高度的韵律、节奏、秩序、理性，同时是最高度的生命、旋动、力、热情，它不仅是一切艺术表现的究竟状态，且是宇宙创化过程的象征。”[①]“舞”是一种生命精神和审美意识的高度浓缩，也表现出一种虚灵的境界。

中国古代城市作为空间的艺术，生动的表现了“舞”的意象。人工城市与自然山水共同创造出一个完整的艺术空间。自然本就是舞动的，奔腾的山脉和浩荡的河流，本就是一种自然力作用的结果，是最具生命力量和生命精神的。它将天地联系在一起，城市设计正是用飞舞的笔触，架构城市于山水之间、天地之间。城市的标志建筑、典章建筑、佛道建筑等，或作为城市与自然契合点、或作为城市与制度的结合点、或作为城市与神灵交融点，都呈现出飞舞的姿态。自然之舞与建筑之舞共同舞动了整个城市，将之趋向于天，达到唐代画家吴道子请裴旻将军舞剑之时说道的：“庶因猛厉，以通幽冥。”

山河是舞动的、重要建筑的飞檐是舞动的，就是民居建筑也表现出一种舞动的意象。民居的屋顶、墀头、防火山墙都追求一种曲线、追求一种舞动的美。当然，民居建筑的“舞”是内敛的、基底的。吴良镛先生在《寻找东方城市失去的城市设计传统》一文中，对福州的城市设计赞到“试看福州那山脉的奔腾蜿蜒与民居建筑生动的曲线是何等的统一！我们规划设计者能不从中得到启发而加以深思吗？”[②]（图4－52）

中国古代城市表现“舞”的建筑形式有塔、楼、阁以及重要的大殿等。塔、楼、阁等建筑本身就具有舞动的特点，是一种有节奏、韵律、秩序的建筑。这些建筑依据“道”的要求，往往处于城市的重要地段，成为城市的景观和观景点。大殿建筑尽管没有塔、楼、阁建筑的标识性、节奏性和舞动性强，但它的体量、色彩和布局位置在城市里是明显的。

“舞”就是通过建筑的高度、形式、色彩、位置与环境的结合以及自然山水的形态共同表现出来的，是一种圆润的、曲线的、旋动的生命美。宗白华先生认为，造成中国艺术在世界上的特殊风格的原因很重要的就是由于舞动所展示

① ［明］张士佩纂修．嘉靖韩城县志·艺文．芝川镇城门楼记．嘉靖乙丑仲秋

② 吴良镛．中国传统人居环境理念对当代城市设计的启示．世界建筑．No1.2000.83

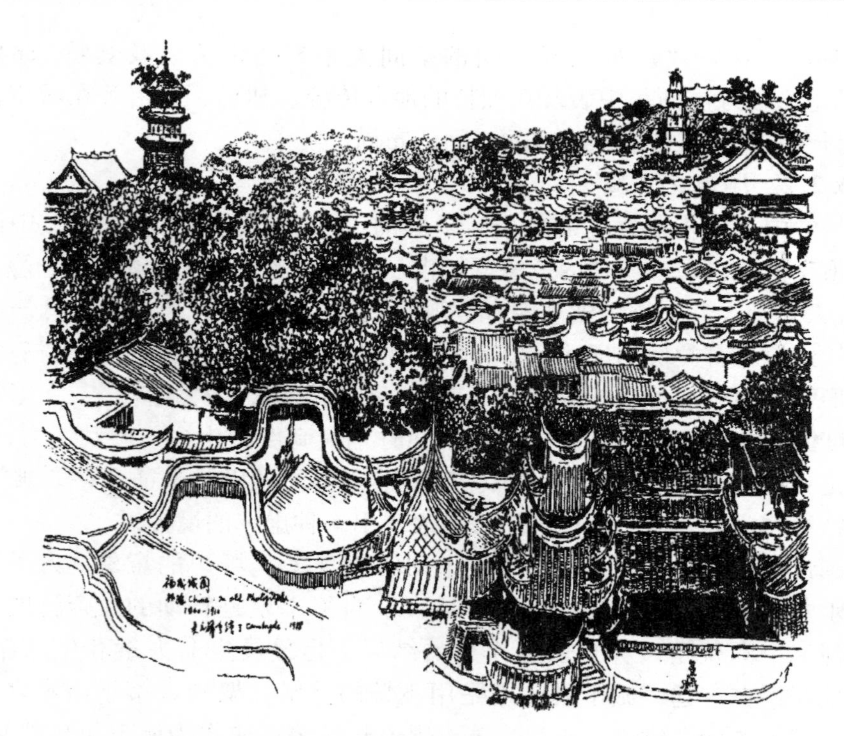

图 4-52　吴良镛先生手绘福州城市鸟瞰图

出来的虚灵的空间，这是中国绘画、书法、戏剧、建筑里的空间感和空间表现的共同特征。这是与从埃及以来所承受的几何学的西方的空间感是不同的。

4.3.2.3　城市之“空白”

中国的绘画和书法都有留白的传统，表达一种空灵动荡的意境。“我们见到书法的妙境通于绘画，虚空中传出动荡，神明里透出幽深，超以象外，得其环中，使中国艺术的一切造境。”① 正如庄子所说：“虚室生白”和“维道集虚”。

中国古代城市设计秉承“留白”的传统，重视“虚”和“白”空间的营造。对“空白”的设计表现为两个层面：一是中国古代的建筑空间构成中均留出庭园空间，“计白当黑”，表现出空的意象。中国古代城市建筑的空间构成之法，对“空”的空间设计尤为重视。鸟瞰古代城市，就可看出建筑与庭园形成的四合围中、虚实相映的城市肌理，温柔敦厚、雅致中和的虚灵之象。二是中国古代城市中的民居等建筑作为城市的基底，成为城市“舞”的陪衬，表现出白的意象。古代城市民居建筑是城市的基底，这从古代的城池图就可以看出。中国古代城池图中仅绘出重要的建筑和山水，而不标识民居之类的基底建筑，图中留出空白。清代蒲州城图明确的说明了这个特点（图 4-53）。城图中标识出了黄河、河堤、城墙、鼓楼、文庙、虞帝庙、城隍庙、衙署等要素，民宅处

① 吴良镛．中国传统人居环境理念对当代城市设计的启示．世界建筑．No1. 2000. 83

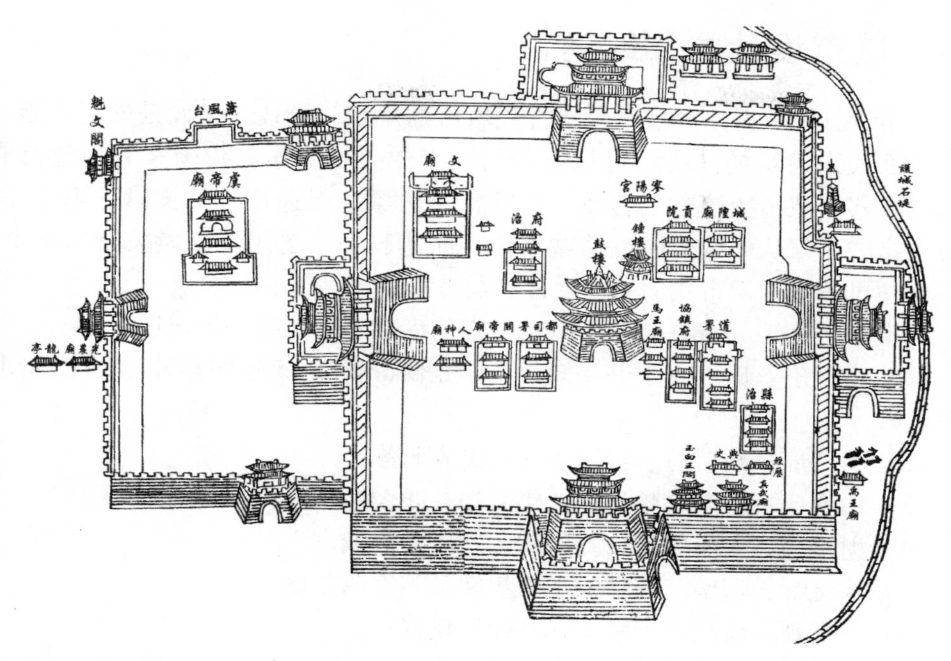

图4－53　蒲州城图

均留作空白。同时，还可以从吴良镛先生描绘的福州城图可以看出舞与空白的关系。

民居建筑虚实相生的空间肌理、错落有致的屋顶形式、青砖青瓦形成的灰色基调、统一的建筑体量和相当规模的民居建筑数量，与其他建筑形成鲜明对比，成为城市的基底。这样的城市基底是虚实有序而非杂乱无章、错落起伏而非平直呆板、色彩统一而非五彩斑斓、体量相宜而非求高求大。综合这些认识，中国古代城市意境结构中的空白是基于对“道”的体悟，创造一种整体有序、可俯可仰的人居环境美。

用中国古代的意境理论分析中国古代城市设计，给认识中国古代城市提供了新的视角。“道”、“舞”和“空白”既是中国古代城市的意境结构也是中国古代城市的设计方法。“道”就是城市设计的秩序。基于特殊的文化传统，在一定空间里规划、设计和安排“天”、“地”、“人”、“神”四者关系。设计了人与天地关系的天地秩序、人与人关系的礼乐秩序和人与神关系的宗教秩序。“舞”和“空白”是建立在对“道”的感悟的基础上，对城市景观形态的概括。城市秩序的节点之处都设计为“舞”意象，“空白”是“道”存在的基底，是“舞”的陪衬。

“道”、“舞”和“空白”的意境结构，构成了中国古代城市的深层空间秩序，这种秩序根植于一个“跳跃的、至动而有韵律的心灵”。中国古代正是用心灵去设计城市，设计一种“通天达人”的人居环境。继承这种城市设计遗产将会对当今中国城市设计提供有益的借鉴。

4.4 城市设计的实践途径

城市设计的实践途径主要是指古代城市的规划、设计、建设是如何实施的，是由什么人来组织的。我们可从浩瀚的史书中寻找线索。我国素有通过修志、刻碑的方式记载历史事件的传统。尽管世事沧桑，但遗留下的文献、碑刻还是十分丰富的。仅从韩城文庙、韩城城池、河津麟岛、芝川城、潼关城等几个典型事例便可清楚认识古代的城市设计实践过程。

乾隆四十八年《府谷县志》对县城中的寺观进行了统一的记述：

（1）城隍庙：康熙六十一年知县金元宽修，乾隆25年知县郑相捐奉率阖邑士庶重修；

（2）关帝庙：县署后、正德年间典史齐聪修；

（3）白衣庙：城东、顺治十二年，知县龚荣遇重修；

（4）财神庙：大南门外，乾隆四十六年知县麟书立；

（5）大觉寺：城南，乾隆四十六年知县刘度昭重修；

（6）三清观：康熙六十一年知县徐容重修；

（7）观音殿：万历丁未知县金鸣凤重修；

（8）财神庙：城内，雍正甲寅年阖邑士庶修；

（9）文　庙：明洪武十四年知县齐翔建；

（10）魁星楼：城隍庙南，乾隆四十七年知县麟书令新进文武生员捐资修建；

（11）风云雷雨山川坛：乾隆元年知县陈师遵捐建；

（12）先农坛：雍正五年知县萧家齐重修；

（13）关帝庙：西门内，顺治年间知县魏震重修，乾隆十二年知县宫殿重修；

（14）土地祠：县署大门内东偏，顺治十二年知县龚荣遇重修；

（15）龙王庙：康熙二十二年知县牛乡云重修；乾隆四十年知县郑居中劝士庶捐修；

（16）马龙庙：民人赵有等合修；

（17）河神庙：西关外石山上，康熙初年封知县苏观生捐地基新建，乾隆十二年孝孙苏藩修。

从这些记载来看，古代城市建设的第一负责人是城市的管理者，即知府、知州或知县。无论是具有典章意义的庙宇，还是普通的河神庙、龙王庙、关帝庙，甚至是一些寺庙道观都是官员所立。

明万历六年（公元1578年）的《重修玄帝庙并增建洞阁记》碑记中对修建的过程记述得十分详细。“邑人前河州判贰庞君礼，每同予游谒。谓道士颂习正殿，非禋荐神明之体，乃倡议捐金若干，募缘若干，卜良于庙西北隅，以贲饰神宇。馀资瓦砖三窟，象紫微大帝、三官、三皇等圣。上崇以阁，玉帝居之，见高无二。……。斯举也，倡议者庞君，是踩着善信士，募义效劳则道士郭教善师弟等。”从碑文记述的题记看，撰文的是“修职佐郎直隶顺天府知事致仕候儒”，即今北京市大兴县知事；篆额人是“徵仕郎陕西河州判官致仕庞礼”，即今甘肃临夏市判官；书碑文的是“文林郎山东昌邑县知县候鹤龄”，即今山东昌邑县。候儒、庞礼、候鹤龄三个均为河津人，在外省为官。碑文还记载了当时参与修建庙宇的玉清宫主持郭教善及其弟子10人，乡人6人。

韩城文庙位于韩城旧城学巷内。据明万历三十五年本《韩城县志·卷一》记载：“学宫初，参错民居而迫隘，勘舆家叹之。邑民杨福厚以五十金易院二区而广西南，程爰以地五亩而扩东北，学基用是始成正大，而观者俱颂鸿淑云。”据《大明一统志》记载：“韩城县学于洪武四年（公元1371年）在旧址上重建。”《陕西通志》：“韩城县学洪武四年（公元1371年）知县周吉成重建。”又据《韩城县志·卷七》记载《韩城县学重修记－右都御史邑人张士佩撰》：“韩之学，建于洪武四年。东濒城，南临衢，西北则犬牙民居云，继建而修之……。”

明弘治三年（公元1490年），知县杨遇春建文庙尊经阁，教谕胡匡作上梁文。有碑记录，碑现置于韩城文庙内。

《保德州志》记载：金大定二十一年，知州李晏退于西南城筑木瓜崖，广五步，袤一百七十步；元至正间署州学正刘章甫重修，明永乐十一年，州同尹堆志重修，宣德八年，知州任泰重修……

《河曲县志》记载：明景泰间重修，嘉靖间本道张巡以南城辽阔止留东西二门俱仍土旧万历间给谏苗朝阳建议兴筑巡抚侯于赵调军兵万余鸠村包砌。崇祯间，贼踞城，病渴授首安抚太原令崔从教请筑南门水城靡币数万仅筑东南一角余仅土垣穿得五井不越数尺寻即烟废。皇清顺治五年，巡抚祝公都缮城垣概废，赈米数十石又与本道徐淳知县马云举捐货设处鸠集贫民开筑河曲。

在明代嘉靖版《韩城县志》中收录了由当时担任右都御史的韩城人张士佩撰写的《芝川镇城门楼记》。文中写道：“是城也，当初筑时，一堪舆者登麓而眺，惊曰：‘芝川城塞韩谷口，犹骊龙口衔珠，珠将生辉，人文后必萃映。’迩岁科第源源，果付堪舆者之言，人未尝不叹。是城武备而文荫也。”

从这些记载可以看出，城市设计从选址、规划、建设、维修的过程中，参与的人员有城市管理者（知县、知州或知府）、风水师（堪舆者）、县邑士人、宗教人员、居民以及工匠。

城市的管理者是城市规划、建设的总体负责人。从历史文献的记录来看，城池的修筑、重要公共建筑的建设与维修都是在行政官员的主持下完成的。在古代社会里，官员对中华文化、典章制度是十分熟悉的，也是文化程度较高的人员，因此对城市建设制度层面的内容把握的十分准确，这是中国古代城市建设的一个特点。与此同时，官员也是城市防御工程建设的负责人。堪舆家、风水师在中国古代城市营造过程中起着十分独特而且重要的作用，大到城市的选址、城市形态的确定、标志建筑的选位、公共建筑的布局，小到民居建筑的营建，都离不开堪舆家。在传统社会里，强调自然界的整体性及事物之间内在的关系——有机自然观，营造活动要顺应这种天地运行的规律，古人运用易经哲理，讲究阴阳相合，按照五行相生相克的关系，产生了一整套处理人与建筑、建筑与环境、人与环境关系的理论，这就是风水理论。这一理论成为营造活动实现“天人合一”、人与万物和谐相生的方法和途径。堪舆家是风水理论的实践者、创新者，在营造活动中担当了沟通人与“天”、“神”、“万物”的角色，于是便增添了一种神秘的色彩。县邑士人即是通过科举取得功名的官宦，他们一般都在异乡任职，但对故乡都有一种感念之情，报答之恩。这些人文化底蕴深厚，见识广博，在社会上有名望，有号召力，也有一定的经济基础，常常倡导建设一些文化建筑和风景建筑。宗教人员在城市建设中也有积极作用，是宗教建筑的修建主持人。城市管理者（知县、知州或知府）、风水师（堪舆者）、县邑士人、宗教人员等四类人员，是城市立意、形态、意境最为直接的决定者，也是城市设计理论的主要来源。正是源于四类人员思想的共同作用，才确保了城市在精神层面实现了天人合一的宇宙模式、尊崇典章的礼乐秩序、超脱现实的宗教理想等三个特点。除了城市管理者（知县、知州或知府）、风水师（堪舆者）、县邑士人、宗教人员等四类人员以外，居民也是城市建设的重要参与者，城市基底多是居民自己营建。工匠是城市建设的最基本，也是最重要的部分。城市设计的所有构思、想法都是通过工匠的具体营造实现的。工匠对于地方文化的传承，对于城市建设起着无人可替代的作用。

4.5 城市设计的含义

通过对黄河晋陕沿岸历史城市功能结构的研究，可以深入认识这些城市的性质和本质，这是认识古代城市设计的前提和基础。中国古代的城市设计含义就是从人的生存意义和价值出发，通过建筑空间的形式对人与天、人与地、人与神、人与人之间的关系进行一种安排，建立起一种物质空间与哲学价值观念高度一致的聚居环境。通过官员、风水师、士人、匠人、居民的共同努力，将城市的各种要素有机地组织起来，展示一种深层的文化理想，一种生存的意义和价值。

中国古代城市是物质、精神、美学的统一体。物质空间是形式和结果；精神层面是依据和标准，意境层面是境界和归宿。第一个层面是“形而下”的“器”；第二、第三层面是“形而上”的“道”。物质空间层面包括八大要素，即自然、轴线、骨架、标志、群域、边界、基底、景致。精神层面包括天人合一的宇宙模式、尊崇典章的礼乐秩序、超世脱俗的宗教理想、个性独具的地方传统。意境层面包括道、舞、空白3个内容。文化意义始终体现在城市营造的各个环节，建成之后的城市空间里也真实反映着文化意义。物质空间层面的8个要素与精神制度层面的 4 个因素相互交织，形成完整且统一的整体，折射出一种东方美学和哲理。文化意义与物质空间就是在“人的生存、发展”这个支点上统一的。基于“文荫思想”的城市设计就是一种以人的生存、发展为出发点和归宿的文化创作活动，就是在特定的自然、人文环境、物质条件下，从“形而上”的“道”出发，将天、地、人、神 4 大要素在“形而下”的“器”中和谐统一起来的谋划过程。(图 4－54)

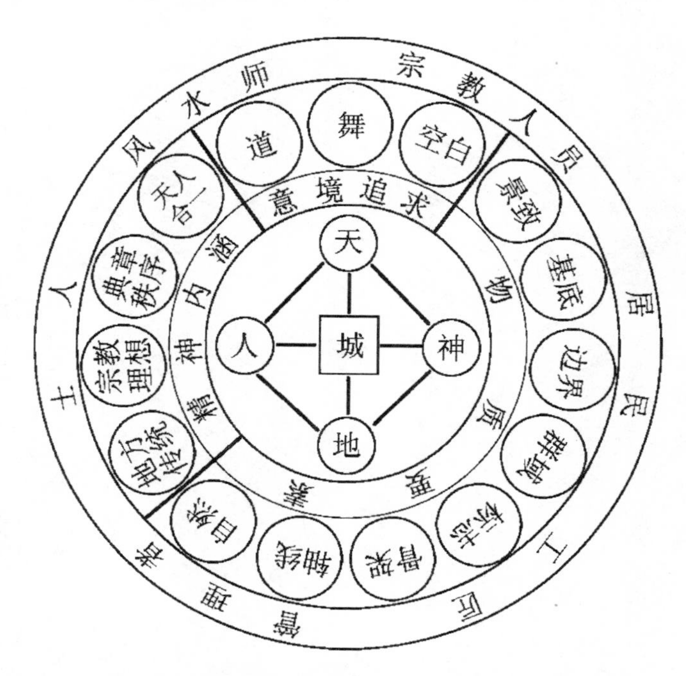

图 4－54　中国古代城市设计模式图

小结

本章是在前 2 章研究的基础上，从“文荫武备”思想出发，在国内外对城市设计研究的基础上，结合中国古代城市设计的特点，提出了“自然、中轴、骨架、群域、标志、边界、基底、景致”等中国古代城市设计的 8 大物质构成要素，并对每一部分进行了研究。在此基础上提出古代城市设计的精神层面的影响因素和意境结构。从精神层面来看，影响古代城市设计的有宇宙秩序、典章制度、宗教理想和地方传统等4 个要素；从意境层面来看，借用宗白华先生提出的中国艺术“道—舞—空白”的意境结构研究中国古代城市。本章还论及古代城市设计的实践途径。最后总结了古代城市设计的含义。

第5章

城市支撑系统

支撑系统是现代人居环境的五大系统之一。吴良镛先生将之定义为："支撑系统主要指人类住区的基础设施，包括公共服务系统——自来水、能源和污水处理；交通系统——公路、航空、铁路；以及通讯系统、计算机信息系统和物质环境规划等。支撑系统是指为人类活动提供支持的、服务于聚落，并将聚落联为整体的所有人工和自然的联系系统、技术支持保障系统，以及经济、法律、教育和行政体系。"① 通过对中国古代人居环境思想的研究，"武备文荫"可以说是对这一思想的简明概括。其实，支撑网络系统就是在"武备"思想影响下，所形成的基于城市安全、道路交通、基本生活设施等物质空间保障系统。中国古代城市人居环境建设的支撑系统主要包括防御系统、交通系统、给排水系统、防洪系统等。支撑系统对城市具有重要作用，没有这些物质空间的保障，城市的功能就不可能正常运转，居民也就谈不上"安居乐业"。

支撑系统对于黄河晋陕沿岸的历史城市更是十分重要。首先，这一地区在历史上特殊的战略地位，在建城时对于城市的防御体系就十分重视。从现存的城市遗址、城市图片和历史文献的记载来看，每座城市为了加强自己的防御，结合自然环境特点，进行了创造性的城市营造活动，在城市防御上取得了十分重要的成就；第二，这一地区由于地形复杂多样，城市交通为了适应特殊的地形环境就呈现出多样化的特点；第三，由于黄河的不稳定性，黄河沿岸的城市为了抵御黄河洪水的侵袭，采取了各种防洪措施，这成为这一地区城市的特点之一；第四，黄河沿岸的历史城市尽管沿河布局，但城市的供水有的还十分不便，在城市的给水系统上也投入了很大力量，也具有重要的研究意义。

5.1 防御系统

5.1.1 筑城与环境

城市的防御思想、防御设施的建设主要由古代的兵器所决定的。长期处于冷兵器时代是中国古代城市防卫体系建设的前提。在冷兵器时代，城池的防守作用是十分有效的，位居城防作战的思想十分明确。利用山、水、城、关等环境进行区域整体防卫；利用城池进行守城抗击，挫敌于城下。从黄河晋陕沿岸历史城市产生及其发展历程来看，城市防御功能体现的更为突出，也极富特色。依靠黄河天险进行城市设防是这一地区历史城市的显著特点，城市利用黄河及山川环境营造城市。城池防御与环境的关系可概括为：构寨设堡、川谷拱卫的区域环境观；跨山据河、设险屏外的城市环境观；笼山临川、据高望远的建筑环境观。

---

① 吴良镛．人居环境科学导论．中国建筑工业出版社．北京．2003

5.1.1.1　构寨设堡、川谷拱卫的区域环境观

从历史时期全国大区域的防御格局来看，黄河沿岸的历史城市起着重要的作用。仅以潼关为例，就可说明。潼关古城介于秦岭、黄河之间，当道而踞。自潼关筑城以来，就成为长安的东部门户。为了长安的安全，潼关的防守就十分重要。关城东门与禁谷、麒麟山、城墙、黄河等构成整体，古人把这一景观列位“潼关八景”的第一景，古称“雄关虎踞”。雄关，即关城东门的关楼。虎踞，意指东门外麒麟山形似猛虎镇守关口。东门城楼北临黄河，面依麒麟山角，东有远望沟天堑，是从东面进关的唯一大门，峻险异常，大有“一夫当关，万夫莫开”之势。（图5－1）

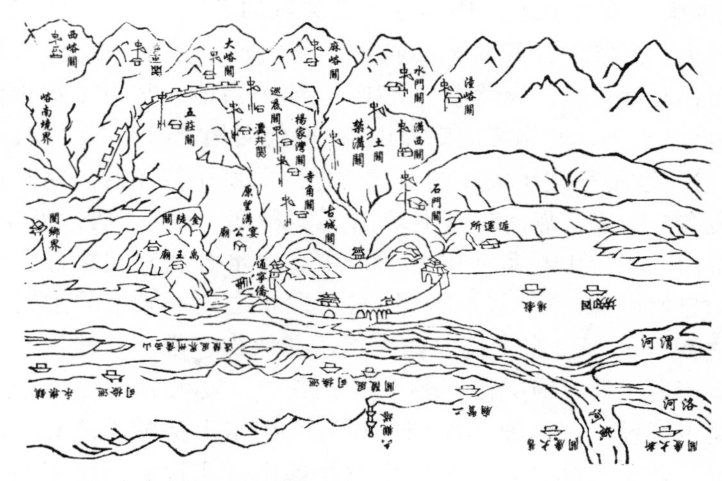

图5－1　潼关区域环境图

为了使禁沟不被偷袭，在禁沟连筑十二墩台，号称“十二连城”。《潼关卫志》载：“右设十二连城于禁沟之西，由南郊抵山麓计三十里，而十二连城是三里一城也。每城设兵百人，而于中城益其兵，多设火器矢石，联络呼应，疾苦风雨，即有百人之众，岂能超越而飞渡耶。故守关而不守禁沟者，守犹弗守也，守禁沟而不守十二连城者，守犹未善也。是尤一室之内，杜门塞窦，以防鸟雀之入，而忘闭其牖也。”① 这样潼关南为群山，而且跨山筑城，抵御入侵之敌，仅有的禁沟通道也被“十二连城”阻隔；北部为黄河天堑，康熙《潼关卫志》描述了潼关城的形势，“关之南秦岭雄峙，东南有禁谷之险，禁谷南设十二连城，以防秦岭诸谷，北有洛渭二川汇黄河，抱关面下，西则华岳三峰叠环，诸山高出云霄，春秋传云：秦有潼关，蜀有剑阁，皆国之门户；元史云：南据连山，北限大河；山海关志云：畿内之险，唯有潼关与山海关为首称。”葭州城是为护卫黄河而建设的，为了保护葭州城，沿着葭芦河布置了许多寨堡，呈现整

---

① 转引自《潼关文史资料》第八辑．太白文艺出版社．1998

体防御之势；朝邑城周围的堡寨环卫而置，形成拱卫之势。

5.1.1.2 跨山据河、设险屏外的城市环境观

城市的建造与山势河流之势密切联系在一起，凭借自然增助人工建筑的气势，达到防御的目的。潼关城、葭州城、府谷城、保德城等城池，都是结合山势建设，呈现跨山据河的城市意象。乾隆四十八年的县志中对府谷城的形态记载道“城建山上，周三里七分，高二丈五尺，六门；因河为池，东南逼临黄河，城根巨石嶙峋甚陡险。正南门迤东，高悬崖上；迤正西门更石崖崇耸；至小西门石崖稍低，然自然迤西至北俱高深，石址下有宽大深沟绕之；自北迤东二十步许，地稍平坦，而甘露一沟直南绕河，其深阔实壮；东隅之险，当与铁葭州匹雄焉。”康熙版《潼关卫志》中描述了潼关城的形态：“依山势周一十一里七十二步，高五丈，南倍之；其北下临黄河，巨涛环带；东南则跨麒麟山、西南跨象、凤二山，嵯峨耸峻，天然形势之雄。”潼关当地人常用一句顺口溜描述潼关城：“潼关城两头尖，北靠黄河南靠山”。明代周相赞曰：“黄河挂北龙，太华蹲西虎”，十分生动地描述了关城的环境意象。关城东段东西大路临黄河南沿上麒麟山；西段东西大道，靠河南沿上象山（又称蝎子山）。居民就生活在象山、凤凰山、麒麟山、印台山与黄河围合的地带。潼水有从其间穿过，它既作为城市战略防守的自然屏障，又是城市居民日常取水之处。城市的主要街道都围绕这条“生命之源”布局，东大街、西大街、北大街、都垂直潼河布置，南大街沿潼河布局。街道布局纵横交错，多“丁字路”、“袋状路”，这与城市防御有直接关系。潼关古城设城门六座，城门都设置在山水形势峻险之处。北水关、小北门均临黄河，处于水陆之际。东门南据麒麟山，北接黄河，东门外山水间仅有一路通往金陡关，其间还有原望沟一道防线。南水关、上南门均据山设险。六座城门均有名称，东名“金斗”，先名“迎恩”，后改“屏藩两陕”。西名“怀远”，后改“控制三秦”。南有二门，东称上南门，先称凌云，后改“麟游”，再改“览山”；西称大南门，先名“迎薰”，后改“凤于”。北门有二，东为小北门，先称“俯晋”，后改“拱极”，再改“镇河”；西为大北门，先名“吸洪”，后改“霸英”。由于潼水穿城，潼关古城又建南、北2座水关，南水关筑闸楼7间，依水洞北侧筑造天桥，作为城中东西交通之用；北闸楼九间，构筑手法与南水关相同。

黄河晋陕沿岸的历史城市的建设都是结合自然环境建设的，城市、山、河融为一体，共同构筑了城市防御整体，这种思想影响下的城市形态结合地势，各具特色，成为黄河晋陕沿岸历史城市的一大特点。

5.1.1.3 笼山临川、据高望远的建筑环境观

受防御要求的影响，城市的重要建筑的布置与山川环境有着直接的关系，往往处在战略位置关键之处。有的居于山巅，便于瞭望；有的濒临河畔，利于防守；有的居于险要之地，以抗击敌人。这就形成了黄河晋陕沿岸历史城市中的典型防御建筑。这些典型防御建筑与其所在的山水环境是一个有机的整体，

建筑依托环境而存在，环境因为建筑而雄险，建筑与环境一起更显神奇。从历史城市所在的环境、遗存物、历史图片，并结合实地调查，还可以看到的黄河沿岸历史城市典型防御环境与建筑有潼关东门与南北水关、韩城营庙与将军楼、佳县鬼门关、府谷南门瓮城。

1. 潼关东门城楼与南北水关

潼关城处于黄河与秦岭山地之间，城与黄河之间没有隙地，再加上黄河下切，古城与黄河形成了较大落差。这样，北端是无法通过的。潼关南端城墙依山势而建，气势险峻，是不可能跨越的。南山北水之间只有一条孔道，即是东部通往关中的必经之路。而这条通道上，潼关城楼处于东西向的大道上，关楼北段紧邻黄河，河水逼近关城和北城墙。尤其是东门城楼。东门城楼北临黄河，南依麒麟山角，东有远望沟天堑，是从河南通往关中的唯一入口，十分险峻。为了增加关城的防御，将进入城门的道路修成坡路，且呈弯曲状，与雄威的城楼、巍峨的麒麟山以及跨山而建的城墙共同营造了"第一关"的意境。"潼关八景"的第一景"雄关虎踞"就是指潼关的东门的整体环境。清代淡文远先生在《雄关虎踞》诗中赞曰："秦山洪水一关横，雄视中天障帝京。但得一夫当关隘，泥丸莫漫觑严城。"

张驭寰先生曾对潼关东门城楼进行了调查研究，他在《中国城池史》一书中对此记述道："第一层为东西通达的券门门洞，关楼之东面券面的端顶用石匾刻'古潼关'3个大字。关台作明显侧脚，上施城墙垛口，关楼第二层每面各3间，四面外廊相通，以便窥视敌情。柱头梁枋施用简单的斗拱，楼顶四角挑起，上覆歇山屋顶，鸱尾头部向内，是一座典型的清式关楼建筑。上覆灰色瓦筒瓦，关楼建设坚固万分，宏伟壮观，人们走到关楼之时觉得十分渺小。"① （图5－2、图5－3）

图5－2　潼关东门城楼图

图5－3　潼关东门图

南、北水关楼也是两座规模宏大的城楼。从现存南、北关楼的照片看，北关楼面阔9间，单檐歇山顶，楼内侧作腰檐三滴水。其余3面包砌砖壁，外侧开

① 张驭寰. 中国城池史. 百花文艺出版社. 天津. 2003

3排箭窗，每排9个；从照片上看不出北水关楼侧面每排箭窗个数，但可以看出，东门箭楼、西门箭楼、南水关楼的侧面每排均开2个箭窗。由此可以推测，北水关侧面每排开2个箭窗。这与西安东门箭楼十分相似，只是规模稍小而已。但十分重要的是，北水关楼所在的台基，横于潼水之上，开凿了5个门洞，便于水的流通和排放。这样也增强了北水关楼的个性特征。南水关楼的基座开3个门洞，面阔五间，单檐歇山顶，南、东、西3面各开3排箭窗，南侧每排5个，两侧每排2个。南、北关楼内均设闸板，视潼河水涨落开关水闸。此外，在南水关楼内，每年夏秋之间，河水暴涨，潼河东、西通行不便，于清朝嘉庆五年（公元1800年），在洞口之上修建了天桥便于人行。这也成为潼关特有的建筑形式。（图5－4）

图5－4　潼关南水关图

2. 韩城将军楼与营庙

韩城城市中防卫建筑最典型的就是“五营庙”与“将军楼”。在一座城市中布置五座营庙的这种规划布局，在黄河沿岸历史城市中还是独一无二的。五座营庙分别围绕四座城门和衙署布置，起到保卫、防御的作用。《乡土志抄稿本选编五》中的第四十二课“城内五营”记道：“营以行军，異哉，庙以五营称，中营近署，余四营均近四城，营皆巨庙，庙皆关帝，岂以志尚武之精神乎，抑以备非常之变。”[①] 这意思是说，营是士兵的处所，而韩城的五营实际上主要是一处庙宇，均供奉的是关公，事实上，五营庙也就是五座关帝庙。五营的设置有二，一是倡导尚武精神；二是防备敌人，护卫城池。为了警备，城内还建有五座高楼，以利于军事防御。第四十一课“城内高楼”：“城内四五丈高楼有五，皆贤达所建，有警望敌且可居中号令四城者也，最中为将军楼，四隅各一，亦天然城内之险也”，[①]5座高楼威立于城中，与大量的作为基底的建筑形成鲜明的对比，显然成为韩城的一大景观。

① 国家图书馆地方志和家谱文献中心编．乡土志抄稿本选编五．线装书局．2002

3. 佳县鬼门关

图5-5　佳县香炉寺图

佳县鬼门关是对处于佳县城东濒临黄河的一处地势的称谓。是葭州城东通向黄河的唯一山路，葭州城在此设一门，即小东门，俗称“通香炉寺门”。由于山路崎岖，地势险要，利于防守，可谓“一夫当关，万夫莫开”之地。为了便于防守，在此处建有香炉寺，完全遵循山势，在怪石嶙峋之地巧构庙宇，居高临下，蔚为大观。既是防卫、瞭望之处，又是欣赏黄河风景的佳地。(图5-5)

府谷南门瓮城与荣河书院 府谷南门瓮城与荣河书院也是一处十分雄伟的景观。南门瓮城与荣河书院依山而建，横亘于黄河与城市之间，魁星楼倚立于峭壁之上，完全控制了城墙与黄河沿岸峭壁之间的空地，对府谷城的防卫起着重要作用。

5.1.2　城池规模

城池规模是城市防御的重要影响因素。在战略要地，城池过小，不利于组织防御，以足够力量来抗击敌人；城池过大，防守人力不足，不能够有效守城。古人就有“都城过百雉，国之害也”的经验。唐代末年，由于都城的东迁，长安守城兵力严重不足，为了有效防御，弃外城而建新城；元代时的蒲州城也是为了便于防守，将城东西分开，仅治西城。为了便于有效组织防御，建立起完整的防御体系，各地在长期的战争实践中，逐渐积累了城池筑造的经验，这些经验反过来又指导了新的城市建设。到宋代时，陈规撰写的《守城录》一书中将这些经验进行了理论化、系统化，明确了城池建设的规模和规制。《守城录》中将城分为大城、次城、小城3类，分别对各类城的城墙高、底宽、面宽作了规定（表5-1）。“凡大城，除垛，城身必高四丈、或五丈、或三丈五尺；面阔必二丈、或二丈五尺、或一丈七尺五寸；底阔必四丈、或五丈、或一丈五尺。次城除垛，城身必高三丈、或二丈五尺、或一丈五尺；面阔必一丈五尺、或一丈二尺五寸；底阔必三丈或二丈五尺。小城除城垛身必高二丈，面阔一丈，底阔二丈。”《古今图书集成》一书中，记载了各城的规模(表5-2)，按照《守城录》中基于城墙底宽、高度、面宽对城池规模的划分，黄河晋陕沿岸历史城市大多属于“次城”类型，也就是中等城池规模，只有蒲州是大城，属于大城中的小型大城。在中等城内，葭州城、韩城、河津属于中等城的大型城；吴堡、府谷、河津属于中等城的中型城；朝邑、潼关属于中等城的小型城。

宋《守城录》中城市等级一览表　　表5－1

规模＼类型	大城			中城			小城
	大大	大中	大小	中大	中中	中小	
城高	5丈	4丈	3.5丈	3丈	2.5丈	1.5丈	2丈
底阔	5丈	4丈	3.5丈	3丈	2.5丈	2.5丈	1丈
面阔	2.5丈	2丈	1.75丈	1.5丈	1.25丈	1.25丈	2丈
实例		西安	蒲州	葭州、韩城、河津	吴堡、府谷、河曲	朝邑潼关	

清《古今图书集成》载各城规模一览表　　表5－2

城市＼内容	周长	高度（丈）	池深（丈）	雉堞（个）	窝铺（个）	门数（座）	定型年代	始筑
河曲	六里五十四步	2.3	1.5			2	嘉靖13年	太平兴国七年
府谷	五里八分	2.5					正德15年	始建不详
保德	七里二百五十步	1.8			64	4	宣德8年	宋淳化间
佳县	二里一百二十步	3	1			2	洪武初年	宋康定中
吴堡	一里七十步	2.5	0.8					宋金间
韩城	六里六十五步	3（底3.3，面1.6）	2	1380	32	4	嘉靖21年	隋开皇间
河津	三里二百七十四步	3（底2.5，顶1.5，女墙0.5）				3	景泰元年	元皇庆初移筑
荣河	九里八步		1.5				至正14年	隋开皇间
朝邑	四里	1.5	1			4	嘉靖21年	景泰2年
蒲州	六里四十五步	3.8（堞高0.7）	1.5（池阔10）		57（敌台7）	4	洪武四年	虞舜故都
潼关	十一里七十二步	1.8	1.5			6	洪武5年	不详

5.1.3　筑城材料与技术

黄河晋陕沿岸历史城市由于地处黄土高原，因地制宜，多采用黄土夯筑城墙，外包砖石。一般筑城时，多用黄土筑城墙，城楼台基、城门均外包砖石。

随着经济条件的改善，对城墙逐步包砖。例如，潼关城面临河段的土城墙，于乾隆五十三年（公元1788年）才用青砖包砌。

龙门以南的城墙多采用青砖包砌。例如潼关、蒲州、朝邑、荣河、韩城、河津等。黄河龙门以上的吴堡、佳县、府谷、保德、河曲等城多采用砖、石结合包砌。大部分城墙采用人工打凿的石头包砌，但在城门处多用青砖砌筑。府谷的南门就可以看出砖、石等筑城材料的运用。在古代筑城材料的选用上，最好的材料为砖，其次为石头，再次为土。这主要是因为砖与石都有很强的耐自然风雨的侵蚀的能力，但石头不能抵御在战争中的火攻。一旦用火攻城，石头城就不如砖城的防御能力。于是陈规《守城录》中写到筑城用材时说："凡城身第一砖，第二石，第三土。盖石本耐久，今为第二者，可以火焚之也。"

黄河沿岸的先民在抵御黄河大水的过程中，积累了运用黄土进行筑堤的经验。这直接影响了筑城技术。《防守集·城制》对如何筑城进行了详尽的记述，提出了"筑城先贵定基"，这就是在掌握黄土特性的基础上的认识。"筑城先贵定基，譬犹树木之根，其植深，其本大。其土实斯八方拔之不动，飓风撼之不摇。故善工必于定基之始，务令根深土实，而本斯固焉"。

《防守集》还提出了筑城"四忌"："筑基不实；上下厚薄相当；不设敌台，少犄角之势；但力速就，土未蒸筛，搀入瓦砾；四者皆筑城所忌也。"第一是基础不实，没有坚实的基础，城就不可能筑高，也不可能抵御雨雪的侵袭。古代筑河堤时，有一套检测夯实度的办法，保证了夯筑质量。在《安澜纪要·创筑堤工》中记述了清代检验方法有两种，一是根据虚土厚度与硪实后土的厚度之比。具体要求是虚土1.3尺，硪实厚应为1尺。另一种是在硪实层上用"铁椎杵孔，沃以水，水不渗漏为度。"这些技术尽管是用于筑堤，但筑城与筑堤道理相同。第二是上下薄厚相当。由于黄土抗压不受拉，如果城墙上下薄厚相同，上面两侧的夯土层就会出现坍塌。于是，城墙都有收分。从历史文献看，韩城城墙高3丈，底宽3.3丈，面宽1.6丈；河津城墙高3丈，底宽2.5丈，面宽1.5丈。这两座城市城墙的收分角度的余切分别约为0.2833、0.1667。由此可知，城墙的侧角角度分别约为74°和80°。西安城墙高12米，底宽18米，面宽12米，其侧角角度的余切为0.25，可知侧角角度为76°。《防守集》中对大、次、小城的城墙尺寸有规定："凡大城，除垛，城身必高四丈、或五丈、或三丈五尺；面阔必二丈、或二丈五尺、或一丈七尺五寸；底阔必四丈、或五丈、或三丈五尺。次城除垛，城身必高三丈、或二丈五尺、或一丈五尺；面阔必一丈五尺、或一丈二尺五寸；底阔必三丈或二丈五尺。小城除城垛身必高二丈，面阔一丈，底阔二丈。"

还提出了筑城的时候"底加面不加可，面加底不加不可。如底不加面加，面断然倾覆。"第三是不设敌台。敌台从城墙伸出，通过两座敌台，可形成犄角之势，从两侧攻击攻城之敌。黄河晋陕沿岸历史城市在平地建造城墙均设敌台，但沿山而建的城市的城墙往往不设敌台。主要原因有二，一是本身依山而建，可以形成犄角之势，例如葭州城就属此类；二是本身沿山而建，山势险要，敌不可能从此攻城，例如潼关南山上的城墙和府谷城墙。四是主要从材料和材料加工角度来说的。筑城土要有一套严格的加工程序，同时，里面不能掺杂瓦砾，这些对于城墙的坚硬程度又有十分重要的意义。

5.2 交通系统

交通是城市支持系统的重要组成部分。在城市设计一节里论述到古代城市设计物质要素的“骨架”中就有交通系统的部分。

古代城市的交通系统是通过主街、巷道、院落的空间模式实现的。主要道路往往是连接城门的道路，一般都称为“街”。巷与街道连接，为次一级道路，往往直接联系到院落门户，有的还有次一级的胡同，即小巷，通过小巷连接到院落门户。

黄河晋陕沿岸历史城市的道路往往因地制宜，随着自然形势呈现出不同的特点。城址地势平坦，道路多为直路，采用方格网模式。如朝邑、蒲州、韩城、河津等；城址若位于山上，则因形就势，呈现出多样化的特点，整体上多为自由形，不规则，局部地势平坦，呈现规则形态。如潼关、府谷、葭州城等。

古代城市的道路系统的主干道往往铺砌石头，多为石板路面；胡同多为黄土路面。

5.3 给水排水系统

5.3.1 给水方式

黄河晋陕沿岸历史城市滨河而建，龙门以下城市的供水较为充足，但像府谷、佳县、保德、吴堡等依山而建的城市的居民饮水仍十分紧张。城市的取水主要有凿井取水和借河引水两种形式。

5.3.1.1 凿井取水

凿井取水是黄河沿岸历史城市供水的主要途径。《大荔县志》记载道“历来水源皆系掘土凿井，砖箍井壁，石砌井台，手扳辘轳汲取。”虽是《大荔县志》，但与朝邑、韩城、河津、蒲州、荣河、潼关等情况基本相同。吴堡、葭州、保德、府谷、河曲等城市也是凿井取水，但由于水量较小，不少城市最后也放弃从井中取水，改为从河中取水。吴堡城的供水靠井。《吴堡县志》载“1949 年以前，县城用水靠前、中、后坪 3 口辘轳井作水源。”《山西通志》卷之十二摘录了金人李晏所撰的《保德重修城壁创开西门记》中讲述了保德城中取水状况。

“城中素无水，自宋熙宁间曾凿数井，今皆泥不可食，居民汲城外涧泉以供日用。先是由北门往还，诘曲数里，不胜其劳，遂因石渠之上累为洞，创作门焉，径造泉所，才百余步，民甚便之。落成之日，郡人熙熙，咸愿刻石以记其改作之由。”（图 5－6）保德州志也记载道“因宋熙宁间鑿井皆淤塞，创开西门，在孙家沟稍北，今西门之南五十步，以便民汲。”葭芦城三面临河，均为悬崖绝壁，历为“缺水干城”。城郭山腰，原有 5 眼水井，但水量很小，每井日产水不到百石，供水远远不够。于是有当地有民谣：“葭州山城本缺水，城内泉水无一滴，城墙外面井也少，有水之井四五眼，路客饮水切莫怨，不是州人太小气，挑水需走三五里，泉水胜米价更贵”。[①] 历来用水，主要到葭芦河与黄河担挑，用水十分不便。这正是葭芦古城的脆弱性，战时，如若切断水源，整个古城不攻自破，事实也证实了这一点。南宋建炎二年（公元 1128 年）十一月，在晋宁军（即葭州城）发生了晋宁大战，守城 3 月余，终因“城中水断粮绝”而城陷。

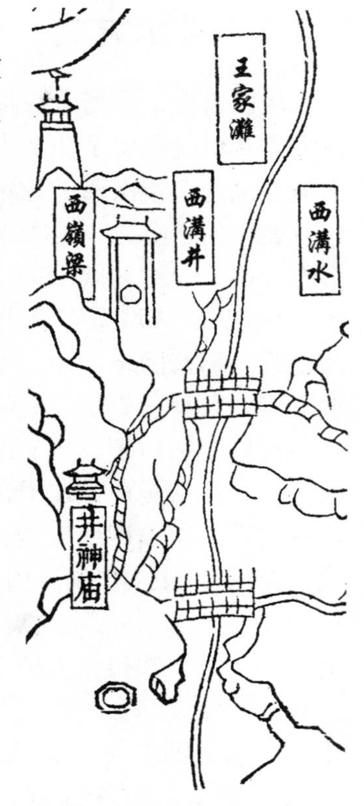

图 5－6　保德城西井图

5.3.1.2　借河引水

在龙门以上的城市，例如葭州、府谷等，由于井水不能满足需要，从河中取水成为城市用水的方式。府谷城是抵御西夏的军事重镇。为了汲水方便，东门外的控远门建在黄河边。时至清乾隆四十六年（公元 1781 年），由于黄河下切，为便于取水，在控远门外再砌石阶一道。“乾隆四十六年知县麟书亲身督示修理东门外石蹬。凿平开宽至控远门外，砌石阶以便民人临河汲水”。[②] 公元 1041 年，也就是宋仁宗庆历元年，北宋和西夏在府谷发生了一次战争。由于城池艰险，没有攻下，转攻水门，但还是没有攻下。史念海先生在《黄土高原历史地理》一书中讲到：“从这次战争记载中，可以看出这个水门是相当重要的。当时城内没有井泉。虽然城外近处有井，但在战争年代里，这都是靠不住的。唯一可靠的是由黄河里汲水。西夏攻城时，就想设法断绝水道，这一点城中守军也是知道的。水门建在城东南，就是为了防止偷袭。因为由城东往南都岸壁立，要绕过是完全不可能的。只有西南城外半崖上可以勉强通过，城上守兵是能够控制得住的。”[③]

---

① 佳县县志编纂委员会．佳县志．1994

② 乾隆 48 年《府谷县志》

③ 史念海著．黄土高原历史地理研究．黄河水利出版社．郑州．2002

5.3.2 排水方式

从调研看，黄河晋陕沿岸历史城市的排水处理往往专设水道。一般雨水从住宅或其他院落中汇集到巷道、然后汇集到主干道通过城门排出。有的城市有水池，也是汇集雨水的途径之一。龙门以北的城市，由于多居山上，城中洪水多有毁城的情况，于是都筑有水道排水。保德州城，由于西南临沟，城中雨水多有冲刷，导致城墙塌陷。于是，在城中修筑四条渠，以导水流。在《保德州志》中记载："城系宋淳化间因林涛寨旧垣拓而南者，随山削险，颇为坚固，独西南临沟随修随圮，……窝铺六十四座，后西南渐为水吃。弘治十五年，奉文调岢岚、兴县、静乐、岚县等夫修之，明年秋为雨所坏，又明年，知州周山改筑三沟城于堰口下，用石瓦之分城中水为四渠，一在金沟，水出城西沟；一在铁沟，一在新美街，水俱出火石沟；一在学门东，水出厉坛下沟；城楼东曰望东，西曰安西，南曰治内，北曰来远，城制视旧，遂不同。嘉靖三十年，东北溃决百丈余，知州蓝云鸠工募石，东北角作一梁，长三十丈，阔二丈，深一丈；水东流即今草场沟西北角作一渠，各长十余丈，阔深如前，水由西沟曲流，即今苦水、孙家二沟。"《河曲县志》记载河曲城"城高三丈五尺，石基入垣七尺砖入五尺，内外女墙，两门层楼，筑水道，分上中下三铺。上自儒学前，左流出木瓜崖下；中自中街出城后小沟井，一自西街流入小井沟；下自西南街流出城南雷家沟"。府谷、葭州、吴堡城都筑有水道排水。其中府谷、葭州城的水道今仍存旧迹。(图5－7)

图5－7 府谷城小南门水道图

5.4 城市的防洪

黄河以其特殊的历史地位，以及政治、文化、经济的原因，为历代王朝重视。《二十五史》中多有《河渠志》，都有对治水的记载，其中大部分内容与黄河有关。在黄河治理中，晋陕峡谷区段的治理占有重要地位。传说大禹凿龙门的故事就发生在韩城与河津交会处的龙门。《水经注》载："龙门为禹开凿，广八十步，岩际镌迹尚存。"又据《吕氏春秋》、《淮南子》记："昔日大禹，北劈龙门而终事梁山。"所以，龙门又称"禹门"。为了纪念大禹，山西和陕西两省分别在龙门东西建造了大禹庙，这在国内是很少见的，见图5－8、图5－9。黄河晋陕沿岸的城市由于靠近黄河，城市防洪自然是城市建设中十分重要的事情。吴庆洲先生长期研究我国古代城市防洪问题，在吴先生出版的《中国古代城市防洪研究》一书中从城市选址、防洪体系、防洪方略等方面对中国古代城市的防洪作了系统的研究。

图5－8 清龙门大禹庙图

图5－9 龙门大禹庙图

黄河晋陕沿岸城市在建城之初，在选址上也是考虑到诸多因素，例如佳县、府谷、保德、吴堡等城均建在高山之上，不存在河患。蒲州、荣河、河津、朝邑、潼关等城，在建城当初或选在黄河的凸岸或选在两岸高地，但由于黄河本身的特点，三十年河东、三十年河西。泥沙大，沉积严重，对城市的防洪有重要影响。所以，黄河沿岸的城市在建城之后，很重要的就是如何面对黄河的侧蚀和淤际。黄河晋陕沿岸有河患的城市有“防”、“祭”、“镇”等手段。“防”

是物质的、技术的手段，而“祭”、“镇”则属于文化层面。

“防”对黄河洪水的防御主要有3个方面，一是筑堤；二是城门的选位；三是发挥城墙和城门的作用。

蒲州城可谓是筑堤防洪的典范。蒲州的防洪早在唐开元间就在大河东西筑石堤。后来，石堤渐毁。明代初期，黄河发水，守城官员筑河堤，“外树桩木，内填土石，颇称坚壮，阻河西移。”明正德中，黄河又冲东岸。河东参守王季子沿城修筑石堤，下钉柏桩，上垒条石，重贯铁锭。至嘉靖癸丑，黄河发水，又重修石堤。三年后，至乙卯年，蒲州地震，城池受损。隆庆庚午年夏，黄河大涨，招募居民沿河筑堤三百余丈。万历年间，黄河又涨水，守道王公请建石堤。“未几水渐缓，即鸠工估费。先河冲激，起七里渡，至古越城，计五百三十四丈，中分东西二段，东高十二尺，西高十尺，底阔四尺，顶三尺。计用工料银六千七百有奇，费颇鉅，……何守司出纳，募民领价，觅柏桩、石匠，采河津之干柴沟。督县尹阎君，监打造；临晋尹刘君，集窑户即条山烧石灰。自冬徂春，木石稍备，复募沿河船户，顺流运发，刻期兴作。适守道王公丁内艰归，东海胡公以大参代任，至蒲遍阅河浒，相度水势。恐堤薄不足捍激流，议石堤内加顽石三尺，杂筑灰土，已固内基。仍用米汁和灰砌石，铁定灌注以固外，凡三月而东工完。”①

潼关城滨临黄河，为防御河水南侵，在城北修建了护城堤。从东关的望河楼，绕北城墙至西门，堤面宽约4～5尺，此堤俗称“旱台”。为了确保大堤的坚固，大堤采用条石和铁锭衔接而成。徐文华老先生对此回忆到：“系用二三尺长，一尺厚，一尺多宽的石条砌成，敌机很深，系以石灰垫底，全用约一寸半厚一尺长的铸铁锭，用铁锭平面镶嵌于两石衔接处，可谓坚固异常。”②

城门的选位也直接关系到对城市对洪水的防御。荣河城建城之时，只建东、北、南三门。到万历七年（公元1579年），知县郝朝臣开辟西门，万历八年（1580年）由于黄河的侵蚀，知县沈名实用土堵塞西门。

有河流穿城的城市的防洪是比较特殊的。潼关城的南水关、北水关就是为了适应潼河的防洪而建造的。南北两座水关横跨在潼河之上，城台基座开有水洞，南水关有3个，北水关有5个。南北水关楼均设有闸板，视潼河水涨落开关水闸。从保留到今天的照片可以看出，为了便于潼河两岸的通行，在南水关的南侧，修建天桥，这成为一处特殊的景观。

同时，城市防洪还受到传统文化的影响，出现了祭河文化与镇河文化。

（1）祭河

黄河作为四渎之首，自古被人们重视。在万物有灵的思想影响下，认为河由神灵控制。只要祭祀河神就可避免洪水的泛滥。于是便在大河河畔建河神庙。

---

① 永济县志编纂委员会．永济县志．山西人民出版社，1991

② 潼关文史资料集第八辑．太白文艺出版社．1998

黄河晋陕沿岸历史城市由于紧邻黄河，每个城市都建有河神庙，或类似河神庙的龙王庙等。蒲州、韩城分别建有西海庙和河渎庙。由于这一区段相传为大禹治水，开辟龙门之地，历史城市多建有大禹庙，把禹尊为治水之神，保佑平安。在传说为大禹所开凿的龙门两侧，山西、陕西两省均建有大禹庙，巍巍壮观，成为黄河之上最为重要风景建筑之一。《山西黄河小北干流志》记载："黄河小北干流山西一侧胡古庙遗址甚多，建筑宏伟、规模较大的当属禹庙。禹庙位于河津市西北14公里的禹门口东石墩上，即现在铁路公路交汇处以西、禹门口提水一级站以东。创建于何时，无碑文可考，相传为汉代所建。"① 北宋政和二年（公元1112年）宋徽宗赵佶准尚书部臣张励的奏请，重修韩城河渎庙。《敕修同州韩城河渎灵源庙碑》中记载了这一过程："召遣尚书部臣张励，持祝往祭。既抵其野，访故祠得破屋一区，风凌雨剥，颓记兕神甚，惧不足以尊显灵德。……，凡为屋之楹三十有四，倘崇以延，门严以闳，有庑如掖，有屏如植。笾豆之设有位，侍卫之列有所。轮奂寿□，严无不肃。乃赐'灵源'为号。"庙碑最后有一篇颂文，讲到："……，大观之初，浊河三清。乾宁保平，合阳韩城。有泓其澄，有光其荣。诏之臣励，报祭惟精。乃新其宫，'灵源'是名。郡县奔走，累月而成。神歆其类，既安且宁。"② 文中表达了对河神的尊崇和对皇帝的感激。蒲州城外建有西海河渎庙（图5-10）。明代隆庆庚午年夏，黄河水涨，逼近蒲州，"惟渎海庙基近河地卑，水环注败墉外，独未入，民咸趋内辟水。说者谓河渎有灵。……率郡守何公，肃祀渎海庙。……撰文责已，虔祷渎庙。"③ 保德、河曲、吴堡等城市临河之处均建有河神庙，起到祭祀祈报、护佑城池的作用。黄河沿岸的历史城市几乎都建有河神庙、龙王庙、大禹庙，这主要是基于对黄河的敬畏，想通过祭祀达到保佑平安的目的。尽管从今天的观点看来是属于迷信的范畴，但古代社会确实从官员到庶民都是这样认为，也是这样做的。《河津老城》一书中记载到1933年祭河的情景。"1933年当第三次汾水暴涨时，护城堤已经筑成，但人们看到不断上涨的洪水，十分担忧，生怕洪水冲进堤内。无奈，县长白佩华，带领县政要员及众绅士在附阳门外祭河，以求洪水退去。……午时时分，祭河开始，白佩华脸色沉重，轻步慢行走在前面；众人哑口无声，步履蹒跚跟在后头，到供桌前烧香化纸，躬身颔首，宣念祭文毕，将这张充满求神解危，永保平安语句的祭文付之一炬。"④ 祭河当然不可能退去洪水，但这也是一种心理活动，对于凝聚人心，集中力量防洪，稳定社会起了一定的作用。

（2）镇河

镇河观念源于中国古代道教思想。其思想直接来源于五行生克。五行，是

---

① 黄河小北干流山西河务局 编．山西黄河小北干流志．黄河水利出版社．郑州．2002

② 左慧元．黄河金石录．黄河水利出版社．郑州．1999

③ 周景柱总修《蒲州府志》乾隆十九年．

④ 孙茂法编．河津老城

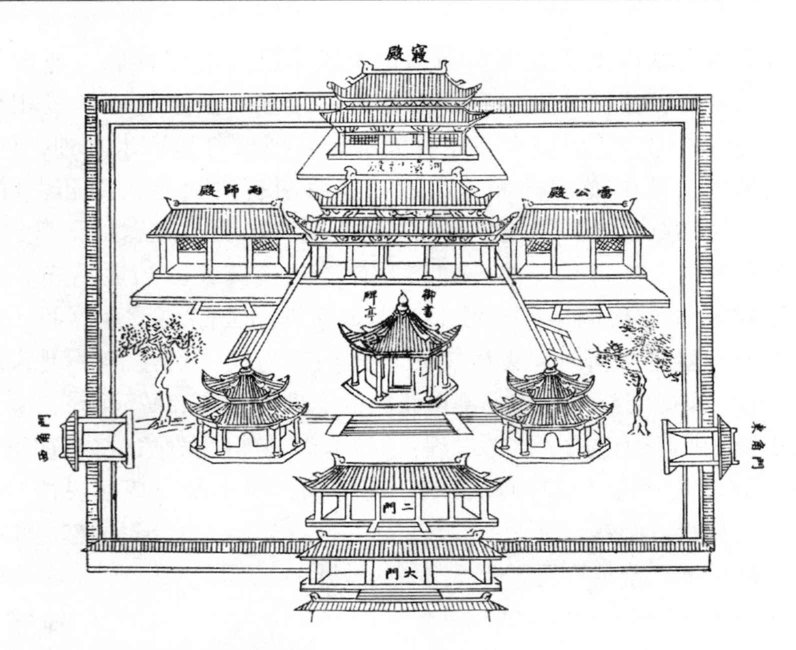

图 5－10　西海河渎庙图

指水、火、金、木、土五种元素。在传统文化里，这五中元素是构成世界的五种基本要素，宇宙万物均由此五种基本元素组成。但中国古代的五行不仅是物质范畴，更重要的是用五行来解释社会。“五行所理解的世界，包含着自然与社会两个方面，而归结为社会。这与西方的原始唯物论很不一样。西方传统哲学持自然本位的立场，力图把视野限定在自然领域，尽量不把社会实践因素考虑进来。五行哲学则持社会本位的立场，紧密围绕人的功利价值思考世界的本源，求真与求善密不可分的联系在一起。五行观念从‘人’的角度思考‘物’，奠定了中国哲学的人本化、伦理化、政治化的根本精神与贬抑纯粹理性、崇尚实用价值的根本方向。”①

五行之中，水生木，木生火，火生土，土生金，金生水。古人基于这种相互制约的关系，产生了五行生克的治水的思想。实际是一种厌胜的治水思想。《蒲州府志》记载了清代周景柱撰写的《开元铁牛铭》。文中主要记述了唐代开元年间铸造铁牛，构筑河桥的事情，以及对其在后世的变迁的感慨。文章结尾中写道“夫牛之为物，于易象坤，坤为土，土以胜水。余观秦李冰为蜀守，导江刻石为三牛于岸侧。该牛足以胜水怪，而镇其患者久已。唐之为此，虽曰已成河桥，亦犹阴阳相压之意焉。”②（图 5－11）由此可以看出：镇河的理由是一种以土克水的五行生克观念，而且这种思想至迟在战国时代已经用作治水实践。明清时期，这种治水思想已相当普遍，各地多用铁牛来镇河，形成一道

① 马中．中国哲人的大思路．陕西人民出版社．1993

② 周景柱总修《蒲州府志》乾隆十九年

图5－11　蒲州城西门铁牛图

独特景观。

河南开封铁牛村就存有《改建铁犀镇河神庙碑》，碑中完整记述了铁牛镇河的缘由："……又为亭一楹，置铁犀于中，夫神在上，百灵效顺。……，与其极人工救之于已然，不如藉审理以制之于未然。且铁犀有二意焉：铁者金也，为水之母，子不敢与母斗，故蛟龙咸畏。犀即牛也，牛属坤畜，坤为土，土能克水。昔李冰治蜀江，亦作犀以镇之，而勒铭其上。"①

小结

本章从城市防御系统、交通系统、给排水系统、城市防洪等方面论述了黄河晋陕沿岸历史城市的支撑系统建设。黄河晋陕沿岸历史城市的筑城防卫与山水环境有着十分重要的关系，可以概括为构寨设堡、川谷拱卫的区域环境观；跨山据河、设险屏外的城市环境观；笼山临川、据高望远的建筑环境观。本章还论及筑城材料与技术、交通系统、给水排水系统、城市的防洪等。尤其是在防洪的研究方面，补充镇河与祭河的内容，丰富了前人研究的成果，也更全面地反映了历史的真实性。

① 左慧元．黄河金石录．黄河水利出版社．郑州．1999

第6章

历史城市变迁及其保护

6.1 历史城市遗存类型及其影响因素

进入近代以来，尽管中国还处于相对落后的传统农业社会，但毕竟随着西方文化的渐入，整个社会、经济、文化还是有了新的发展，人们的生产方式、生活方式、价值观念开始逐步变化，随之带来城市功能结构的变化，以至于出现了新的城市形态。“鸦片战争后，从统治阶级内部提出的‘洋务运动’、‘变法维新’开始，先后出现了一些近代化的资本主义工业企业，也随之产生一些新的城市，并使不少旧城市发生较大变化。由于封建经济的封闭，城市经济发展的不平衡，沿海及长江这一带城市化的程度较高。因此，近代城市的分布及发展具有明显的地区不平衡。”① 黄河晋陕沿岸历史城市所处的黄河中游地区由于特殊的自然环境、地理位置的原因，城市化的水平较低，基本仍延续着封建社会的生产模式，城市依旧属于道萨迪亚斯（D. S. Doxiadis）所划分的“静态城市”范畴。城市形态发生较大变化，甚至迁移的城市，主要是由于自然的侵袭。与此同时，由于社会的变迁，这些基于军事因素而建设的城市，发展的动力不足。演进的方式主要有四类：

6.1.1 城镇型

历史城市本身逐步适应时代的发展，或继续使用，或作为现代城市的有机组成部分。这类城市主要是自然环境的变迁没有直接威胁到城市的安全，同时，由于经济发展缓慢，旧有的城市依然可满足新的城市功能要求，而延续使用。这类城市有韩城、佳县、河曲、碛口。

韩城老城直到20世纪80年代中叶，一直是韩城县的政治、经济、文化中心。1985年，根据发展的需要，在老城北部的韩塬上开辟新城，老城作为历史文化遗产保护起来，作为文化、文物保护、居住功能，将原有职能进行了转化，注入了新的内涵，赋予了新的内容。由于实行了“新城”和“老城”的“新旧分离”，老城完整保留了明清时期的街道格局、大量的四合院民居和丰富的文物建筑。1986年，韩城成为我国第二批国家历史文化名城。

佳县城即古代的葭州城。1949年以后，佳县县城一直在原址发展，至今还是佳县的政治、经济、文化中心。由于新城在旧城基础上发展，新旧混合一城之中。新的建设对原有历史建筑破坏十分严重，历史文化遗产遭到较大程度的破坏。佳县现为陕西省历史文化名城。

河曲地处晋、陕、蒙三省（区）交界处，素有“河曲金鸡鸣三省”之称。早在清代就成为晋西北的“水旱码头”，有“小北京”之称。有时赞誉到：“一年似水流莺啭，百货如云瘦马驼。”1938年，日军轰炸，使得县城遭毁，再加上

① 董鉴泓．中国城市建设史（第二版）．中国建筑工业出版社．1989

同蒲、平绥铁路的开通，水旱码头被取代。1959年县城从巡镇迁回城关。1958年，新政府对河曲县城进行了大规模的修建。将原有民居、店铺拆除，街道加宽至20米。以后逐渐拆除城墙，在原址建起了新的城市，仅留下关帝庙、护城楼两座建筑和城东五里的文笔塔。

6.1.2　遗址型

由于受到自然力或不可抗拒的外力的威胁，失去了作为城市的条件，导致城市不得不搬迁，从而留下部分城市遗迹。蒲州、河津、朝邑属于此类。

蒲州古城西临黄河，到明、清时代，黄河对蒲州的侵袭不断。明代王崇古在《重修黄河石堤记》中记道："蒲城河西为大庆关，夹河对岸。每夏水涨，岁多冲陷，唐开元中，东西修石岸，铸铁牛，系铁缆，维浮桥。历代河患频仍，河西石岸铁牛，俱毁没。大庆关基地洗剥殆尽。东岸势迫蒲城仅数丈。明初河崩城北，前守臣尝建河堤，……，岁乙卯，地道违经，夹河东西大震，城复于隍，堤庙尽崩坏。河流直与岸平，每涨辙入城门。岁壬戌，河浸城南古鹳雀楼址，城岌岌待倾。……，隆庆庚午夏，河大涨，高丈余，环浸蒲城。近城居民隙地田园，皆涌泥沙数尺许。"①《永济县志》对此也有记述："明、清以来，黄河水害频仍，城池屡遭水浸。民国三十六年（公元1947年）解放时，仅东关附近尚有少数居民。满城残垣断壁，杂草丛生，水坑洼地，一片荒芜。加之行政区划变更，已非全县中心。故县级机关暂住城东花园村，后迁石庄村。当年九月迁至今址——赵伊镇。"② 行政区划变更是指民国三十六年（公元1947年）4月25日蒲州解放后，永济县与虞乡县合并，称"永虞县"。民国时期蒲州的衰落从水野清一、日比野丈夫二人合著的《山西古籍志》一书中得到印证。水野清一、日比野丈夫于1941年元旦前，抵达蒲州。他们在书中记录了当时蒲州的状况。现在的蒲州城实际上已形同一片废墟（图6－1），根本看不到昔日的踪影。特别是西部已化为一片野草茫茫的沼泽，已经不仅仅是一片废墟了。现在只有东门附近和东关还有一部分住户，但也没有什么像样的人家。人口大概有二三千人的样子。简直不敢相信这就是自古以来颇负盛名的河东重镇蒲州。蒲州这种荒废景象绝不是最近才出现的。由于黄河河道的侧移，西墙已直接受到黄河浊流的冲刷，城西北角已经坍塌，城内西部也已经化为沼泽，而且面积在不断扩展。因此居民就越来越向东移。加之近年同蒲线开通，铁路终点直接开到潼关对岸，这里作为渡口和河关的重要性也不能与昔日相比。总之，这里的现状极为凋敝，仅仅是附近地区的一个农产品集散地而已。"③ 到今为止，蒲州

① 乾隆《蒲州府志》

② 永济县志编纂委员会．永济县志．山西人民出版社．1991

③ 水野清一，日比野丈夫著．山西古迹志．太原：山西古籍出版社，1993.

图 6-1　蒲州废墟图

古城遗址范围内已无人居住，仅驻解放军某部在此开辟农场和鱼塘。但古城格局依然清晰可辨，依托古城存在的周边文物遗迹保存较为完整。古城城墙的北、南、西三面埋没于淤泥 4 米、5 米、7 米不等。露出地面有 1 米、2 米也不等。“据当地老农估计，近 20 年来，蒲州城西淤高了 3、4 米，如由铁牛沉没处算起，淤高在 20、30 米之间。”① 北、南、西三面城门洞、瓮城保存较为完整。东面的城墙、城门均毁坏，仅残存土墙。城中仅存砖砌鼓楼基座，城东尚存普救寺塔。1989 年在蒲州古城西发掘出 4 尊唐代大铁牛，在国内外引起轰动，被称为“国宝”。2001 年，蒲州古城被列为第五批国家重点文物保护单位。2001 年，永济市在蒲州西门外重建了鹳雀楼，新鹳雀楼系仿唐形制，楼三重，三檐四滴水，总高 73.9 米，总建筑面积 33000 平方米，成为一处新胜景。

与蒲州隔河相对的朝邑古城也是历遭水浸，“清时，河槽西移，每年秋淫河水暴涨，常漫至东北南三城门，有时涌入城内。”② 1958 年，大荔、朝邑合并后，这里作为朝邑镇政府所在地。1959 年，因修三门峡水库而搬迁。古城格局已荡然无存，现仅存华原上的金龙宝塔、岱祠岑楼和丰图义仓。

河津古城在民国时期仍然具有活力，水野清一、日比野丈夫二人合著的《山西古籍志》中记载到：“城内还不算荒凉，以城中央的中楼为中心的四条大街上有许多行人，但就全城来说，一般道路却既狭窄而又缺少气派。”③ 但从 20 世纪的 50 年代末开始，城市地下水位升高，城内无法居住，大部分居民迁到城外。“1956 年后，由于黄河淤泥加厚，汾河下泻不通，地下水位升高，城内水面上升为 26.8 万平方米，居住面积下降到 10.4 万平方米，人均占地 32.3 平方米，城内居民被迫外

---

① 史念海．黄土高原历史地理．黄河水利出版社．郑州．2002

② 《大荔县志》．陕西人民出版社．1994

③ 水野清一　日比野丈夫著．山西古迹志．山西古籍出版社．太原．1993

迁。至1963年，多数院内成年积水，墙壁碱湿高达2~3米，整个县城已无法继续使用，遂迁至今址。”[①] 1964年，政府决定易地建城。历史上，皇庆初年（公元1312年）的龙门城由于汾水被毁而迁至此地，652年之后，又因黄河、汾河的影响被迫迁徙。由此可知，处于汾河、黄河交汇处的河津，城市建设受黄河、汾河的影响是十分重大的。河津老城旧址已成为一片废墟和沼泽，仅有城北的卧麟岗由于地处高原而保存完好。孙茂法先生主编的《河津老城》一书的序言中写道："沧海桑田，万物嬗变。短短几年功夫，老城即由全县的政治、经济、文化中心，变成芦苇丛生、结草为荡的污泥；由街巷纵横、建筑秀丽的城垣，变成藤灌缠绕、虫草为营的荒圃。一座座神姿迥异的古刹、殿宇成为瓦砾堆，一幢幢古味浓浓的学府、书院变成乱石滩。从此，它作为河津政治、经济、文化中心的历史使命由新城取而代之。”河津老城现仅遗留城北的卧麟岗建筑群，从真武阁上俯瞰古城遗址，已是一片沼泽，周边村民在此建了一座教堂，成为一处特殊的景观。从城北村的屋宇毗连、错落有致的民居，依稀可看出历史河津的景象。

6.1.3 村落型

在受到自然力或其他不可抗拒因素的威胁，古城不再适宜或不可能再作为城市所在地，不得不搬迁它处，从而变迁为村落。这种情况就发生在黄河晋陕沿岸的府谷、保德、吴堡、荣河等城市。

荣河的衰落主要是由于黄河威胁到城市的安全，出现了不得不搬迁的状况。荣河城最早为战国时的汾阴城，因后土祠而得以发展，但由于黄河的侵袭，祠与城均向南迁徙。现在宝鼎镇即筑于隋代的古荣河城。自隋代筑城以来，由于城墙紧邻黄河，受大河的侵袭不断，历代志书均有记载，出现了屡毁屡修的局面。进入民国以来，黄河对城市的破坏愈演愈烈，最后不得不迁徙。张柳星在《重修荣河县志序》记载了此事："荣邑旧城，向在宝鼎镇，距此25里，左嵋岭，右大河，系隋开皇时创建，迄今垂数千年。河身日高，县城日低，潮湿倾圮，不胜修理。民初元年，群议迁徙，迨至10年，始迁至此。”民国二十四年的《荣河县志》中更详细记述了当时放弃旧城，择建新城的经过。“民国以来，大河东侵屡遭河患，修不胜修。邑绅潘亲礼等建议于临时县议会召集各机关人员及城乡士绅会议，资请县知事秦汝梅转呈：上宪旋蒙，核准以为张皇补苴权宜一时，不若图谋迁徙，一劳永逸。嗣经张知事鸾召、程知事桂芬先后呈准。迨民国七年，知事陈启绪会同道委集绅，计划成书呈奉。省宪核准，由解省地丁项下截留三分之一作为建筑费用。并指定迁移地点为北乡冯村。九年，知事曾广钦莅任。又奉省批准拨给洋二万九千元以资，应用不足之数由阖县人民摊款效助。是年十二月二日，随即携带印信文卷，率同掾属及各机关人员，星夜迁徙。暂借村内旧有之后土庙为县公

① 河津县志编纂委员会．河津县志．山西人民出版社．1989

署，其警察所及各机关均借庙而居。改旧县曰宝鼎镇。”[①] 自荣河城迁徙之后，城市衰落成为村落，城中的庙宇也因新城建设需要木材而拆毁，“并拆旧县署所有砖瓦木石暨一切官有公有之物，督捕厅、东城守营、贡院、文庙、城隍庙。”[②] 于是城中没有留下较大建筑。周围城墙仅残余东城墙及南北城墙的东半部分，其余均被黄河湮没。宝鼎镇虽然是在古荣河城基础上建设的，但已在荣河城东城墙以东的区域。城北的后土祠也是由于黄河的侵袭，早已改变了原有格局，现存建筑多为清代遗物，保存较好。

吴堡城居于山颠，黄河对古城并没有直接的威胁，但由于坡高路险，交通不便，再加上城中缺水等原因导致了古城的衰落。“美中不足的是城中无水，南门外半里有一井却为苦井，只可洗衣不可饮用。北门外里许有一井但水量小，进能供县署衙差之用，百姓饮食之水要从北面门外 3 里地的大沟取之，给城中官民造成很大困难。”[③] 距离古城5 公里的宋家川渡口，古称“官菜园渡”，设于明洪武初（1368 年）。来自山西及西安方向的物资均经此地。古有“东财神、西圈神（河东的百货，河西的畜产品）”、“碛口瓷器临县麻，柳林年货孟门碳，太原货物拉不完”。早在明代就已初成规模，正统初年（公元 1436 年）在宋家川设河西驿。到了清道光时期，老城的经济功能已被宋家川替代，老城仅作为政治文化中心。清道光二十七年（公元 1847 年）的《吴堡县志》载：“明代集镇七处，今城内、景家沟、杨家店、圆子沟具废，所存着三（宋家川、辛沟、川口）也，各镇街铺户数家。”光绪《吴堡乡土志》：“输出有当地所产货物、牲畜、蚕茧等项，俱有河运山西柳林、碛口等镇出售。由商议售者半，由民易售者半。五谷年丰售千石、年歉所售羊千只余，售猪二百余口，蚕茧每年约售二千余斤。布棉煤铁等货，具有山西柳林、碛口、孟门诸镇输入，每年销布二百余匹，棉花一万五千余斤，炭一千五百余万斤，铁二千余斤。”这些货物均由宋家川来运转，促进了宋家川的繁荣和老城的衰落。

到了民国时期，尽管战事频繁，但由于宋家川的自然环境、交通条件、商业基础等因素的影响，最终取代了老城，成为新的吴堡县城。二十四年（1935 年），咸（阳）宋（川）公路绥（德）宋（川）段通车，二十五年（1936 年）县政府迁于宋家川。“民国二十年（1931 年）前后，三镇各有商号十数家，其中宋家川较繁荣，冠三镇之首，号称‘四大成一老王’（兴盛长、同和长、双合长、德顺长、复兴王）的诸家商号，资金充裕，生意兴隆。二十三年（1934 年），因战事频繁，各镇市井萧条，货物匮乏，商业调敝。”[④] 兴盛长、同和长、双合长、德顺长和复兴王皆放筏撑船，长途贩运粮食、瓷炭、食油、烟土。其

① 张柳星，范茂松总修．荣河县志．民国二十四年（1935 年）

② 张柳星，范茂松总修．荣河县志．民国二十四年（1935 年）

③ 尚虎年主编．吴堡文史资料第三辑

④ 慕圣峻主编．吴堡县志．陕西人民出版社．1995

中，双合长实力最雄厚，一次发穿 7～8 只，动用人工近百，资金上万元。1963 年 12 月，吴堡黄河大桥通车，加速了宋家川的发展。

历史城市变迁一览表　　　　表 6－1

内容 名称	最初建城时间	最初城址	变迁时间及次数	变迁原因	故址名称及功能	与今县城关系
府谷	唐宋间	今老城村	1948 年	黄河下切，饮水困难，交通不便；发展空间狭凑；	今名老城村，为一村落；	新城位于旧城西侧的山塬之下
保德	宋淳化四年（公元 993）	现城内村	1940 年	黄河下切；东关繁荣；旧城缺水；抗战被毁；	今名城内村；居住为主	新城位于旧城东关
吴堡	宋代	县城内村	1936 年	交通以及新址经济发展；	今名城内村；居住	新城位于距旧城 5 公里的宋家川
荣河	战国魏国之汾阴城	古荣河城北 4.5 公里处，今已被黄河湮没	隋弃汾阴建宝鼎城宋改荣河；民国 7 年废荣河。	黄河侧蚀	今名宝鼎镇；故址已基本被黄河湮没；集镇在原荣河城东城墙以东建设。	今县城远离故址
蒲州	传说中的舜都蒲坂	今蒲州古城南 5 里	1947 年	黄河泥沙堆积及河水侵蚀	蒲州古城遗址；为国家级文保单位；	新城位于赵伊镇，离故址 12 公里
潼关	东汉末年	潼关城以南杨家村	汉至明变迁多次，1960 迁城	黄河下切；水库建设；	今名港口；为镇治；	新城位于吴村，远离故址

府谷城盘踞于嶙峋巨石之上，南北隔河相望。由于上山路险，较为艰难，生活多有不便。近代以来，随着黄河的变迁，尤其是黄河的下切，在府谷的西关形成较大的滩地。这为居民向山下搬迁提供了用地。“府谷县城经历代特别是明、清两代多次修葺和增建亭阁、宅舍，终因山高路陡，群众生活上有诸多不便。民国以来城内居民逐渐向西关移居，一些商贾店铺及小手工业作坊也向县川发展，设立西关集市后，县城向迁移已是势在必行。1948 年解放时，府谷城内仅有残垣断壁的旧衙署、文昌庙、城隍庙、钟楼和不足千余间破旧民房，加之城墙、城楼年久失修多被拆毁，到处破砖烂瓦，举目一片荒凉。党政机关、商业、学校均设在西关城川。从 1966 年开始，县城进入大规模建设时期。”① 府谷老城的城市格局依然清晰可辨，城墙、文庙、城隍庙、千佛洞等古建筑保存完整。部分寺庙、钟楼台基等仍存遗迹。保德城即今保德县城内村，但由于东

① 府谷县志编纂委员会. 府谷县志. 山西人民出版社. 西安. 1995

关（原名东沟）靠近黄河，设有码头，抗战前就已成为全县的商业中心，县城由于高踞西山顶，交通不便、取水困难，再加上抗日战争期间的日军轰炸，使得县城破烂不堪。1940 年政府迁至东关，东关遂成为全县政治、经济、文化中心。原旧城成为东关镇的一个村庄，取名城内村。现古城街巷格局尚存，还有观音庙、部分古民居及残存的城墙遗迹。

潼关城历代多有迁徙，主要是由于黄河的下切。近代潼关城延用了明代潼关城，但由于抗日战争期间日军的破坏，城垣遭毁。但更为重要的是由于同蒲铁路的修通，黄河天险已成通途，潼关城据险扼守的重要作用已逐渐失去，原来的著名关隘城池的衰落已成为必然。三门峡水库的修建成为潼关城彻底衰落的直接原因。1959 年，潼关县城搬迁，潼关旧城改为港口。县存古城格局依稀可辨，西门遗址尚存。

通过对历史城市遗存类型及其变迁原因的分析，我们可以看出黄河晋陕沿岸历史城市演进的总体特征：

（1）自然环境是城市赖以存在的基础。来自自然的威胁也是最大的和难以抗拒的。对黄河晋陕沿岸的城市影响最大的因素就是黄河和黄土。这里城市的产生源于黄河在政治、经济、文化中重要的战略地位，但由于黄河在晋陕峡谷中的侧蚀、下切和泥沙沉积，破坏城市生存空间。龙门以南，因黄河以侧蚀、泥沙沉积，导致了蒲州、荣河、河津三城的迁徙。龙门以北，由于黄河的下切，导致居于山颠的城市距离黄河水面越来越高，影响城市的用水。与此同时城市与黄河之间的隙地越来越大，甚至影响到城市的防御。从城市防御和居民生活角度，城市向近河方向发展是十分自然的。这样，原来城市的居民就会逐渐向新的聚居地发展，导致原来聚落的萎缩和衰落。府谷、保德、吴堡三城就是因为黄河的下切，带来城河间隙地增大，加上城中饮水困难和交通不便，使得古城衰落为村落。潼关古城由于黄河下切，黄河水位下降，为了控制通往长安的孔道，三迁城池。保护自然环境，遵循人与自然的和谐相处是城市发展的基础。处理好人、城市、黄河、黄土高原的关系，营造一个安全、和谐的自然环境是黄河晋陕沿岸城市发展永恒的课题。

（2）交通结构的变迁，将加速城市的演进。城市的发展与交通有着直接的联系，这从黄河晋陕沿岸城市的产生的影响因素就可看出。历史上，黄河作为晋陕两省的天然屏障，东西交流必然要跨越黄河，黄河渡口就成为重要的交通枢纽。于是便筑城控制这些交通枢纽，一些重要的渡口便成为较大的城市。蒲州、潼关就是因控制通往长安的渡口而发展起来的。近代以来，随着铁路的建设，打破了原来的区域交通结构，原来因控制黄河渡口而兴盛的城市在这一结构中失去了原结构中的优越性而导致古城衰落。尽管黄河的东移与泥沙的淤积毁坏了蒲州古城，但南同蒲铁路的建设与贯通则加速了蒲州古城的衰落，甚至是致命的瓦解。同蒲铁路直接可开通到潼关对岸，现代化的铁路取代了旧有的摆渡，既快捷又安全。蒲州失去了作为渡口和河关的优势，从此衰败。此外，府谷、保德、吴堡的衰落也有交通的因素。三城均居高临下，山路崎岖，多有不便，不能满足现代化的交通方式的需求，从而限制了诸多产业的发展，从而老城衰落为村落。再有，因黄河的航运发展而成的碛口随着航运的衰落而衰落。交通对于城市的发展有着直接的影响，沿着现代交通干线发展是现代城市发展的基本特点之一。

（3）区域中心聚落的变化，将带来新的城市结构模式。城市的发展总是受上一层级中心聚落发展的影响，甚至更大范围的中心聚落的影响。等中心聚落由于自然、经济、政治或其它原因导致其衰落时，下一层级的聚落必然受到影响。这样，就出现一种新的聚落结构代替旧的聚落结构。黄河晋陕沿岸历史城市的变迁是随着区域聚落结构变迁而不断发展的。从大的方面来看，这一区段的城市在历史上受到长安、汴京的影响，作为护佑京城的险关寨堡而得到发展。等都城远离黄河流域后，区域的城市结构发生了影响。最明显的就是潼关和蒲州。在隋唐时，蒲州地位十分重要，曾一度议作中都。“大历中，元载为相，又上建中都议曰：‘自古建大功者未尝不用天因地，故高祖保关中，光武据河内，皆深根固本，以制天下。臣等考天地之心，本圣人之意，验古往之事，切当今之务，则莫若建河中为中都。隶陕、虢、晋、绛、汾、潞、仪、石、慈、隰等十城为藩卫。长安去中都三百里，顺流而动，邑居相望，有羊肠砥柱之险，浊河孟门之限，以轩辕为襟带、与关中为表里，……则建中都，将欲固长安非欲外之也；将欲安成周非欲捨之也；将欲制蛮夷非欲惧之也；将欲定天下非欲弱之也。’”① 元载这段文字从大的区域环境分析了中都河中府（即为蒲州）的战略地位，从大的聚落结构来审视中都的建设，将中都与长安的关系作了深入的分析，从“固长安”的目的出发，布局中都和下一层级的次级聚落。佳县与榆林、府谷、吴堡的关系也体现出这个特点。

（4）重大工程将影响城市的发展。重大工程项目在区域中的介入将影响区域内城市的变迁，例如三峡工程对三峡地区城市的影响。黄河三门峡水库的建设对黄河晋陕沿岸的城市具有重大影响。在20世纪50年代，修建时，就有潼关、朝邑、平陆、蒲州等城市的搬迁，导致了黄河沿岸城市格局的重新分布，同时也造成大量的文化遗产的破坏，潼关古城是最为重要的，也最为遗憾的。

此外，新的产业、新的城市发展理念也将影响或改变城市形态，从韩城市城市结构的变化，就可看出这一点。

6.2 保护与发展模式的选择

6.2.1 城镇型

从城镇型历史城市的历史格局与现代格局的关系角度分析，城镇型历史城

① 《文渊阁四库全书》史部·河中府，台湾商务印书馆.

市可分为新旧分离型和新旧混合型两种类型。

6.2.1.1 新旧分离型

新城在旧城的一侧或多侧发展，新的建设不破坏旧城的格局，使旧城保持相对的完整性。城市的发展无非自然生成和规划建设两大类。在历史上城市的发展总是按照城市格局、主要建筑均严格按照规划建设，其余则多为有机生成。随着城市中最活跃的经济因素的变化，而开辟新城形成商业贸易中心，旧城则保持其政治、文化中心的地位，这样的布局模式，使得规矩的旧城依旧保持原来的格局，新城布局则较为灵活，适应经济的发展，表现出新的城市格局。但由于城市处于静态的发展状态，发展速度较为缓慢，城市中出现的矛盾在长期的发展过程中得以逐步适应、化解、解决。近代以来，由于工业化的快速发展，城市的发展处于动态之中，用处理静态城市发展的方式对待动态城市的问题，显然不合时宜。“在这种形势下，及时确定城市的总体布局结构，明确老城的地位和主要功能划分，确定城市用地发展方向，就成为城市规划中首先面临的战略性问题，也是名城保护工作中首先要解决的问题。”①

韩城作为较完整保留的古城，在1980年以前，城市发展较为缓慢，韩城的政治、经济、文化、居住等功能都集中在老城区，传统城市的空间基本能满足城市的各种功能。但进入20世纪80年代，随着改革开放的深入和县域经济的不断发展，产业规模不断扩大，尤其是迅速发展的韩城工业建设使2平方公里的老城远远不能适应形势的发展。再加上大量人口的涌入、新的交通工具数量的增加，老城已不堪重负。另外，有3件事对韩城古城发展有着重大影响，一件是1983年经国务院批准改县为市；另一件是1985年批准为开放城市；第三，1986年批准为我国第二批国家历史文化名城。鉴于这种发展情况，如何解决城市规划与城市发展相适应的问题成为韩城市政府的重点工作之一。

1984年，县政府抓住机遇，编制《韩城市总体规划（1985~2000）》（本文将此称为“85规划”）。1986年省政府批准了该规划。1985年的《韩城城市总体规划》，鉴于古城保存了十分丰富的历史文化遗产，城市发展采用了“新旧分离”的空间发展模式，在古城以北规划了新城，这为保护老城奠定了基础。与此同时，规划还从城市设计的角度高度关注了新老城市之间的空间关系、新城的空间布局手法，不仅使得新、老城市个性鲜明，而且还浑然一体，共同体现了历史文化名城的特色。到今天为止，韩城有文物保护单位179处，其中国保单位7处，省保4处、市保186处。② 这与“85”规划有着直接的关系。1991年6月，吴良镛先生考察韩城后赞誉到“古城古、新城新；双桥别内外，宝塔赏古今”，准确地概括了韩城城市的空间特点，肯定“新旧分离”的韩城城市发展模式。自韩城1985年总体规划至今，20年的城市发展的实践证明85总体规划采

---

① 王瑞珠．国外历史名城总体规划中的几个问题．城市规划 1992（3）54

② 程宝山．任喜来．中国历史文化名城·韩城．陕西旅游出版社．2001

用的“新旧分离”发展模式是成功的。当然，任何一种发展模式都不是尽善尽美的，随着城市的不断发展，这种模式也有一些问题需要进一步的研究。建设部仇保兴副部长在《规划工作的形势和任务》一文中关于“今后学术研究的重点问题”的第一项就是“要从理论上认真总结改革开放以来的经验，并对今后我国城市的发展有所探索。”① 韩城“新旧分离”的规划模式正是在改革开发初期应运而生，不断发展的，具有典型性和示范性。2005年，正是韩城“新旧分离”模式实践的第20个年头，有必要对这种成功模式进行理论总结。对之进行理论上的总结与思考，有助于未来韩城的持续发展，有助于国内同类城市的理论借鉴，有助于“新旧分离”理论的进一步成熟和完善。

1. “85规划”的规划指导思想

《总体规划》的指导思想：“当前时代特点是新技术突非猛进地发展，已引起传统的生产方法、产业结构和社会生活等方面的变化，带来了就业结构的改变，随着农业分工分业的发展，将有越来越多的人脱离耕地经营，从事林、牧、渔等生产，并将大部分转入小工业和小集镇服务业，即由自给半自给经济向较大规模商品生产转化，这是一个必然的历史性进步。过去城市社会的发展是靠经验，现在的发展应以理论为基础，应该是‘控制’的发展，要有社会发展规划，在城市建设中规划组织社会生活。”② 韩城当时发展特点就是按矿产资源分布逐步形成的分散式矿口生产生活和农业村镇组成的混合体。这样的建设状态未能达到满足城市社会生活的基本功能要求。在这次总体规划的指导思想中提出：对市区进行城矿乡结合的总体布局结构组织规划；城市是社会生活活动的系统建设环境。城市结构要反映社会结构，其型体建设环境与社会环境一致；建设全市社会生活中心职能的市中心；按社会生活层次确定各区的基础规模；建立以市中心为依托的农业商品经济与地方、乡镇工业结合的乡镇网络。

2. “85规划”的城市总体规划结构

“85规划”从市域范围研究城市的结构，规划范围包括韩城大断层以东，黄河以西的全部川原地区，城市总体的结构形态为工、矿、乡结合，多点多层次有中心的网络型。要建立以城市为中心的经济区域，有利城乡协调发展，要做到以城带乡，以乡促城，城乡结合，同步发展。

3. “85规划”的城市性质及职能

“85规划”对韩城城市性质的定位：“韩城市是以煤炭、电力工业为主，具有丰富历史遗产，间有旅游及地方中心职能的新兴综合性中等城市。”②

对市中心区的性质表述为：全市的网络中心，煤电企业管理和开发中心地区的教育、科技、文化中心，以及传统文化和人文历史学术研究基地。它的职

① 仇保兴. 规划工作的形势和任务. 城市规划［J］，2002（1）：7－9

② 《韩城市城市总体规划（1985～2000）说明书》. 西安冶金建筑学院，1985

能有：全市行政管理、经济贸易、信息及交通中心；全市性商业服务、文教体育、医疗卫生、娱乐旅游等社会公共活动中心；地方工业基地及管理中心；地区性教育、科技、信息、贸易中心；传统文化、旅游及人文历史学述研究基地；煤电企业生产管理及开发中心和科研教育培训基地。（见图6－2）

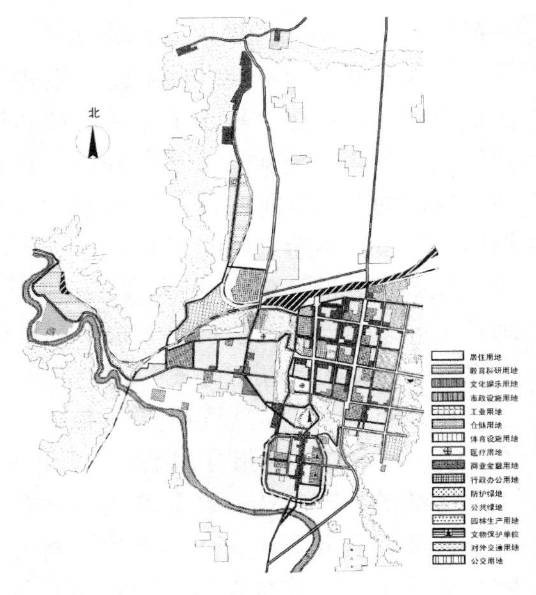

图6－2　韩城市总体规划图（1985－2000）

4. “85规划”的实施过程及城市发展现状

1984年，制定规划大纲，1985年编制总体规划，1986年省政府正式批复。在《关于韩城市总体规划方案的批复》中明确指出：“鉴于城区文物集中，保存完整，鉴于大量古老民族传统风貌的民居住室的特点，同意将老城辟为历史文化风貌区，切实加强保护和开发。”① 当年，按照“古城要古，新城要新”的原则，编制了新城一区的详细规划。“新旧分离”从理论走向了实践。市政府对新城区建设提出了“规划为纲，基础先行，严格管理，分步实施”的发展路子。

由于经济发展的紧迫性，新城的建设迫在眉睫，政府提出了“当年建设，两年建城、三年繁荣”的目标。但由于新城刚刚起步，基础设施等相对不完备，行政办公、商贸市场、文化设施等依然在老城，再加上居民的习惯性，居民仍乐于生活在老城，不愿意向新城搬迁。在此情况下，政府将行政办公、商业金融、文化娱乐等城市职能搬迁至新区。随着新区基础设施、社会文化、产业经济的发展，新区成为市民向往的去处。新区的繁荣为老城区的保护创造了良好的条件，使得韩城老城完整的保留至今。到2002年为止，韩城老城的文庙、城隍庙、东营庙、庆善寺、北营庙等古建筑，完整保护了传统商业街，现有商业店铺102院，房屋217栋，计896间，其中保存完好定为甲级61院、乙级23院、丙级18院；包括名人故居和普通四合院民居在内的传统民居254院，房屋725栋，定为甲级84院、乙级141院、丙级29院。①

《韩城市城市总体规划（2001～2020）》延续了“85总规”的理念，城市中心区继续向北发展，形成了“一轴三心四片区”的城市结构。城市建筑呈现出三大风貌区：老城区（民国以前形成的农耕时代风貌）、新城（20世纪80年代后形成的工业时代风貌）、道北新区（规划将要形成的信息时代风貌）。新的韩

① 关于古城区传统建筑普查情况的报告．韩城市文物旅游局．2002. 12

城反映出一种历时性的多元城市结构，多种文化并存，和谐相处，完整地表现出韩城的城市特色。

与此同时，随着新区的兴旺发展，旧区功能转化迟缓，相反，原有的现代城市功能几乎全部搬迁到新城，老城出现了衰落的迹象。"当政治、经济、文化等城市机能转至新城后，老城的社会心态、空间结构、生活质量、乃至居民心理都发生了重大变化。随着城市机能重心的转移，老城的经济活力迅速下降，逐渐失去了往日的风貌。特别是经济条件较好的居民向新城大量迁移，在某种意义上加速了老城的衰落。"① 这些都是"85规划"实施过程中出现的新问题，需要进一步研究。

5. "韩城新旧有机分离模式"的理论总结

(1) 从区域的视角研究城市结构

规划从区域的角度，将整个市域作为一个整体，按全市整体组织结构确定城市及各分区镇点的性质、职能和规模，并进行总体规划布局。城市总体的结构形态为工、矿、乡结合，多点多层次有中心的网络型结构。"城市总体结构规划是以市中心区为全市的中心；下峪口区为辅助中心，芝川和西庄两镇以市中心为依托，分别作为南北二区的地方经济中心，起联系二区乡村地域的城乡纽带作用，具有城乡兼有，工农结合的特点。"② 城市结构不是局限在狭义的城市规划的范围里研究，而是用系统的观点，从区域整体的视角来认识、把握城市结构，确定城市性质、职能和发展模式，同时，将高效率的城市交通、通讯和能源供应系统作为支撑网络型的城市结构的基础。

(2) 科学选择城市的发展方向

"85规划"指出了新城发展的方向，实现了"新旧分离"的规划布局模式，这是对韩城城市发展最重要的贡献。从当时规划情况来看，最为关键的是面对新的发展形势和老城人口急剧增长的压力，是开辟新城还是以老城为中心，围绕老城发展。总体规划根据韩城的地形地貌、交通方式、遗产分布、产业发展、城市现状等因素进行了综合考虑。韩城老城位于涺河谷地，紧靠北塬，从周边发展空间上来看，东、西两侧均被山塬阻隔，只有向南、北方向发展，即北部向塬上发展、向南延涺河发展。

老城南部的韩城历代城址变迁均在涺河谷地，包括芝川城也是处于这个谷中。但涺河谷地南北10公里，东西5公里，容量十分有限，而且，涺水、芝水、黄河的水患就一直威胁着这一地区。1965年7月25日的黄河大水就毁灭了芝川城，从此，芝川城从涺、芝二水交汇处迁移到西边高地上，沿210国道发展。而且，这里还遗存有诸多古代遗址。与之不同，老城以北的塬地和涺河谷地之间

① 刘临安，王树声．对历史文化名城"新旧分离"保护模式的再认识．西安建筑科技大学学报（自然科学版）[J]，2002（1）：76－79

② 《韩城市城市总体规划（1985～2000）说明书》．西安冶金建筑学院，1985

有70米的天然落差，塬上用地开敞广阔、地势高亢平坦，没有水涝之患。1970年，西侯铁路开通，韩城火车站选址就在这里，这为韩城的发展注入了新的动力，北塬成为韩城城市对外的重要窗口，具备了发展的潜在优势。以煤矿、钢铁、电力等工业经济为主导的韩城经济产业区处于市域北部，北塬地区与产业区有着地理上的便捷条件。新城选在老城北部有着明显的优势。（图6－3）

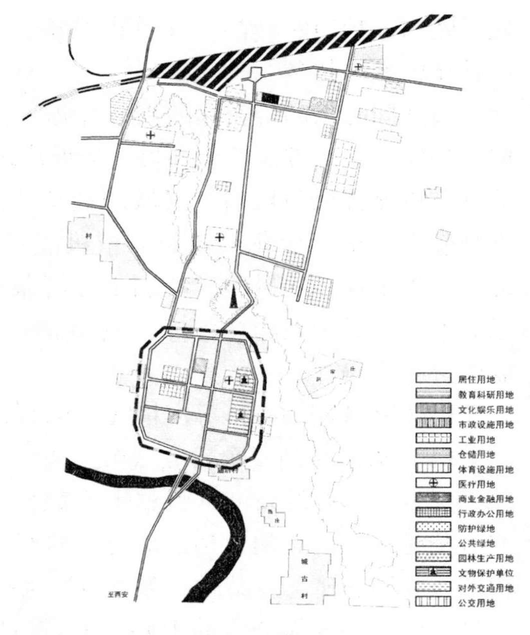

图6－3　韩城市现状图（1985年）

（3）总体规划与城市设计的协调统一

新旧分离的同时，关注了新城和老城的关系，使新旧一体，而不是新旧对立。“85总体规划”通过城市设计的手法处理了新旧之间的关系，主要成就有四个方面：

一是新城以延续老城历史轴线的方法，形成新的城市空间艺术构架，使老城与新城浑然一体。韩城老城的轴线是由宝塔、北门、金城大街、南门和毓秀桥构成。新城延续了这条轴线，开辟了新城大街，南起宝塔，北至火车站，其间开辟了司马迁广场，增强了轴线的艺术效果。

二是绿化及自然地形的巧妙运用。“完善保存以文庙、城隍庙为中心的历史老城结构和城市风貌。在总体规划中老城作为一个独立型体环境单元，与新建设地区用绿化和自然景观空间分隔。”① 陵园北路以南，利用台地边缘及沟壑地带规划建设新城公园，与原建烈士陵园相毗邻，使新城区与老城区，通过陵园与公园有机的结合在一起。新城公园正好利用新老城之间有70米高差的台原过渡区进行建设，与原有的烈士陵园结合在一起，成为新老城之间的过渡。（图6－4）

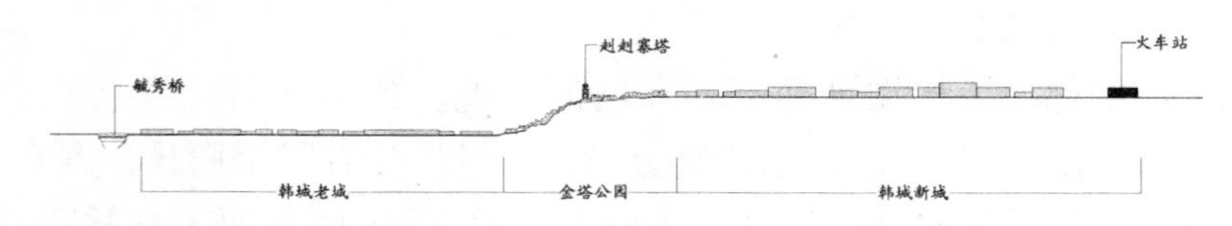

图6－4　韩城市新旧城轴线剖面图

三是新城的建设注意了与老城的协调。“85总体规划”明确指出：“新城大街南口，建筑层数不宜高于三层，宜视野开阔。使人通过陵东路从自然的深沟

① 《韩城市城市总体规划（1985～2000）说明书》．西安冶金建筑学院，1985

中，进入居高临下视野开阔之地段有心旷神怡之感。从新城大街南口向北，建筑层数逐渐增高，体量逐步加大，到太史路与之相交的新城广场形成中心，在中心安排建设二至三座高层建筑，以壮观市容，丰富街景。从乔南路向北则应减低层数，使之与火车站广场建筑呼应”。[①] 新城的道路网结构也延续了老城的特点。新城采用了中国传统方格网的道路形式，使新城与老城在空间结构上有机地融为一体。

（4）整体的城市保护思想

韩城“85总体规划”中体现出的文化遗产保护理念是一种整体的城市保护思想，打破了以往从文物保护出发的历史城市保护观念，从城市的格局和整体风貌入手来进行历史城市的保护。不仅保护了文庙、城隍庙等文物古迹，还将城市传统商业街、店铺、民居、巷道、古城周边自然环境等作为保护的内容。“老城区大部分仍保持着明清时代的格局风貌，店铺毗连，宅院精良，文物古迹集中并基本保护完整，民间久有“小北京”之称。总体规划中，拟对老城采取保护与改造相结合的方法，分区处理。对城中的重点文物古迹与优秀典型民居的选点保护，及有传统的商业街保护与城中总体布局风貌的全面保护相结合。使老城区建筑空间布局突出，层次分明，具有良好的空间视觉效果。”[①]规划将老城划分为三个区，即重点保护区、一般保护区和改造区，分别采取不同的做法予以处理。老城保护的同时，还从区域的角度对老城周边的历史文化遗产进行了保护。“以司马迁祠、文庙、普照寺、龙门为核心，建设发展全区内的风景、文物、古迹点，形成地区综合旅游网络。”基于这样的认识，保护了老城与周边历史文化遗迹的空间联系，例如，老城与司马迁祠的视觉通廊及湨河谷地原朴自然生态环境，保护了古城深层的文化意义。在当时，这些认识和做法，不能不说是一种先进的理念，后来我国历史城市的保护就是沿着这个思路发展的。

（5）新城建设对城市文化的延续

韩城是文化之乡，富有深厚的文化传统。对于自己传统的珍视和对地方文化的发扬历来是韩城人的优秀品格。这不仅在古代社会，就在文化大革命的浩劫中，韩城人依然保护了自己的遗产，这种居民普遍的文化价值观是居民认同“85总体规划”的基础，也是韩城老城能够完整保留下来的重要原因。正是由于这种文化价值观，韩城新城的建设不仅在空间布局和建设上与传统城市保持视线的联系，同时，新城继承和延续了传统的城市文化，保持了自己的风格。这是与一般意义上的新城建设观念不一样的。一般都认为，老城完整保留，新城尽可能“现代化”，形成与老城的对立。这种做法撕裂了文化的完整性和延续性，出现了文化断裂。“85总体规划”提出了“建设发展教育事业，继承发扬历史文化传统，加强文化城市风貌”的思路。新城的道路名称结合地方文化命

---

① 《韩城市城市总体规划（1985～2000）说明书》. 西安冶金建筑学院，1985

名，例如太史街、龙门大道、状元街等，同时司马迁广场、司马迁图书馆、匾联的运用等都保持了古城传统和地方特色。

（6）老城区在新旧分离的同时，就要进行功能转化，提升价值。

“新旧分离”是历史文化名城处理保护与发展矛盾的大原则，但并不是说只要实现“新旧分离”就可以抛弃老城，成为“弃旧建新”。韩城新旧分离之初，为了发展新城，政府采取的“强制剥离老城机能”的做法就导致了老城在很短的时间里衰落下去，使这里成为没有生气的地方，大大削弱了它应有的文化价值。在“85规划”中明确提出将老城四合院改造成为四合院宾馆的设想，以及将文庙、城隍庙、东营庙实现三庙贯通的设想，通过这样的改造，加强老城的文化功能和旅游功能。这些设想有的已经实现，有的还有待进一步研究实施。对于老城的保护，绝不是简单的保留完整的外壳，空间的保护是基本的，主要的是要保护城市的魂魄和精神。这是“85规划”实施过程中，由于多种原因而出现的问题，是值得深入研究的。“老城区（金城区）如何适应城市的现代化，它在城市现代化过程中承担什么样的职能是非常重要的。因为无论生活在旧区还是新区的居民都是时代的人，现代化的人，他们需要现代的文化生活。如果为了保护老城，而使一切现代文明均迁至新区，那么带来的不是富有生机与活力，充满“人气”与繁荣，凝结历史与现时的历史文化名城，而是一座隐藏着萧条与衰败的文明废墟，这种对历史城市的保护就偏离了城市的本质，失去了历史文化名城保护的真正含义，必然走向衰落。”① “新旧分离”是手段而不是目的，历史文化名城是动态的，而不是静态的，必须在新旧分离的同时，发掘老城深层的潜在价值，要为老城培植新的功能，使老城的价值得到提升，增强老城的竞争力，使之与新城有机的融为一体。新旧分离的实质是“新旧共荣－相得益彰”，而不是“弃旧建新，避重就轻”。随着城市的发展，要加大对老城的进一步研究，采取措施，使老城尽快恢复活力，实现历史文化遗产的可持续发展。

韩城85规划已实施20个年头，成功的完整保护了韩城老城，为陕西留下了一处最为完整的一座古代县城原型，是研究中国古代城市设计方法、人居环境营造理念等无比珍贵的活化石。更重要的是在20年前，当这个聚落将要受到外力（主要是经济发展、城市建设等因素）“入侵”时，主动采取了“新旧分离”的方法，使新的建设形成的聚居与原来的旧聚落形成一个新的有机的聚落，通过20年的实践，证明它是成功的，这为新时期我国聚居理论以及历史城市保护发展理论积累了丰富的理论和实践经验。

经过十几年的规划建设，以及受自然条件的影响，韩城已经基本形成一城五区发展格局，即老城区、新城区、招商区、苏山区、象山区。其间108国道、西禹高速公路、韩城市旅游专线纵贯南北。由陕西省城市规划设计研究院与韩

---

① 王树声．绛州古城保护与发展研究［D］．西安建筑科技大学硕士研究生毕业论文．2001

城市人民政府共同编制的《韩城市城市总体规划（2000～2020）》（简称“2000规划”）对城市的现状分析到：老城区是国家级历史文化名城韩城的重要组成部分，有明清两代形成的布局合理、装修考究、独具特色的韩城民居，有保存完整、具有重要历史意义的古建筑群多处，具有明清时代特点的传统街区多条。老城区现有居住、商贸、旅游、文化等四大功能。新城区位于老城北侧的台地上，为城市的行政、商业中心，有市委、市政府等主要行政事业单位，有人民路、香山路、状元街等主要商业街，有市政府宾馆、银河大酒店、韩电宾馆、邮电局等主要大型公建及司马迁广场。区内公建较多，层数以 4 层、5 层为主，有少量高层，均为 1985 年以后建成，建筑质量相对较好。招商区位于新城区的东侧，主要以居住、高新产业、市场为主。城区内有居住小区、一类工业用地及大型批发市场 3 个，还有韩城市的体育中心及部队驻地。苏山区位于城市西北方，苏山脚下的狭长地带，北起马沟渠煤矿，南至水厂，马沟渠煤矿专用铁路线从此区穿过，现有水泥厂、洗煤厂等多处工业用地及矿务局部分用地。象山区位于新城区的西侧，老城区的西北方，除象山中学、部分居住用地及个别科研单位外，其余多为矿务局用地。

“2000 规划”对城市的现状存在问题分析：城市用地布局功能不很合理，未形成较为完整的城市中心区；城市建设中绿地建设滞后，致使绿地面积严重不足，影响城市景观的建设及城市职能的发挥；没有很好的利用山、水、城的关系进行城市景观建设及生态环境建设；城市过境交通及物流对城市环境及安全造成一定的影响；城市发展与名城保护、旅游之间的协调有待加强；城市建设中城市的文化灵魂突出不够，缺乏个性；城市规划在产业调整中的导向作用未很好发挥。

城市用地发展方向对一个城市来说是至关重要的。韩城“85 总规”提出的向北部韩原发展的思路，实现了新旧城市的分离，保护了历史城市，也为新城的发展创造了环境。“85 总规”反对在老城西、南方向发展。《韩城市城市总体规划（2000～2020）》依然持有同样的观点，又一次突出了老城的地位，加强了保护工作，协调了保护与发展的矛盾。《韩城市城市总体规划（2000～2020）》对城市用地发展方向作了一些比较，得出了城市向北发展的结论，这可以说是对“85 总规”的延续（图 6－5）。“从现状看，东、南、北三面都可作为城市今后的发展用地，但城市往南发展，不但要跨濴水河，还将老城包围于中间，不利于突出名城特点及旅游的发展。且台地两侧交通联系不方便，不利于城市的发展；东侧用地也较有限，且要穿越 110kV、330kV 高压线及西禹高速公路，对城市交通造成很多不便；北侧虽然也要跨越铁路这道门槛，但现状已有两个通道，两区联系相对方便，交通也相对易解决，用地也较充分，因此，我们把北侧作为本次规划的主要发展方向。”① 本次规划的城市布局形态规划提出“结合

① 《韩城市城市总体规划（2000～2020）》. 陕西省城乡规划设计研究院.

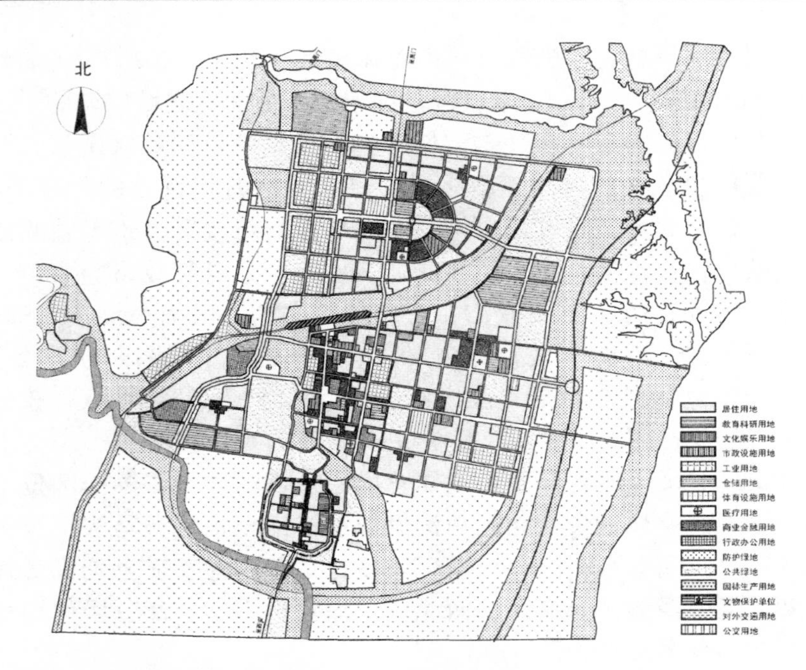

图 6－5　韩城市总体规划图（2001－2020）

城市的地形、地貌，大型基础设施、文物景点的分布，从交通走势、用地条件、景点保护等因素出发，坚持以绿养城，以文兴城的方针，强调突出城市的生态环境和文化品味的特点，以‘一城三区，空间间隔，功能互补，协调发展’为原则，形成‘一城三区六片’（一城指韩城市，三区指中心城区、龙门区和芝川区，六片指老城区、新城区、道北区、象山区、龙门区、芝川区）园林城市布局形态。”城市中心城区采用集中式发展，形成“一轴三心四片区”的城市结构。一轴：指黄河大街发展轴。三心：指一个主中心，两个副中心。主中心指新城区的行政、商贸、金融中心；副中心指老城文化中心和道北文娱中心。四片区功能分别是：老城区、新城区、道北区、象山区。新城区是包括原新城区、招商区及苏东乡部分用地，是韩城市中心城区的核心部分，主要承担城市的行政、办公、商贸金融、居住、生活、高新产业、文化教育、物资集散、旅游服务、对外交通等多种功能。道北区是“2000 总规”规划的新发展区，主要承担城市的工业、仓储、居住生活、文化娱乐等功能。象山区主要承担城市的居住、农业科研及产业结构调整、推广功能。“2000 总规”对老城区的功能定位：区内分布多处传统民居、巷道及大量文物建筑，是韩城作为国家级历史文化名城的主要构成部分，主要承担城市的居住、旅游和传统文化等功能，是城市的标志性区域。

韩城“2000 总规”是在“85 总规”基础上，向北、向东发展而成，延续了“85 总规”的思想精髓，总体来看是符合韩城发展的实际的。对于老城来说，“85 总规”留给我们的启示是十分重要的，老城不能脱离整个城市的发展，要使老城的功能有机地成为新的城市的一个组成部分，而不仅仅是空间形式上的联系。

6.2.1.2 混合型

新城在老城原址的基础上，以老城为中心，向某一方向或几个方向发展，而且老城一直保持着原有的活力。把这类城市称为混合型城市。黄河晋陕沿岸历史城市中的佳县、河曲就属于这类城市。

佳县县城现状建设面积126公顷，人均73.2平方米，其中居住用地占总用地的65.3%，城区内工业发展比较缓慢，仅有一些小型加工工业，年产值约1000万元。城内公共设施比较健全，有中学2所，幼儿园2所，小学2所，医疗设施4处，床位200张，影剧院1处，还有文化馆、体育场、图书馆、宾馆、招待所、新华书店、银行、商业服务等公共设施。据统计，2002年城区内各类建筑总面积约30万平方米，其中砖石窑洞房屋21万多平方米，占73%以上，平房面积占总面积的85%。佳县县城就是古葭州城，建于宋代，是一座形态完整，历史建筑遗存较为丰富的城市，现为陕西省历史文化名城。佳县县城“冠山俯河”的气势，丰富的历史文化遗产，独特的城市空间形态蕴涵了丰富的东方城市设计思想，是中国古代城市设计的典范。但长期以来，并没有足够认识其所蕴含的价值，再加上古城居于山上，周边并没有充足的发展余地，古城就在原地发展。随着人口的增加，不断对古城予以改造、更新。大面积的传统街区和历史建筑被拆除，大量的新建筑拔地而起，从黄河对岸的杀虎堡看去，原有的城市天际线已被新的大体量建筑破坏。新建的建筑体量、色彩、形式都与古城的形态、尺度、风貌极不协调，严重破坏了历史文化名城的整体特色。

陕西省城乡规划设计研究院编制的《佳县县城总体规划（2003～2020）》在分析了现状之后，提出了“佳县东临黄河，西、南两面为葭芦河所环抱，北面是狭窄而连绵起伏的丘陵，城市位于河叉地带的山颠之上。根据本规划所拟定的整体保护原则，山上古城区及山腰环境保护将限制发展，因而只有在葭芦河河谷进行发展用地选择。葭芦河河谷风景秀丽，因而亦是应加以保护的对象，鉴于在县城周围已无地可选，因而只有在葭芦河河谷北部较开阔处安排城市发展用地，其余地段作为环境控制区。”总体规划将县城划分为四大片区：古城区、城北区、葭芦城市新区、白云山风景名胜区。古城区主要为旅游和居住为主，将现有占地面积较大的行政办公和为全县服务的公共设施逐步搬迁出古城区，面积60公顷；城北区面积为26公顷；葭芦河片区职能以行政办公、商贸和居住为主，用地54公顷；白云山风景名胜区规划控制面积3.9平方公里。

这种发展模式与葭州古城及其自身环境的保护是有冲突的。佳县是国家贫困县，缺乏矿产资源，但佳县历史文化资源丰富，红枣产业发达。旅游业和特色农业是佳县应发展的方向。在陕西省城乡规划设计研究院编制的《佳县县城总体规划（2003～2020）》中，对佳县城的城市性质定性为“历史文化名城，全县的行政、文化中心，融山水城为一体的急剧保护价值和旅游价值的陕北山城。”对其特色也描述到“黄河之滨，三面环水。4800米的古城墙中，800米保存完好，350米城基尚存，传统民居保存较好。主体均为石砌而成，依山就势而建。石城墙、石头街、石窑洞、石头墙构成了名副其实的石头城。”在佳县城南五公里处，就是建于明代万历年间的白云观道教建筑群，是一处重要的旅游胜地。白云山庙与葭州古城隔葭芦河相望，山峦起伏，塔楼相映，黄河环带，气势恢宏，营造了一处山水、城市、神灵浑然一体的文化景观。刘临安教授在佳县考察时，用“天—地—人”概括了佳县的环境结构。“天”指白云山的庙宇景观及其环境所展示出的宗教意境和登天理想；“地”指黄河及其两岸的山川；“人”指葭州城。还指出，对于葭州城的保护，不能就城论城，要从“城—庙—河”的整体结构来认识葭州城的价值。

我们从韩城“新旧分离”及我国其他历史城市“新旧分离”成功的实践，可以认识到：“新旧分离”是处理历史城市新旧关系最为有效的方式。所以，作为混合型的历史城市的发展，就要实行“新旧分离”，只有这样才能正确处理城市的发展和历史文化遗产保护的矛盾。但由于葭州古城所处的自然环境与发展用地条件的限制，韩城那种在旧城一旁建设新城的“新旧分离”模式是行不通的。这种模式在平原地区可以不受用地的限制，但对于佳县，建设用地十分有限，而且，地形复杂，不便于形成交通网络。从佳县历史文化遗产保护和旅游事业发展来看，2003年县城规划中提出的城市结构不利于对葭州古城的保护。此次规划把佳县新区规划在葭芦河两岸，面积54公顷。这样尽管葭州古城的拥挤状况可能得到一定程度的缓解，但会使佳县县城的规模不断扩大，吸引更多的人流往这里聚集，破坏葭芦河及其周边的自然环境，也破坏了葭州古城的生存环境。对于葭州古城的保护，从“城—庙—河”三位一体的结构来看，葭州古城及周边不应布局易造成人口集聚的城市功能，避免新的、现代建筑威胁古城，尽可能为古城保护创造一个良好的环境。

从佳县的实际，本书提出建构一种基于县域思考的城市结构。建立一个包括古城区、通镇和乌镇在一起“三镇合一”的城市结构（图6－6）。通镇、乌镇都是在宋代元符二年修筑，通镇原名通秦寨，乌镇原名乌龙寨。早在宋代就与葭芦寨是一个整体，相互协作，防御西北敌人的入侵。这对今天的佳县城发展也是一种启示。城市并不局限在某一固定的地点，而是从更大的层面上，寻找一种秩序，建立一种相互协作的关系，共同带动县域的发展。在构想的“三镇合一”结构中，葭州古城区作为历史文化保护区，以旅游、文化教育和居住为主，兼有部分行政办公；通镇是佳榆公路（佳县到榆林）佳县段最大的镇，用地面积较为开阔，为现代经济商贸区，以商贸、行政办公、居住为主；乌镇是佳米（佳县到米脂）公路佳县段最大的镇，以农副产品加工业、工业、居住为主，兼有部分行政办公。这样，以快速便捷的交通将三个区紧密联系在一起，从区域来看形成一个以葭芦古城为端点的扇形发展模式，在扇形的端部又形成一个“三角形”的中心区，为县域的中心。

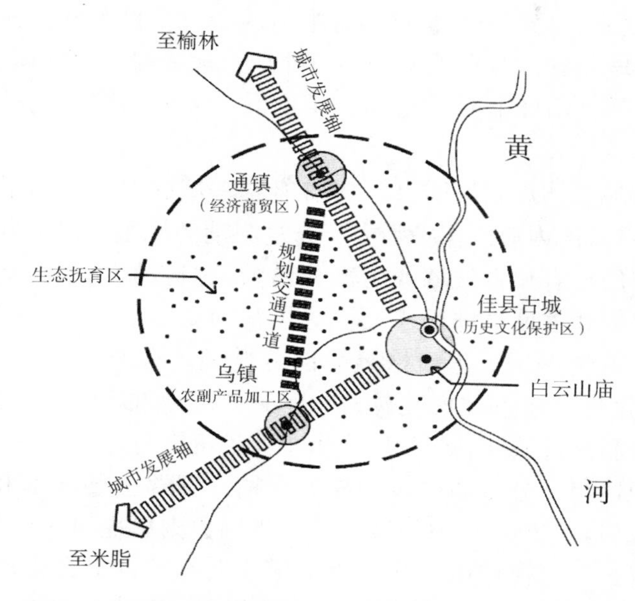

图6-6 佳县城市形态结构构想图

在这种结构中，“三镇合一”的县城模式必须处在地区的交通干道上，也就是城市发展轴上；三镇之间必须有相对便捷的交通，形成有机而快速的联系；三镇之间交通围合的区域应是生态抚育区，建设良好的生态环境；三镇之间的功能分区是一个动态稳定的过程，随着城市发展要随时调整，保持均衡发展。

汤道烈先生分析陕西省兴平城市建设适宜模式的时候，对兴平城市发展所处的阶段特点概括为：“现今兴平市城镇社会经济发展阶段处于一种特殊的性质，传统的农业社会并没有完全脱胎，工业社会还远没有形成，而当今世界已进入后工业及信息社会时期。作为社会生活在逃的兴平城镇建设当前面临要同时完成这二次的‘城镇建设形态’的‘革命’。”汤先生还对新世纪西部开发工程中，兴平市城镇建设的模式提出了构想，他反对简单地以“传统经验”为基础，确定城市发展模式，“而应该建设以新的适宜当今社会发展方向的形态结构模式——信息生活网络结构的城镇建设模式，为兴平市社会经济发展建立一个具有推助力的社会载体和社会发展的基础结构。”这对于黄河沿岸城市的发展具有重要的启示。

6.2.2 村落型

村落型旧城主要有两种类型，一是城村合一，二是城村分离。城村合一类型即新城在历史城市一侧发展，尽管旧城变迁为村落，但与新城依旧仍有密切的联系，是新城的一个部分。府谷、保德两城的旧城就属于这一类型。

府谷是陕西省历史文化名城，府谷古城是历史文化名城最为主要的构成部分。古城现状面积约4.85公顷，城内有主街两条，横贯东西，钟楼位于全城中心，东有文庙、城隍庙；西有关帝庙、祖师坛、观音殿、二郎庙；北有上帝庙，南有南寺。南门外半山坡上有娘娘庙、千佛洞、荣河书院、文星阁；出东门有龙王庙、河神庙。

在《府谷县城总体规划说明书》中对府谷古城的保护提出了初步的原则和内容，指出："古城区内应以保护为主、修复为辅的原则，保护好古城原有的道路骨架和街巷布局。府州古城墙线大部分已毁，但古城址界线基本明确，有据可查。规划应保护好古城城郭的平面，对仅存的城墙应妥善保护，开辟绿化小游园，在有条件的情况下，逐步恢复一部分城墙。在原址轮廓线处加强绿化，设宽10米的绿化带；在古城树立标志，记述古城池的历史演变过程。"同时，还对文庙、千佛洞及古城外围的景区提出了保护范围与办法。

保德旧城现仅存部分城墙残段和陈烈女祠、五省总督坊和祖师庙。在《保德县县城总体规划》（2002）中的城市景观规划原则里提出了："重视城市历史文化的继承与保护，重视城市景观的历史延续性及其本土文化特性的历史文化的保护原则。"在规划措施的文物古迹一节中指出："城市的历史遗存，是城市悠久历史与文化的真实展示。文物古迹、传统民居可以增强城市的地方色彩，丰富城市的人文历史和革命历史以及文化艺术内容。规划要求对县城现有的文物古迹以及有纪念和保护意义的传统民居，按照《文物保护法》的有关规定进行保护，并在详细规划和城市设计中，对其周边环境进行保护性开发，使文物古迹成为充分体现保德县悠久历史的荟萃点，丰富城市的历史文化底蕴。"在园林绿地规划中，提出建设保德公园和南关公园，"保德公园规划位于城内村北的山麓，规模为17.6万平方米，为县级公共绿地，结合梅花沟流域综合治理工程，形成集游憩、休闲、观赏、生态、景观、防灾于一体的综合性大型山地形公园。南关公园位于城内村南关，规模为1.8万平方米，为区级公共绿地，结合陈烈女祠、五省总督坊等文物古迹，形成具有文物保护、观赏、游憩、休闲、防灾等功能的专类公园。"① 保德旧城要结合南北两个公园整体保护，将保德公园、保德老城、南关公园联系起来，构建"两园夹一城"的格局；提高老城东西两侧山体绿化率；保护老城的平面形态、道路格局以及重要遗迹；保护古城与周边整体环境的关系，例如东门与黄河的通视等；恢复对古城景观有重要影响的文笔塔。

城村合一型的城市在老城发展的过程中，首先要加强对城市历史遗存的保护，根据遗产的价值积极申报各级文物保护单位，将遗产纳入国家的保护体系；其次，要从城市总体规划的角度，确定老城区在城市结构中的功能定位，将之

① 山西省城乡规划设计研究院编制的《保德县县城总体规划》，2002

有机纳入新的城市结构，而不是脱离新的城市去发展，这不利于老城的保护，也是一种土地资源的浪费；第三，对于老城的功能布局，尽可能发挥其历史文化的功能，增强城市的历史感和文化性，这些是中国古代人居环境中“文荫武备”观念对今天的启示；第四，要加强对老城基础设施的建设；第五，尽可能多地保护历史城市周边的自然环境。

由于保德和府谷都滨临黄河，两座城市更像是一座城市，新华社“新华视点”记者惠小勇、高风、吴锦瑜在一篇报道中称“保德和府谷两座县城隔黄河相望，给人感觉更像是一座跨河而建的中等城市。”事实上，由于两座城市在行政界域上分属于两个省，历史上就相互竞争，近年来两县又因侵占黄河滩地而发生摩擦，由于污染环境而相互指责，黄河沿岸的发展缺乏统一的规划，这一地区已经成为黄河沿岸污染最为严重的地区。“污染最为严重的还是黄河流经山西保德、陕西府谷两县之间的河段。沿着与黄河并行的河保公路行驶到距保德县城约三四十公里处，顿感烟雾缭绕，空气间弥漫着越来越浓的硫、焦油等烟尘气味。河对岸的府谷县，密密麻麻竖着烧白灰、炼焦、生产电石、水泥的烟囱，记者数了一段约1公里长的山体，就有8个冒着浓烟的烟囱。再看河堤上是一个个挖空的石窟，当地人介绍，这是采石灰石形成的山洞。这些紧靠黄河岸边开工生产的企业还将污水、污物随意倾倒入黄河。”对于这种情况两县相互指责，针对黄河沿岸的污染，保德、府谷两县的环保局长分析原因时均提到两省协调不够。“相邻省区协调配合不够。保德、府谷两县在地理上同居一城，在区划上分属两省，行动往往不尽一致。2000年初，保德县开始取缔污染大的小企业，而一河之隔的府谷县尚未有大的行动，结果保德的企业抱怨竞争环境不公平，群众的意见更大。”这些问题，不只反映在环保领域，几乎各个部门之间都存在这样的问题。在调研过程中，府谷的出租车都不能进入保德城，而保德的公共汽车也只能到黄河桥头，黄河桥头还设置关卡，互相刁难。这已经影响到居民的情绪。于是，本文认为应从黄河两岸生态、社会、城市可持续发展的高度，研究保德、府谷这样的特殊城市发展的模式。基于这样的认识，本文认为应构建一种“保—府”一体化的城市发展模式。在这个模式中，发展不是一种孤立的，而是一种协作的关系，弥补了由于黄河作为行政界域划分而导致的对发展带来的不利影响。这体现在四个方面：便于有效协调黄河沿岸的发展；共享城市的公共服务设施；减少或避免一些基础设施的重复建设；形成规模效益，更好带动区域发展。为了达到这个目标，最主要的是打破现有的行政体制的制约，建立一个权威有效的管理机构，统一协调黄河两岸发展，实现区域范围的资源共享和优化配置。

城村分离型的村落型的发展面临的问题并不十分突出，村落人口较为稀少，遗址的破坏也较为严重，就吴堡老城而言，县城并没有遗留下众多的历史建筑，但古城的格局还较为清晰，黄河旅游网上对吴堡老城介绍到：“吴堡古城为北汉（951～957）时建，是一座石头古城，城墙用石头垒就，城门由石头搭成，房屋也是砖石构建的窑洞。古城很小，就占据了那么一个山头，下面就是黄河。这里没有大红大紫、大富大贵过，一切都普通得甚至显得简陋。这里的房屋都带院子，围墙用碎石垒成，围出了小院子，也隔出了一条条短而窄的小路。岁月让一些家园变成了废墟，一些稍加修缮过，还住着人，不过几乎都是老人，现在只有他们留守在这座古城。古城里有两座土地庙，有一些塑像，虽然重修的年头不长，但非常乡土，不像其他一些地方的应景之作。古城外种着好些枣树，这就是古城里人们的经济来源。古城里的人们很热情好客，民风淳朴。”尽管文化遗产并不丰富，但由于原有居民陆续搬迁，这些古城反而有一种历史的沧桑感，与自然环境的关系更为强烈。同在这个网上，对吴堡老城的景色描写到："吴堡古城在吴堡县城北 4 公里的山上，都是山路，步行约 1 小时。大部分路段都沿黄河，可以俯瞰南下的滔滔黄河水。古城北门有小路可以一直下到黄河边。沿黄河北上一段路，景色很漂亮，一会儿是鹅卵石铺就的河滩，一会儿是细软的沙滩，再走下去，路甚至变成了凿在河边绝壁上宽仅 1 尺的小径。这样可以一直走到佳县去，景色宁静美丽，一边是高山，一边是大河，非常适宜孤独的行者。”在开发旅游的过程中，要加强对黄河、古城墙遗址及其周边自然环境的保护。

6.2.3 遗址型

黄河晋陕沿岸现存的城市遗址有蒲州、潼关、朝邑与河津等四座古城。其中最为重要的是蒲州古城和潼关古城两处遗址。蒲州、潼关两处遗址，均为国家文物保护单位，具有十分重要的历史价值和文化价值。朝邑与河津古城旧址基本没有任何遗存，只是在周边的塬上留存有文物建筑，这两座城市遗址的保护就是对这些古建筑的保护。蒲州、潼关两座古城遗址的保护具有十分重要的意义。这不仅是因为它们在历史上事关都城的安危，有着举足轻重的地位，更重要的是这两座城市的营造本身就是中国城市设计的杰作，在中国古代城市建设史上占有十分重要的地位。

1997 年，国务院在《关于加强和改善文物工作的通知》中提到了“大遗址”概念。“地方各级人民政府和有关部门要本着即利于文物保护，有利于经济建设和提高人民群众生活水平的原则，妥善处理文物保护与经济建设以及人民群众切身利益的一些局部性矛盾，把古文化遗址特别是大型遗址的保护纳入当地城乡建设和土地利用规划。”大遗址是指大型古文化遗址，由遗存及其相关环境组成，一般是指在我国考古学文化上具有重大意义或在我国历史上占有政治、经济、文化、军事重要地位的原始聚落、古代都城、宫殿、陵墓和墓葬群、宗教遗址、水利设施遗址、交通设施遗址、军事设施遗址、手工业遗址、其他建筑遗迹。蒲州、潼关这两座古城遗址的保护就属于大遗址保护的范畴。

国家文物局编制的《大遗址”保护“十五”计划》指出：大遗址起讫年代

久远、分布地域广阔，气魄宏大，埋藏丰富，综合并直接体现了中华民族和文明的起源、形成和发展，是构成中华五千年灿烂文明的主体，是中华文明曾经高度发达，并对世界文明与进步产生过巨大影响的历史见证，是我们民族的骄傲。但大遗址的保护仍面临十分严峻的问题。就潼关古城来看，由于地处于交通要塞，铁路、高速公路均从此通过，而且还是陕西、山西、河南三省的高速公路交汇处，大量的交通设施破坏了古城遗址，古城的完整格局被肢解；与此同时，由于三门峡水库的修建，导致了库区的泥沙淤积，在渭河汇入黄河的地方形成严重的堆积，抬高了渭河的侵蚀基准面，这对潼关古城遗址是一个极大的破坏（见图6－7）。与潼关古城遗址相反，蒲州古城遗址所在的蒲州镇也失去了往日的交通地位，建设性的破坏并不严重，一直保存较为完整。1984年，地、县博物馆在这里考察。城为正方形，周长八里三百四十七步（40578.3米）与史书记载吻合。城墙的北、南、西三面下部淤泥埋没4米、5米、7米不等。露出地面的有1米、2米也不等。这三面裹尚在，也不十分完整。城墙上的堞、楼均毁。下部泥沙埋没，东面的城墙、城门，砖裹全拆毁，唯土墙残存。近年来，在城西发掘出了唐代开元铁牛、铁人、铁山以及元代大三年建的“大禹庙”前的数根铁柱。蒲州古城遗址保护完好，周边有普救寺，近年又修复了鹳雀楼。蒲州古城已成为山西知名的旅游点之一。

图6－7　潼关古城遗址现状图

对于蒲州古城和潼关古城来讲，首先要把保护遗址、抢救文物作为首要工作。进行科学的探测、考古工作。与此同时，古城遗址的保护应坚持整体性的原则，不能就遗址本身而论。应从历史城市原有意义出发，将古城遗址原有的各类空间要素作为一个整体来保护，完整且真实地反映古城的历史信息。整体保护主要包括物质与精神两个方面。物质要素就是针对古代城市设计物质层面的八个要素，即“自然、中轴、骨架、群域、标志、边界、基底、景致”，通过考古发掘和研究进行科学展示，还要保护地方独特的文化传统。此外，要把大遗址保护展示体系建设与生态环境建设、经济发展结合起来，处理好长远与当前、全局与局部的关系，促进社会效益、生态效益与经济效益的协调统一。

6.2.4 小结

本章从历史城市变迁的过程入手，通过分析历史城市演进中所受到的外力，认识到：自然环境是城市赖以存在的基础；交通结构的变迁，将加速城市的演进；区域中心聚落的变化，将带来新的城市结构模式重大工程，将影响城市的发展；此外，新的产业、新的城市发展理念也将影响或改变城市形态。本书还针对历史城市依存的状况进行了分类研究，尤其通过韩城城市结构演进的过程，总结了历史文化名城的“新旧分离”理论，并结合佳县城市发展实际，提出了“三镇合一”的城市发展模式。与此同时，还对历史城市所演进而成的村落、遗址的保护、发展提出了构想和建议。

第7章

黄河晋陕沿岸历史城市整体发展的构想

7.1 黄河晋陕沿岸城市发展的背景

黄河晋陕沿岸历史城市的城市化不同于一般地区的城市化。这是由于这一地区特殊的自然环境和文化传统所决定的。在1999年10月13日召开的“黄河的重大问题及其对策专家座谈会”提出了六个有关黄河的重大问题，即防御黄河洪水灾害、缓解黄河缺水断流、防止黄河水污染、黄土高原水土保持生态建设、关于治黄的政策和法律法规、关于治黄的科学技术和基础工作等。这六个问题中，第一个是针对黄河下游的；第二、第三、第五、第六是针对整个黄河的，第四条主要是针对黄河中游的，其中晋陕沿岸是主要地区。所以，黄河晋陕沿岸地区城市发展面临的最重要的问题就是“黄土高原水土保持生态建设”。

首先，黄河中游，尤其是晋陕峡谷区段是黄土高原生态环境最脆弱的地区，直接威胁到黄河的安全。这一区域具有世界上新生代第四纪发育最为完整、厚度最大、大面积分布的黄土地层，新构造运动十分活跃。经过亿万年的自然变迁，形成了原、梁、峁、沟等地貌。这里土质疏松、坡陡沟深，水土流失严重。再加上历史时期的大量移民、戍边屯垦以及过度放牧，加剧了水土流失和沙漠化。然而，黄河晋陕峡谷的生态环境直接关系到黄河的安全，关系到下游的安全。黄河下游的泥沙主要是粗颗粒泥沙，“主要来自黄河中游两个地区，一是河口镇至无定河口地区，二是无定河、延河、泾河、北洛河上游地区。这两个地区面积约10万平方公里，但洪峰期泥沙进入黄河下游河道的淤积量约占下游汛期全部淤积量的40%～60%。”① 这两个地区的土壤侵蚀模数绝大部分达到每平方公里每年1～3万吨。于是，史念海先生在《黄土高原历史地理》一书中明确讲到：“河流流经地面，地面足以引起河流决溢的条件，自较空中降水为复杂。黄河中游流经黄土高原，下游流经华北平原。黄土高原土质疏松，易受侵蚀，侵蚀下的泥沙大都汇集于黄河之中，随水流下。华北平原地势平衍，黄河流到这里，比降小，流速较低，水中所携带的泥沙就随处淤积，促使河床抬高。一遇洪水，河床容纳不下，自然难免决溢。显然可见，河床中泥沙的淤积，实为形成河水决溢的主要原因，也是河患症结所在。”② 治理黄河关键是治理泥沙，治理泥沙关键在中游。所以，坚持中游的水土保持对于治理黄河是十分重要的。张含英先生明确指出：“河患虽在下游，祸源则在孟津（三门峡）以上，整治河而仅在下游是谋，亦犹头痛医头，脚痛医脚，不独无效，病且增剧。”③ “据调查量算，黄河中游河口镇至龙门区间，长度在0.5～30公里的沟道有8万多条，丘陵沟壑区沟壑面积占总面积的40%～50%，而产沙量占小流域总沙量

---

① 任美锷．黄河．清华大学、暨南大学出版社出版．2002

② 史念海．黄土高原历史地理．黄河水利出版社．郑州．2002

③ 张含英．黄河水患之控制．上海．商务印书馆．1938

的50%～70%；高原沟壑面积占总面积的30%～40%，而产沙量占小流域总沙量的80%～90%。”①

黄土高原水土流失十分严重，是造成当地经济贫困、生态环境恶化和下游河道不断淤积抬高的根源。从历史经验看，自然是人居环境存在的前提和基础，自然环境的恶化必然导致地区人居环境的衰败。“充分认识到生态环境建设是关系到黄河流域经济社会可持续发展的重大问题，真正把水土保持作为改善农业生产条件、生态环境和治理黄河的一项根本措施。”①

第二，黄河的航运功能不发达，尤其在晋陕峡谷区段几乎失去航运功能，对区域的发展起不到直接的带动作用。黄河作为我国的第二大河，有着辉煌的航运史。自战国，历经秦、汉，至隋唐，黄河成为连通全国水系的国内航运网的中心和北方的主干道，在国民经济中起着至关重要的作用。唐代之后，政治中心动迁北移，黄河失去了往昔的重要地位。但事实上，黄河还在发挥着航运的功能。碛口、宋家川等城镇的兴起均源于黄河的水运。仅以龙门以南的黄河小北干流为例，民国时期航运仍盛。近代水利学家李仪祉在《西北水利问题》一书中云：“至禹门以下，船运乃盛。至潼关一百五十公里，其形以纤，所运货物，以煤、盐、棉、铁、皮、毛为大宗。”据《山西省第九次经济统计》一书记载：民国十八年（1929年），黄河小北干流航线有8条。其中，黄河航道6条，汾河航道2条。黄河6条航线分别是：禹门口上行至船窝渡，全长11公里；禹门口下行至临猗县夹马口，全长约70公里；禹门口至芮城县风陵渡，全长128公里；禹门口经潼关至三河口，全长156公里；禹门口经潼关行至河南灵宝县，全长188公里；禹门口经潼关西行转渭河至陕西咸阳草滩，全长288公里。这就说明，黄河中游在民国时期的水运功能还较为发达。但随着这一地区铁路、公路交通的不断完善，更重要的是黄河的水位下降，黄河大规模的航运已成为历史。

黄河航运历史的终结，意味着黄河航运将不可能在城市化进程中发挥交通带动作用，铁路、公路等陆路交通必然成为这一地区与对外联系的主要交通方式。这恰恰与长江不同，长江航运十分发达，至今仍是重要的交通运输方式，在国民经济中起着重大作用。于是，黄河地区的城市化必然不同于长江地区。

第三，由于历史原因，黄河一直作为晋、陕两省的分界线，这在一定程度上影响了两岸的协调发展。在我国，大多数河流基本上都是省内、市内、县内河，河的两岸均属于一个行政区。这种状况便于两岸建设的协调和对河流的共享。例如长江、汉江等均属此类。黄河晋陕沿岸却与此相反，成为晋陕两省的行政分界线。历史上，尽管有时为了战争的需要，黄河晋陕两岸的行政区划有所变动，但总体上以黄河作为晋陕两省的分界线已基本固定下来。由于行政区

① 水利部黄河水利委员会：黄河近期重点治理开发规划．黄河水利出版社．郑州．2002

划的缘故，导致两省之间对黄河的利用、城市建设上出现了不同于其他河流的地方。这从黄河晋陕两岸城市的布局形态就可以看出，甚至像保德、府谷两城建设中出现的利用风水厌胜思想修建的文笔塔、文昌楼等现象以及侵占河道、两岸因黄河变迁导致的田地争斗问题等均反映了这一特殊分界线的影响。黄河晋陕沿岸的城市化如何突破两省行政区划的限制，达到合理利用、协调发展是十分重要的。

第四，黄河晋陕沿岸地区具有十分丰富的自然与文化遗产。

黄河是中华民族的母亲河，黄河沿岸是中华文明的重要发祥地之一。黄河沿岸具有十分丰富的自然与文化资源。“区内有河流、湖泊、瀑布、湿地、峡谷溶洞、名山大川和森林。有省级以上风景名胜区和森林公园28处，其中国家级风景名胜区和森林公园7处，自然资源秀丽多姿，非常丰富。”[①] 由于黄河晋陕沿岸地区是民族文化的发祥地，两岸许多自然景观往往具有深厚的文化意境，自然与人文交相辉映，融为一体。例如黄河壶口瀑布，不仅是一处壮丽的自然奇观，而且具有深厚的文化精神；雄伟的龙门不仅风景秀丽，气象壮观，而且还有禹凿龙门的传说。黄河沿岸地区的人文景观、文化遗产更是丰富。黄河沿岸就有韩城、佳县、府谷、碛口、党家村等历史文化名城、名镇、名村。潼关古城与蒲州古城遗址均为国家文保单位。两岸更大的地区有全国文物保护单位36处，省级文物保护单位85处。

丰富的自然与文化资源，成为发展旅游事业的基础，具有十分广阔的前景。《黄河晋陕峡谷区域综合开发研究》对此评价道：“晋陕大峡谷是一个旅游资源十分丰富，培植较为合理的区域。这里的山、河、湖、瀑布、峡谷、森林、沙漠、高原、庙宇、长城、边关、旧址等自然与人文资源应有尽有，区域资源可谓多样化。因此晋陕峡谷区域旅游资源开发具有十分显著的优势：黄河文化优势、古建文化优势、忠义文化优势、革命圣地优势、自然风光优势以及休闲度假优势，旅游业发展具有广阔前景。”[①]

第五，由于自然环境、交通条件等原因，这一地区经济社会发展严重落后。

黄河晋陕沿岸是生态环境脆弱的地区，也是我国贫困县最集中的地区之一。这一地区的贫困县农民人均纯收入与全国的对照可以看出来，全国农民的纯收入是这一地区的2.7倍；沿海六省市的农民纯收入是本地区的4.4倍。“1994年国家公布《八七扶贫攻坚计划》。按照国家划定扶贫攻坚县以1992年人均纯收入400元，贫困户人均纯收入300元的标准，晋陕峡谷区域61个县市中有46个县被划定为国定贫困县，区域内贫困县占75%。”[①]

① 薛军，贾治邦．黄河晋陕峡谷区域综合开发研究．中国言实出版社．北京．2003

晋陕峡谷贫困县农民人均纯收入与全国的对比情况（1996～1999年）　表7－1

区域	人均纯收入（元）	区域/晋陕大峡谷	区域	人均纯收入（元）	区域/晋陕大峡谷
晋陕大峡谷区域40个贫困县	815		豫、鄂、湘、闽、皖、赣、琼	2334	2.9
全国	2162	2.7	陕、甘、青、宁、新	1509	1.9
京、津、冀、晋、蒙	2719	3.3	渝、川、黔、滇、藏	1492	1.8
辽、吉、黑	2406	3	上海/保德	5407/248	22
沪、苏、浙、桂、粤、鲁	3588	4.4	西藏/保德	1232/248	5

7.2　城市化的含义与理论基础

城市化是一个综合的、系统的社会变迁过程，而不是一个农村人口向城市的转移和产业经济向城市集中的过程。“城市化是现代生活方式、价值体系、社会结构、文化活动的生成过程，随着科技、交通、传媒等发达，人们不需要向城镇转移也能实现这些生成。根据对城市化的这一理解，我们认为区域城镇体系和城市带的培育是实现这样一种生成过程的一种主要方式。”①

城市化的发展正在加速，但由于我国发展水平十分不均衡，东部与西部在生态环境、发展水平、人口规模、基础设施等方面均存在较大的差距。这就说明在城市化的进程中，我们不能用一个模式、一种概念来对待不同地区的城市化问题。但有些基本的理论是适用于所有地区的。吴良镛先生在《苏锡常地区规划实践中的一些理论问题》一文中提出了城市化加速发展时期的理论基础主要包括：持续发展思想、区域整体发展思想及社会经济文化的综合发展思想。②尽管这三个思想是针对经济发达而且城镇密集地区的城市化提出来的，但具有普遍指导意义，对于欠发达地区也是十分重要的。

持续发展的思想已被普遍接受。资源与环境是持续发展的核心，必须保护好自然环境，这是人类赖以生存的基础。像生态环境十分脆弱的黄河晋陕峡谷地区，更要遵循持续发展的思想，恢复区域植被，防止水土流失和不合理的产业结构布局对黄河的污染。城市化必须坚持区域整体发展的思想。城市化要坚持城乡有机结合，合理安排区域的自然、人、社会、建筑与支撑体系的关系，加强区域的经济网络、交通网络、信息网络的建设，把城市与乡村、人工与自然紧密地联系在一起。城市化的过程中，还要坚持社会、经济、文化的协调发展。对黄河晋陕峡谷区域有着深厚的文化传统，在城市化的过程中，如何保护历史文化遗产，

① 王春光，孙辉．中国城市化之路．云南人民出版社．昆明．1997

② 吴良镛．吴良镛城市研究论文集．中国建筑工业出版社．1996

发扬历史文化遗产对人的全面进步所发挥的作用，是不能回避的。

除此之外，贫穷是黄河晋陕沿岸地区的显著特点。在城市化发展的过程中，要从地区的实际出发，正确处理城市化过程的长期性与区域居民脱贫的紧迫性的关系。

7.3 黄河晋陕沿岸城市化模式构想

7.3.1 我国城市化模式分析

我国经济发达地区所采取的城市化模式基本都是“点—轴”模式。“城市是区域的行政中心，同时也是经济、交通、文化、商贸、信息的中心。城市的这种职能和优势，如放射状地向周围地区辐射，影响和带动其所辖区域的物质与文化向前发展。一般地讲，在我国，城市网络体系构成，大城市在经济、文化、交通等方面形成‘中心’；而周围地区的小城市、城镇，是‘节点’；乡镇及农村地区是‘域面’；‘心’、‘点’、‘面’结合在一起，形成优良的运营状态。”（图 7－1）

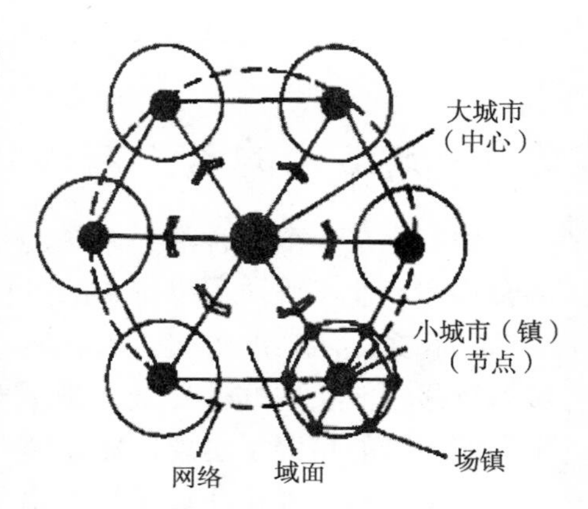

图 7－1 我国平原地区城市、镇体系网络构成的理想模式示意图

赵万民先生在《三峡工程与人居环境建设》一书中，通过对我国经济发达地区城市化模式分析后，提出了三峡库区城市（镇）化发展模式取向。在我国经济发达地区，如珠江三角洲、长江三角洲、京津唐地区，从城市所形成的结构网络来看，表现出中心城镇的结构特征。从中心城市，依次向下一级的城市辐射，直至居民点。陕西关中地区也是这种发展模式，以西安为中心，向周边地区辐射。这类城市化体系的构成模式采用的是“点—轴”式。“点，即城市发展区域中各级中心城市，‘轴’，是连结若干大小不等中心城市的线状基础设施（各类交通线，动力供应线，水源供应线等）所经过的地带。”①

赵万民先生针对长江三峡库区的实际情况，提出了三峡库区的“点—轴”模式的三个特点①：

（1）三峡库区仅一条长江“轴”串联四个中心城市，是单一的线状联系，缺乏与之平行或交叉的第二、第三条轴辅助产生，形成网络。

（2）三峡库区地处山区，城市、镇建设的发展受到用地条件的影响和制约。

① 赵万民．三峡工程与人居环境建设．中国建筑工业出版社．北京．1999

（3）长江所形成的开发轴，不仅具有航运交通的功能，同时还具有水资源保护的功能，生态环境建设的功能，旅游文化长廊的功能。

基于这三个方面的特点考虑，赵万民先生认为库区城市化发展在“点—轴”开发的前提下应强调三点：

（1）要强调三峡库区以及三峡大地区城市化“域面”和“网络”的建设。

（2）要注意引导城市化向内陆纵深地区的辐射和影响。

（3）在利用与开发“长江轴”的同时，要充分认识到对库区水资源保护，对生态环境建设和旅游文化建设的重要性。

“根据以上分析，本文提出三峡地区城市化发展的一种特殊的方式——‘鱼骨状’的开发模式。‘鱼骨状’开发模式的要点是，以‘点—轴’开发为基础，同时沿中心城市和长江主轴向纵深地区延伸，使沿江地区经济和文化的发展，沿交通轴伸向内陆的贫困地区，形成城市化中的‘次轴’。主轴与次轴再向纵深地区的陆域交通连结，形成城市体系的网络骨架。”① （见图7－2）

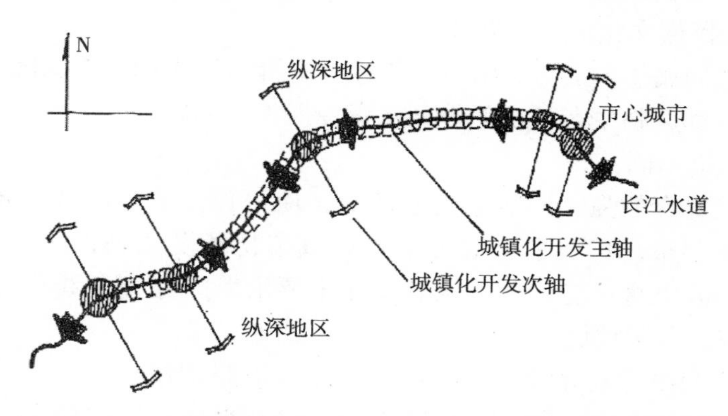

图7－2　三峡地区“鱼骨状”城市（镇）化发展模式示意图

从长江三峡库区的城市化模式可以看出，三峡库区的城市化是同长江紧密连在一起的。事实上，由于大江、大河在生态、交通、文化、风景等方面的作用和影响，对于周边区域的城市布局、产业发展有着直接作用。黄河对黄河晋陕沿岸地区的发展也同样起着重要的作用。通过对黄河沿岸地区的自然、文化、社会、经济现状的研究和城市化模式的分析，可以清楚看出，黄河晋陕沿岸地区的发展与黄河在区域所起的作用是紧密联系在一起的。历史上黄河所起的作用主要是自然、军事、交通三大作用，可称为自然黄河、军事黄河与交通黄河。但随着历史的发展，黄河所起的作用发生了重大的变化，黄河两岸的自然环境遭到了严重破坏，黄河已出现了断流现象，黄河的交通功能已不复存在。在新的历史条件下，黄河在生态安全、经济发展、文化复兴等几大方面有着重大意

① 赵万民．三峡工程与人居环境建设．中国建筑工业出版社．北京．1999

义。黄河从自然黄河、军事黄河、交通黄河转向生态黄河、经济黄河、文化黄河。生态保护与建设是黄河晋陕沿岸城市社会、经济、文化发展的基础和前提，经济发展是关键，文化保护是灵魂。

7.3.2 黄河晋陕沿岸地区城市化发展模式取向

黄河晋陕沿岸的城市化发展模式与长江三峡库区，都属于流域式城市化模式的问题。对三峡库区的发展模式进行分析、比较，有助于对黄河晋陕沿岸地区城市化模式的选择。将黄河晋陕沿岸地区与长江三峡库区相比，二者的共同点：

（1）二者所处的都是山区或丘陵地区，城市的建设都受到用地条件的限制和制约。

（2）黄河与长江是中华民族最为重要的两条大河，沿河遗存有丰富的历史文化遗产，是民族文化的重要载体。

（3）二者同属于大流域，沿岸城市建设有许多历史和现实的经验。

（4）二者都面临生态环境保护和水资源保护的问题。

二者有以下不同：

（1）长江具有的强大的航运交通功能，使得长江成为区域发展轴，经济发达城市均沿岸分布，长江水道成为重要的城市化开发主轴；与长江恰恰相反，黄河不具有航运交通功能，大区域城市化主要沿着陆路交通线进行，黄河沿岸交通不便，成为贫困地区。

（2）水道两岸行政界域的不同。三峡库区横跨重庆市、湖北省，长江并不作为行政区划分的界线，长江两岸属于同一行政界域，这就便于两岸的协调管理。与长江不同，黄河作为陕西、山西两省的分界线，黄河两岸属于不同的行政区。这样，对于黄河两岸的建设、保护就不能协调一致。保德与府谷两城抢占黄河滩地引起的纠纷以及对黄河大桥的管制就是典型的一例。

（3）长江三峡库区的中心城市沿长江分布，而黄河晋陕沿岸的中心城市分别沿大同—太原—运城和榆林—延安—西安两条交通线分布。三峡库区的城市化是由长江水道向两侧内陆辐射（见图7－3），而黄河沿岸的城市化则是从两侧的陆路城市带向黄河水道辐射。

（4）相对长江沿岸，黄河沿岸的生态环境更为脆弱，面临的自然威胁更大。尤其在晋陕黄土沿岸地区正是黄土高原，水土流失十分严重，关系到黄河的安全，于是对黄河沿岸的生态保护与建设是城市化发展过程中面临的关键问题之一。

针对以上的分析，黄河晋陕沿岸地区在“点—轴”开发的前提下应强调5点：

（1）要从晋陕两省更大的区域来审视黄河沿岸城市化的问题，构建合理的

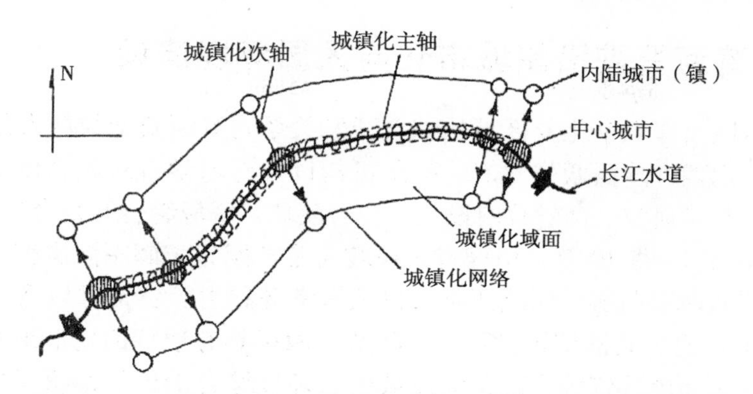

图7-3　三峡地区城镇化网络结构示意图

网络。城市化不局限在黄河为轴的两岸的狭窄区域，不是一个表皮的建设和发展，而应从两省整体的城市化发展战略出发，形成科学的城市化网络。

（2）要高度重视生态环境的保护与建设。

（3）要与内陆的城市带建立便捷的交通联系，便于中心城市的辐射和影响。

（4）要深入挖掘、提升和展示本地区深厚的历史文化资源，彰显晋陕黄河地区作为民族精神文化故乡的崇高地位。

（5）由于黄河两岸的生态现状，黄河晋陕沿岸地区要发展有利于生态、环境与资源保护的产业，而不应发展破坏生态、污染环境、浪费资源的产业。

基于以上的认识，本文提出黄河晋陕地区的城市化发展模式应是一种“双鱼骨”开发模式。这与长江沿岸的“鱼骨状”开发模式不同。“双鱼骨”开发模式要点是，在保护黄河沿岸的自然与文化环境的前提下，以“点—轴”开发为基础，建设横跨黄河，连接东西两岸的横向交通，将沿山西省的“大同—太原—运城”交通干线和陕西省的“榆林—延安—西安”交通干线所形成的城市化“主轴”紧密联系起来，使两省的中心城市向沿河贫穷地区辐射，形成城市化的“次轴”。次轴再向纵深地区的交通连接，形成城市化体系的骨架。（图7-4）

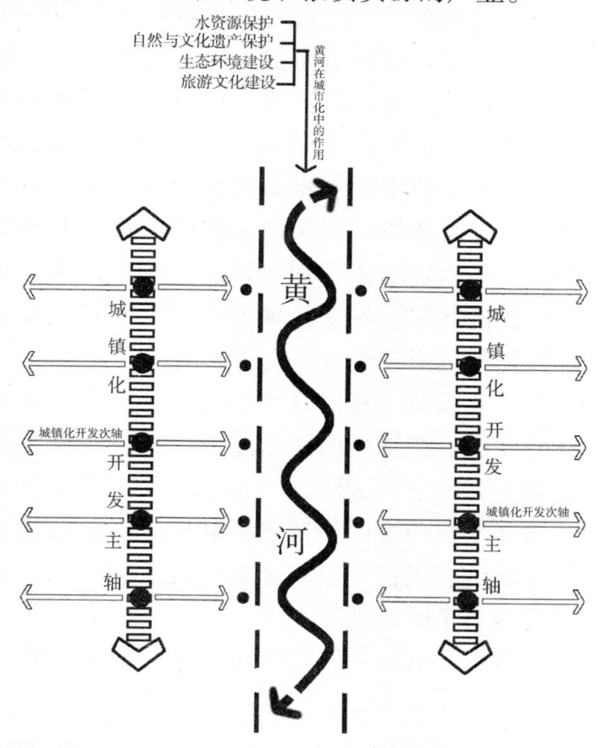

图7-4　黄河晋陕沿岸城市化模式图

7.3.3 黄河晋陕沿岸城市化与人居环境建设

黄河晋陕沿岸城市化及区域的综合开发关系到黄河安全与两省经济社会的持续发展。山西、陕西两省政府、科研机构以及专家学者对此高度重视，并开展了深入的科学研究。两省政府设立了“晋陕峡谷区域综合开发合作交流研究”课题。2000 年 11 月 10 日，山西省人民政府常务副省长薛军同志率领山西课题组成员到陕西西安调研，同陕西省人民政府常务副省长贾治邦以及陕西课题组成员进行了讨论。共同认识到：“晋陕峡谷两岸具有独特的地形地貌、气候条件、矿产资源和旅游资源，是黄河流域生态环境综合治理的最重要的区段，晋陕双方共同合作，对该区域的综合开发进行研究，并提出相应的规划纲要，完全符合国家西部大开发的总体战略部署，符合两省人民的共同利益，对治理母亲河，从根本上缓解黄河水患，改善黄河中游地区的生态环境，促进沿岸地区的经济社会发展有着极为深远的战略意义。双方应密切合作，共同努力，使这一工作在近期内取得实质性进展”。①

两省之间的交流与合作，充分说明了黄河晋陕沿岸的城市化必须从整体的、区域的视角来审视。沿岸人居环境的建设也必须从区域的视角处理好各个要素之间的关系，建立一个持续发展的人居环境。

黄河晋陕沿岸地区的城市化必须坚持把生态环境与文化遗产的保护放在第一位。这是从区域的自然环境现状、黄河安全及人的生存安全角度考虑的。保护不仅局限在黄河沿岸的范围，还要扩大到涉及到的支流的整个区域。要从黄河的可持续发展和晋陕两省区域经济发展的高度看待。为此，山西省和陕西省政府合作，进行了大量的调研和论证，在向国务院提出了《山西省人民政府、陕西省人民政府关于将黄河晋陕峡谷区域纳入西部大开发规划，建成资源综合开发与生态环境特别保护区的请示》中明确提出要建立黄河晋陕峡谷资源综合开发与生态环境特别保护区。近年来，国家对这一地区的发展十分重视，先后在峡谷区北部晋陕蒙接壤地区建起了超大型的煤炭生产基地，黄河水能资源的梯级开发也正在进行，优质石油天然气和煤层气的开发利用也已纳入国家规划，旅游事业以黄河壶口瀑布、佳县白云山、永济普救寺等景点为龙头，也有了快速的发展。在江泽民同志关于“再造一个山川秀美的西北地区”的指示精神的指导下，国家对该地区的生态环境问题十分重视，先后制定了晋陕蒙接壤地区资源开发与环境保护规划，并实施了陕北榆林地区防护林建设工程、峡谷沿岸小流域治理工程、国际金融机构贷款的水土保持工程等等，使该地区的社会经济发展有了明显进步。

然而，这样的开发方式也存在不少问题。《山西省人民政府、陕西省人民政

---

① 引自《山西省人民政府、陕西省人民政府黄河晋陕峡谷区域综合开发合作交流研究座谈会纪要》. 2000

府关于将黄河晋陕峡谷区域纳入西部大开发规划，建成资源综合开发与生态环境特别保护区的请示》指出："现有的开发方案或者仅限于某一单一资源的开发，或者仅关注工程所涉及的狭小区域，都未能对整个流域作为一个独立的经济地理单元来加以综合考虑，未能将这一地域的综合开发和生态建设置于整个黄河流域这个大系统来分析，未能将其开发置于晋陕二省区域经济社会发展的全局来看待，未能将其开发与该区域的脱贫解困工程结合起来，特别是未能提出一个包括矿产资源开发、农业生物资源开发、峡谷旅游资源开发和区域生态环境整治的综合性和区域性的开发规划，尚未从峡谷流域综合开发和可持续发展的角度进行全面系统的规划。更为严重的是，由于缺乏统筹规划，随着一些大型开发建设工程的陆续实施，区域范围内原本十分脆弱的生态环境系统正面临着严峻的挑战，……，可以预料，如果不尽快研究制定这一地区的综合开发规划，同步开展资源综合开发利用和生态环境整治工程，其生态环境系统将面临着更大的挑战，对区域可持续发展将产生难以估量的严重后果。"① 所以，黄河晋陕沿岸地区的城市化必须坚持保护第一的原则，以整体的观念对待本地区的城市化。对此，建议建立黄河晋陕沿岸自然与文化生态保护区。这个保护区应有5方面的工作：

（1）保护区的建设必须建立一种有效的管理体制。《山西省人民政府、陕西省人民政府关于将黄河晋陕峡谷区域纳入西部大开发规划，建成资源综合开发与生态环境特别保护区的请示》中指出：可以考虑由中央有关部门牵头，二省参加，组建规划建设，将陕北、晋西二大板块以黄河为中心纽带连结在一起，在发达便利的交通网络联系下，打破原有的行政区划制约，实现区域范围内的资源共享和优化配置。

（2）要从黄河整体安全和流域的可持续发展出发，以生态建设为前提，坚持"防治结合、保护优先、强化治理"的思路，坚持小流域综合治理、退耕还林还草的政策；科学论证与合理安排区域内的工业企业项目。

（3）构建合理的城镇体系和城市带，加大对基础设施建设的投入，建立快速、便捷的公路、铁路、信息网络，通过这种网络，为区域社会经济发展奠定基础。

（4）加大对自然与文化遗产的保护力度，构建合理的旅游网络。区域内旅游资源十分丰富，要将旅游资源变为旅游产品优势，提高旅游产品的知名度。

（5）要合理调配黄河水资源，节约用水。加强水资源的统一调度和管理，提高用水效率；要加强对污染源的防治，确保黄河水质达标。

---

① 《山西省人民政府、陕西省人民政府关于将黄河晋陕峡谷区域纳入西部大开发规划，建成资源综合开发与生态环境特别保护区的请示》2001年10月10日

小结

本章主要针对黄河晋陕沿岸的现状，从区域的视角，分析了这一地区的优势与不足。通过与长江三峡地区城市化模式的比较，认识到黄河作为第二大河流在区域城市化过程中所起的作用与长江截然不同，针对黄河晋陕沿岸地区的特点，提出了符合这一地区城市化发展的模式，即恰恰与长江三峡地区“鱼骨式”发展模式不同的“双鱼骨式模式”。同时，提出了建立黄河晋陕沿岸自然与文化生态保护区的建议以及相关的5方面工作。

第8章

结语

黄河是中华民族的母亲河，大河两岸孕育了灿烂辉煌的黄河文明。黄河流域也是中国古代城市最先产生地之一，创造了灿烂的城市文明。黄河城市作为黄河文化的重要物质载体和见证，具有十分重要的历史价值、文化价值和科学价值。本文选取黄河晋陕沿岸的历史城市作为研究对象，试图通过这些特殊对象的产生、发展、演变的过程，总结出一些中国古代人居环境建设的普遍性理论，探寻原真的中国古代城市营造理论，丰富和完善中国人居环境科学史料和理论，并能为今天的城市建设提供借鉴意义。

由于时空演进的历史性差异，中国古代城市的营造理念和方法与现代城市有着很大的不同，不可能简单地采用今天的人居环境理论和价值观去分析或评判古代城市人居环境问题。要研究古代的人居环境理念，必须从古人的人居环境观入手，挖掘原真的中国古代人居环境的含义，再将之系统化、规范化、理论化。要探寻古代的人居环境理念，就要研究古人在营造自己的居住环境时最关注什么？解决什么？追求什么？古代城市的规划师、建设者、管理者和居民力求解决什么问题？这是研究中国古代人居环境的前提和基础。正如冯友兰先生在《中国哲学的精神和问题》一文中指出中国哲学的研究方法一样，“要探讨中国哲学的精神，我们就需要首先看一下，中国大多数哲学家力求解决的是些什么问题。”

本书正是从这个理念出发，通过实地调研、踏勘、走访、测绘、历史文献的整理研究以及对国内外学者研究成果的学习等手段，对研究对象有了较为系统的认识，对本课题研究现状有了较清楚地理解，为研究奠定了坚实的基础。

本书在梳理黄河晋陕沿岸历史城市的产生、发展脉络的基础上，对沿岸城市形态发展特点和规律进行了总结。从城市功能发展、完善的过程，将城市的功能划分为治事宣教、祭祀神祇、文化教育、货品交易、舟车交通、安全防卫、居住生活、旌表赞颂、仓储赈济等九大功能。并通过认真调研、总结，对韩城、河津两座古城的用地规模进行了定量化研究，同时将之与现代城市进行了比较，对古代城市用地结构有了更为科学的认识。在古代城市中，居住用地、道路用地、商业用地等所占比例与现代城市基本一致，但祭祀用地占到城市总用地的13%以上，这是十分特殊的现象，也是古今城市在用地结构上与今天城市差别最大的地方之一。祭祀用地主要是进行一种精神、文化和娱乐的活动。基于功能类比的角度，今天城市的文化娱乐用地仅占城市用地的4%。这一现象对于理解中国古代城市人居环境的性质与含义有着十分重要的价值，对今天城市人居环境的发展有着十分重要的启示意义。

古代城市在满足安全、生存等功能之后，更重要的或更高的追求是紧紧围绕人生存的意义和价值理想这个主题，运用建筑的手段建立一种蕴含人的生存意义和价值理想的空间秩序，建立起一种文化价值标准。通过人在其中的生产、生活、交流、学习、体悟等方式，达到建筑意义、城市意义、人生意义与哲学意义的高度统一。这种城市对人们精神、心灵予以足够的关怀，达到一种“物我合一”、“心神合一”、“天人合一”的境界。从本质上来讲，古代城市是一种具有高度人文关怀的生命城市。

通过对古代城市性质与人居环境含义的研究，结合黄河沿岸历史城市建设、形成的历史过程，以及历史上遗留下的丰富的城市建设文献资料，本书将古代城市人居环境的营造思想或营造理念表述为“文荫武备”。“文荫”就是将城市空间形态的各个要素，按照本地域的哲学思想、神祇信仰、地方传统，系统组织在一起，形成一种天、地、人、神和谐共处的城市结构和图式，并希冀这种完备的城市图式能化育人文、萌发文风，能护佑城市安居乐业、万世太平，也就是钟灵毓秀、人杰地灵。地就是空间布局与文化信仰的统一。“武备”就是指城市的防御系统、道路系统、防洪系统等等一系列安全防卫系统与设施。人居环境由自然系统、人类系统、社会系统、居住系统、支撑系统等五大系统构成，其中，人居环境建设直接涉及到居住系统和支撑系统，居住系统实际上就是建筑系统，也就是城市设计。“文荫武备”正是居住系统和支撑系统设计理念的高度概括。“文荫”是对城市设计而论，“武备”是对支撑系统而言。从“文荫思想”出发，对古代的城市设计进行了重点研究，将城市设计物质空间层面概括为“自然、中轴、骨架、标志、群域、边界、基底、景致”等八个要素，将城市设计精神层面概括为“天人合一、典章制度、宗教秩序、地方传统”等四个因素，将城市设计意境层面概括为“道、舞、空白”等三个元素。从“武备思想”出发，对历史城市的防御、道路、给水、排水和防洪进行了研究。

本书还对黄河晋陕沿岸历史城市在近代的变迁、演进方式、影响因素进行了分类研究，提出了对各类典型类型历史城市的适宜保护和发展模式，在此基础上，基于区域的视角，对黄河晋陕沿岸城市化及区域的整体发展提出了构想。

本书以人居环境科学和新史学的理论为指导，研究历史城市人居环境的建设问题。重点探讨了黄河沿岸历史城市发展规律、中国古代城市人居环境的性质与含义、城市设计理论等内容，取得了新的研究成果，并在历史城市土地利用结构定量化研究、中国古代城市人居环境含义、人居环境“文荫武备”营造理念总结、中国古代城市设计方法研究等内容具有一定的创新。归纳起来有以下 4 点：

1. 以定量化的研究方法，深化了对历史城市性质、人居环境原真意义的认识，提出了人居环境营造理念的新观点

本书提出了历史城市“祭祀神祇、文化教育、货品交易、舟车交通、安全防御、居住生活、仓储赈济和旌表赞颂”等九大功能；并以韩城、河津两座古城为例，研究了古代城市的土地利用结构，用定量化的方法计算出古代城市各类用地的规模。这为正确认识历史城市的性质以及客观分析历史城市人居环境的深层含义奠定了基础。在古代城市，除了居住用地之外，规模最大的是祭祀用地，占到城市总用地的 13% 以上，这是十分鲜明的特点，道路用地、市场用

地的百分比分别占到11%～12%和6%～7%，与现代黄河沿岸的城市相近。于是，本文认为，从本质上来讲，中国古代城市是一种具有高度人文关怀的生命城市。基于这样的城市性质，提出了“文荫武备”的人居环境营造思想。同时提出了中国古代人居环境研究的“五个基本认识和前提”，

2. 初步总结了中国古代城市设计的理论和方法

本文认为“文荫武备”思想是对中国古代城市人居环境建设理念的高度概括。“文荫”是指人居环境的居住系统的营造而言，也就是指城市设计；“武备”指支撑系统。

按照“文荫思想”研究古代的城市设计，本文将之概括为物质空间层面、精神制度层面、美学意境层面。研究过程中，尽可能从历史原真的、本来的、古人建设活动中最关注的内容和意义出发。在物质空间层面研究上，提出了“自然、中轴、骨架、标志、群域、边界、基底、景致”等八个构成要素。并在每一个要素上，都按照本土的、原本的含义向纵深研究，例如“城市大山水格局”、“契合点”、“城市八景”等都是在这个思路下取得的成果。在精神层面研究上，提出“天人合一、典章制度、宗教秩序、地方传统”等四个影响因素。在美学意境层面上，以中国传统的审美眼光观察中国的城市，借用宗白华先生总结中国艺术的意境结构的“道、舞、空白”三元素，将之运用到城市设计领域，并赋予了新的含义。本书从“武备思想”出发，对黄河沿岸历史城市的防御、道路、给水、排水和防洪进行了研究，其中结合黄河城市的特殊性，对城市防洪的手段在前人研究的基础上予以补充和完善。

3. 尝试以流域为单位研究人居环境，总结了黄河晋陕沿岸历史城市的发展规律，提出适宜各典型类型的历史城市保护和发展模式，并对区域的整体发展提出构想

本书通过对黄河晋陕沿岸历史城市的产生、发展、兴盛到变迁、衰落的发展全过程的梳理，总结了流域历史城市的发展规律。在此基础上，对历史城市的遗存现状进行了分类研究。针对典型类型城市的不同特点，提出了适宜不同类型历史城市的保护与发展模式，具有十分重要的历史价值和使用价值。尤其对国家历史文化名城陕西韩城市的特殊情况进行了重点研究。对韩城从上世纪80年代以来，从古城到新城，再到现代发展所走的“新旧分离”的保护与发展模式的历史经验进行了理论总结。在此基础上，结合陕西省历史文化名城佳县的实际特点，提出了新的发展建议。本书还对黄河晋陕历史城市的城市化模式与沿岸区域的整体发展提出了构想。

4. 较系统地挖掘、梳理了黄河晋陕沿岸历史城市人居环境研究的相关史料，为本领域学术研究奠定了基础。

黄河晋陕沿岸历史城市人居环境建设研究作为地域人居环境史研究的重要组成部分，文献收集、整理、研究具有重要的意义。本书针对浩瀚的古代文献典籍，进行了广泛阅读、分类发掘、整理筛选，真实且系统地呈现出历史文献、

历史图典、测绘成果以及各类相关规划与设计文件，其中有部分内容在现代学术研究中首次出现。研究过程中，对重要的历史建筑等进行了测绘，得到第一手的资料。这为研究本地区的人居环境建设奠定了坚实的物质基础，而且对今后的相关研究，也具有很好的参考作用。这部分工作的开展，使得本书具备了一定的史学价值。

参考文献

1. 历史文献

[1]〔唐〕李吉甫．元和郡县图志．北京：中华书局．1983

[2]〔唐〕杜佑．通典．北京：中华书局．1988

[3]〔宋〕程大昌．禹贡山川地理图．北京：中华书局．1985

[4]〔元〕沙克什撰《河防通议》

[5]〔明〕王圻　王思义编纂．三才图会．上海：上海古籍出版社．1988

[6]〔清〕．文渊阁四库全书．台北：台湾商务印书馆．1983

[7]〔清〕四库全书存目丛书．济南：齐鲁书社．1996

[8]〔清〕陈梦雷 蒋廷锡．古今图书集成．成都：巴蜀书社出版社．1985

[9]〔清〕张廷玉等编．子史精华．北京：北京古籍出版社．1993

[10]〔清〕顾炎武．历代宅京记．北京：中华书局出版社．2004

[11] 中国兵书集成编委会．中国兵书集成．北京：解放军出版社．1991

[12] 国家图书馆地方志和家谱文献中心编．乡土志抄稿本选编．线装书局．2002

2. 地方志

[1]〔清〕雍正《陕西通志》

[2]〔清〕光绪《山西通志》

[3]〔明〕嘉靖《荣河县志》

[4]〔明〕万历《韩城县志》

[5]〔清〕康熙《保德州志》

[6]〔清〕康熙《潼关卫志》

[7]〔清〕乾隆《蒲州府志》

[8]〔清〕乾隆《朝邑县志》

[9]〔清〕乾隆《芮城县志》

[10]〔清〕乾隆《阌乡县志》

[11]〔清〕乾隆《灵宝县志》

[12]〔清〕乾隆《平陆县志》

[13]〔清〕乾隆《府谷县志》

[14]〔清〕乾隆《韩城县志》

[15]〔清〕嘉庆《葭州志》

[16]〔清〕道光《吴堡县志》

[17]〔清〕道光《河曲县志》

[18]〔清〕同治《河曲县志》

[19]〔清〕光绪《陕州直隶州志》

[20]〔清〕光绪《河津县志》

[21]〔清〕光绪《平陆县续志》

[22]〔民国〕《荣河县志》

[23]〔民国〕《关中胜迹图志》

[24] 河津县志编纂委员会．河津县志．太原：山西人民出版社．1989

[25] 河曲县志编纂委员会．河曲县志．太原：山西人民出版社．1989

[26] 保德县志编纂委员会．保德县志．太原：山西人民出版社．1990
[27] 永济县志编纂委员会．河曲县志．太原：山西人民出版社．1994
[28] 李宪夫主编．佳县志（内部稿）．1994
[29] 张青山主编．大荔县志．西安：陕西人民出版社．1994
[30] 潼关县志编纂委员会．潼关县志．西安：陕西人民出版社．1994
[31] 韩城市志编纂委员会．韩城市志．西安：三秦出版社．1994
[32] 吴堡县志编纂委员会．吴堡县志．西安：陕西人民出版社．1995
[33] 府谷县志编纂委员会．府谷县志．西安：山西人民出版社．1995
[34] 屈栋材主编．万荣县志．北京：海潮出版社．1995

3. 辞书词典

[1] 商务印书馆编辑部等编．辞源（修订本）北京：商务印书馆出版．2000
[2] 施宣圆等主编，中国文化辞典．上海：上海社会科学院出版社．1987
[3] 孔繁珠．山西旅游名胜大辞典．北京：中国旅游出版社．2001
[4] 郭尚兴 王超明．汉英中国哲学辞典．开封：河南大学出版社．2002
[5] 中国大百科全书（简明版）（修订本）．北京：中国大百科全书出版社．2004

4. 学术著作

[1] 吴良镛．广义建筑学．北京：清华大学出版社．1989
[2] 吴良镛．人居环境科学导论．北京：中国建筑工业出版社．2001
[3] 吴良镛．建筑・城市・人居环境．石家庄：河北教育出版社．2003
[4] 吴良镛．吴良镛城市研究论文集．北京：中国建筑工业出版社．1996
[5] 吴良镛．滇西北人居环境可持续发展规划研究．北京：云南大学出版社．2000
[6] 冯友兰．中国哲学简史．北京：新世界出版社．2004
[7] 张岱年著．中国哲学大纲．南京：江苏教育出版．2005
[8] 刘梦溪主编．中国现代学术经典钱宾四卷．石家庄：河北教育出版社．1999
[9] 袁行霈等．中华文明史．北京：北京大学出版社．2006
[10] 姜义华主编．中国通史．上海：复旦大学出版社．2005
[11] 吕思勉．中国制度史．上海：上海教育出版社．1998
[12] 吕思勉．中国通史．北京：新世界出版社．2008
[13] [英] 李约瑟著．中国科学技术史．北京：科学出版社．1975
[14] 郑肇经．中国水利史．北京：商务印书馆．1993
[15] 白寿彝．中国交通史．郑州：河南人民出版社．1987
[16] 葛剑雄．中国人口史．上海：复旦大学出版社．2005
[17] 冯尔康等编著．中国社会史研究概述．天津：天津教育出版社．1988
[19] 李泽厚 刘纲纪．中国美学史．北京：中国社会科学出版社．1987
[20] 宗白华．艺境．北京：北京大学出版社．1999
[21] 彭一刚．传统村镇聚落景观分析．北京：中国建筑工业出版社．1992
[22] 齐康．城市建筑．南京：东南大学出版社．2001
[23] 杨鸿勋．宫殿考古通论．北京：紫禁城出版社．2001
[24] 贺业鉅．考工记营国制度研究．北京：中国建筑工业出版社．1985
[25] 董鉴泓．中国古代城市建设史．北京：中国建筑工业出版社．1984
[26] 阮仪三．中国历史文化名城与规划．上海：同济大学出版社．1995

[27] 阮仪三．旧城新录．上海：同济大学出版社．1988
[28] 阮仪三，王景慧，王琳．历史文化名城保护理论与规划．上海：同济大学出版社．1999
[29] 史念海．黄土高原历史地理研究．郑州：黄河水利出版社．2002
[30] 史念海．河山集．西安：陕西师范大学出版社．1991
[31] 赵万民．三峡工程与人居环境建设．北京：中国建筑工业出版社．1999
[32] 段进，季松，王海宁．城镇空间解析．北京：中国建筑工业出版社．2002
[33] 冯宝志．三晋文化．沈阳：辽宁教育出版社．1991
[34] 李德华．城市规划原理．北京：中国建筑工业出版社．2007
[35] 任致远．21 世纪城市规划管理．东南大学出版社．南京．2000
[36] 方可．当代北京旧城更新．北京：中国建筑工业出版社．2000
[37] 李国豪．建苑拾英．上海：同济大学出版社．1990
[38] 白 钢．中国政治制度史．天津：天津人民出版社．2002
[39] 赵荣凯．广义发展论．武汉：湖北教育出版社．2000
[40] 朱孝远．史学的意蕴．北京：中国人民大学出版社．2002
[41] 赵荣凯．广义发展论．武汉：湖北教育出版社．2000
[42] 马克垚．中西封建社会比较研究．上海：学林出版社．1997
[43] 马正林．中国城市地理．济南：山东教育出版社．1999
[44] 何金铭．陕西县情．西安：陕西人民出版社．1986
[45] 冯俊杰．山西戏曲碑刻辑考．北京：中华书局．2002
[46] 张国硕．夏商时代都城制度研究．郑州：河南人民出版社．2001
[47] 任美锷．黄河．北京：清华大学出版社．2002
[48] 张含英．黄河水患之控制．上海：商务印书馆．1938
[49] 水利部黄河水利委员会．黄河近期重点治理开发规划．郑州：黄河水利出版社．2002
[50] 薛军 贾治邦．黄河晋陕峡谷区域综合开发研究．北京：中国言实出版社．2003
[51] 尚虎年．吴堡文史资料（第三辑）．吴堡县政协文史委员会．2002
[52] 程宝山 任喜来 编．中国历史文化名城·韩城．西安：陕西旅游出版社．2001
[53] 鲁枢元 陈先德．黄河文化丛书·黄河史．青海人民出版社等．2001
[54] 周文铮．地理正宗·阳宅十书．南宁：广西民族出版社．1994
[55] 云子，李振海．白云山碑文．内部资料．2002
[56] 崔元荣．静心集．哈尔滨：哈尔滨出版社．2003
[57] 高巍 孙建华．燕京八景．北京：学苑出版社．2002
[58] 王聚保．关中八景史话．西安：陕西科技出版社．1984
[59] 曹林娣．中国园林文化．北京：中国建筑工业出版社．2005
[60] 李中华．冯友兰学术文化随笔．北京：中国青年出版社．1996
[61] 吴文英．儒家文明．天津：南开大学出版社．1999
[62]《中国大学人文启思录》编委会．中国大学人文启思录．武汉：华中科技大学出版社．2000
[63] 王玉德．古代风水术注评．北京：北京师范大学出版社．1992
[64] 朱良志．中国艺术的生命精神．合肥：安徽教育出版社．1998
[65] 俞孔坚．理想景观探源——风水的文化意义．北京：商务印书馆．2004
[66] 吴宣德．中国教育制度通史．山东教育出版社．2000
[67] 孙宗文．中国建筑与哲学．江苏科学技术出版社．2000
[68] 李无未 张黎明．中国历代祭礼．北京：北京图书馆出版社．1998

5. 译著及其他

[1]［日］芦原义信．伊培桐译．外部空间设计．北京：中国建筑工业出版社．1985

[2]［日］日本观光资源保护财团．路秉杰译．历史文化城镇保护．北京：中国建筑工业出版社．1987

[3]［日］原广司．世界聚落的教示 100．北京：中国建筑工业出版社．2003

[4]［日］藤井明．聚落探访．北京：中国建筑工业出版社．2003

[5]［日］水野清一 日比野丈夫著．山西古迹志．太原：山西古籍出版社．1993

[6]［美］施坚雅．中华帝国晚期的城市．北京：中华书局．2002

[7]［美］凯文·林奇．城市意向．北京：华夏出版社．2001

[8]［美］刘易斯·芒福德著．倪文彦等译．城市发展史．北京：中国建筑工业出版社．1989.

[9]（法）谢和耐著．黄建华等译．中国社会史．南京：江苏人民出版社．2008

[10]［美］沙里宁．城市：它的发展衰败与未来．北京：中国建筑工业出版社．1990

[11] 林文棋．人居环境可持续发展的生态学途径．清华大学博士学位论文．2000

[12] 田银生．中国传统城市的“人居环境”思想与建设实践．清华大学博士后研究报告．2000

[13] 陈泳．苏州古城结构形态演化研究．东南大学博士学位论文．2000

[14] 龙 彬．中国古代山水城市营建思想研究．重庆大学博士论文．2001

[15]《城市规划汇刊》、《城市规划》、《规划师》、《建筑学报》、《建筑师》、《古建园林技术》、《时代建筑》、《新建筑》、《国外城市规划》、《城市问题研究》 等学术刊物。

[16] 西安建筑科技大学建筑学院研究生学位论文：刘临安《华夏建筑文化意义考察》1999、王蕾《白云观建筑研究》2003、王少锐《韩城城隍庙建筑研究》2003、杨宇乔《丰图义仓建筑研究》2003 等相关论文。

[17]《雅典宪章》(1933)、《马丘比丘宪章》(1977)、《北京宪章》(1999) 等国际建协宪章。

后　记

2007 年 7 月至 2009 年 9 月，我在清华大学建筑学院从事博士后研究工作，师从吴良镛先生。能跟随吴先生学习，是我一生的荣幸！在先生的鼓励下，我将自己的博士论文修改成本书，先生审阅了全书还亲自作序，并纳入他所主编的“人居环境科学丛书”。这是对我极大的激励和鞭策！

在跟随先生学习的两年，我亲身感受到先生对中华文化的深厚感情，对复兴民族建筑文化、探索中国建筑未来发展道路的使命感和责任感！跟随先生学习的过程中，深刻感受到他融贯中西的学术视野、宏阔超前的战略思维、随时代发展而不断创新的学术思想和“以问题为导向”的经世致用的研究方法，这对我产生了深刻影响，使我受益无穷！先生作为一代学术大家，对学习总是执着坚韧，待人总是谦和宽厚，他总是敬重前人、尊重今人、鼓励后人。先生给我在做人、做事、做学问上的教诲将影响我终生！在此，我怀着无比感激之情向先生表示最衷心的感谢！

在本书出版之际，我要衷心感谢我的研究生导师刘临安教授。从硕士到博士的七年时间里，刘老师指导我学习、研究，把我引上学术道路。刘老师教育学生总是能因材施教，鼓励和支持学生的研究兴趣，也正是在这样一种研究教育环境里，使我能够放开思想，根据自己兴趣进行学习、研究和创新。对于我在研究中的一些新想法或困惑，刘老师总是耐心给我分析，帮我指明研究方向，让我不断进步。为了让我开阔学术眼界，刘老师给我提供了许多参加学术会议的机会，他还亲自带我去黄河晋陕沿岸调研，在实地帮我解决研究问题。从本书的选题、撰写到定稿都浸透着刘老师的心血！

衷心感谢清华大学王贵祥教授、重庆大学赵万民教授、东南大学张十庆教授、华南理工大学吴庆洲教授对我博士论文的评阅！在论文的撰写过程中，王贵祥教授、吴庆洲教授还给予了我热情的指导和帮助，赵万民教授还亲自参加了我的博士论文答辩，担任了答辩委员会主席。在王贵祥教授、赵万民教授的建议和鼓励下，我才有了申请到清华大学跟随吴先生从事博士后研究的勇气和动力，衷心感谢二位老师的鼓励与推荐！

衷心感谢刘克成教授对我的关照。刘老师一直以来对我的成长予以特别关心和帮助，对论文的研究内容和方法给予了热情指导，并嘱咐一定要把本地域的东西研究深入，多用定量化研究和第一手的图表支撑研究，刘老师还为我创造机会，让我不断开阔学术视野。衷心感谢赵立瀛教授、汤道烈教授、佟裕哲教授、张似赞教授、吕仁义教授、张勃教授、杨豪中教授、李志民教授、王军教授和赵安启教授对我论文选题与研究的指导，他们都是治学严谨的学者，在向老师们请教过程中，亲聆他们的教诲，使我受益匪浅！赵立瀛教授、汤道烈教授、张勃教授、杨豪中教授、王军教授还审阅了论文！

感谢张沛教授、任云英教授、董芦笛副教授、王军副教授、林源副教授、李军环副教授对我的帮助。感谢师兄马龙博士多年来对我的帮助和关照，感谢师弟师妹：朱文龙、王欣、王军、高茜、徐洪武、王波峰、宋辉、张旖旎、乔昆、王谦等，他们在自己紧张学习、研究之余，还抽空帮助我整理论文图表、协助我调研、查阅资料，耗费了他们不少时间。

最后我要特别感谢清华大学武廷海教授、中国建筑工业出版社姚荣华主任和石枫华博士。武廷海老师是我博士后工作期间的良师益友，为我的学术研究提供了很大的帮助，一直鼓励我出版此书，并为本书的出版付出了很多心血！姚主任、石博士为本书的出版做了大量艰苦而细致的编辑工作，让我不胜感激！正是他们的辛勤付出，才使得本书得以顺利出版！

中国古代城市人居环境营造理论的研究是一个极其复杂的课题，本书仅仅是在博士研究生阶段的一个成果。由于本人无论在理论还是在实践方面，都非常浅薄，因此，书中还有很多不足之处，敬请各位学者、专家和同仁斧正！

古语云“道虽弥，不行不至”。学无止尽，我将继续努力！

王树声

2009 年 7 月于北京